互联网时代商业新模式与新技能丛书

Agile Project Management

FOR

DUMMIES®

敏捷项目管理

【美】马克·C·莱顿（Mark C. Layton） 著

傅永康 郭雷华 钟晓华 译

人民邮电出版社

北 京

图书在版编目（CIP）数据

　　敏捷项目管理 / （美）莱顿（Layton, M.C.）著；傅永康，郭雷华，钟晓华译. -- 北京：人民邮电出版社，2015.12（2022.1重印）
　　（互联网时代商业新模式与新技能丛书）
　　ISBN 978-7-115-40958-4

　　Ⅰ. ①敏… Ⅱ. ①莱… ②傅… ③郭… ④钟… Ⅲ. ①软件开发—项目管理 Ⅳ. ①TP311.52

　　中国版本图书馆CIP数据核字(2015)第264360号

内 容 提 要

　　"互联网＋"战略为中国经济增长创造了新动力，也为敏捷项目管理提供了广阔的实践平台。在不断变化的商业环境中，越来越多的组织正在运用敏捷策略来管理项目并取得了成功。本书即是敏捷项目管理的实战手册。

　　当你进行软件开发时，你一定需要一种更快捷、更灵活的方式。本书将通过手把手的方式帮你充分发挥手中所有可利用的工具和技术，以一种最有效的方式管理好你的项目。通过本书，你可以学到：在数周内而不是数月内完成你的软件开发；使用敏捷技术降低项目风险，并提升核心收益；将敏捷理论付诸实践；避免项目管理普遍存在的误区。

　　本书适合企业管理者、项目管理者及团队、项目管理认证师以及想了解和学习敏捷项目管理相关知识和技能的初学者和需要考证的项目管理人员阅读。

◆ 著　【美】马克·C·莱顿（Mark C. Layton）
　　译　傅永康　郭雷华　钟晓华
　　责任编辑　王飞龙
　　执行编辑　杨佳凝
　　责任印制　焦志炜

◆ 人民邮电出版社出版发行　　　　北京市丰台区成寿寺路 11 号
　　邮编 100164　电子邮件 315@ptpress.com.cn
　　网址 http://www.ptpress.com.cn
　　北京天宇星印刷厂印刷

◆ 开本：800×1000　1/16
　　印张：20　　　　　　　　　　　　2015 年 12 月第 1 版
　　字数：220 千字　　　　　　　　　2022 年 1 月北京第 30 次印刷
　　　　　著作权合同登记号　图字：01-2015-1898 号

定　价：69.00 元
读者服务热线：（010）81055656　印装质量热线：（010）81055316
反盗版热线：（010）81055315
广告经营许可证：京东市监广登字 20170147 号

如何阅读本书

欢迎阅读《敏捷项目管理》！

在当今商业社会，敏捷项目管理是增长最快的管理技术之一。在过去的十年里，我就如何成功运行敏捷项目，培训和指导过世界各地许多大小不一的公司。通过这些工作，我发现有必要编写一部普通人也易理解和使用的参考指南书。

在这本书中，我将澄清一些关于敏捷项目管理是什么以及不是什么的说法。本书的信息将带给你使用敏捷技术获取成功的信心。

关于本书

《敏捷项目管理》不仅仅是敏捷实践和方法论的介绍。本书定义了敏捷项目管理方法并教给你在项目中执行敏捷技术的步骤。本书的内容已经超越了理论，意味着它可以成为每个人日常方便使用的实战手册，带给你在项目管理实战中成功运用敏捷流程所需的工具和信息。

本书前提假设

如果你正在阅读这本书，你可能已经熟悉项目管理。也许你是一位项目经理、项目团队一员或项目干系人。在本书中，你会看到一些项目管理相关术语。

- **项目**：事先规划好的工作计划，需要在定义好的时间、工作量和计划下去完成。项目有其目的和目标，并且经常必须在限定的时间和预算内完成。
- **项目管理**：用于完成一个项目的过程。

- **瀑布**。传统的项目管理模式。瀑布依赖于在不同阶段完成的工作，像需求、设计、开发、测试和部署。在瀑布项目中，直到你已经完成了前面的一个阶段才能开始下一个阶段。

- **敏捷项目管理**。这种项目管理的风格专注于商业价值的尽早交付、项目产品和流程的持续改进、范围的灵活性、团队投入以及能反映客户需求且经过充分测试的产品的交付。

- **需求**。项目期望的产品特性清单。

- **设计**。为创建单个产品特性而设置大纲和计划的阶段。

- **开发**。产品特性创建的阶段。

- **测试**。确保开发的产品性能正常运行的阶段。

- **集成**。单个产品性能与其他产品或相关产品性能能够兼容并正常运行的阶段。

- **部署**。项目的最后阶段，产品的全部性能达到可以使用的状态。

- **范围**。项目中包含的一切。

- **估算**（**动词**）。确定工作量、时间长度、成本或任务优先级、需求、发布甚至整个项目。

- **估算**（**名词**）。工作量、时间长度、或任务成本、需求、迭代、发布甚至整个项目。

本书相关术语

如果使用在线搜索，你会看到"敏捷"一词，可能指的是不同的敏捷角色、会议和文件，以及各种敏捷方法论。出于下面两个原因考虑，我回避了这种用法。

首先，这些描述"敏捷"的词汇并不是真正的专有名词。"敏捷"是一个在描述项目管理中各种事项的形容词，比如敏捷项目、敏捷团队，敏捷流程等，但它并不是一个专有名词。书中除了章节标题，你不会看到我用这种方式表述。

其次是可读性。我没有将与敏捷相关的角色、会议和文档这些术语大写，包括敏捷项目、产品负责人、Scrum 主管、开发团队、用户故事、产品待办列表，等等。不过，你有可能会看到这些大写的术语出现在本书以外的其他地方。

当然也有一些例外。敏捷宣言（Agile Manifesto）和敏捷原则（Agile Principles）是受版权保护的资料。敏捷联盟（Agile Alliance）、Scrum联盟（Scrum Alliance）和项目管理协会（Project Management Institute）是专业组织。ScrumMaster认证和PMI-ACP认证是敏捷管理专业人士的专业头衔。

本书内容结构

本书由六个部分组成，每一部分聚焦于敏捷项目管理的不同方面，以帮助你理解、使用和实施敏捷流程。

第一部分：理解敏捷

在第一部分，我向你介绍敏捷项目管理。你将找到敏捷方法越来越流行的原因以及它们是如何改变产品开发的。你将学习所有敏捷方法的基础：敏捷宣言和敏捷12原则。你将了解为什么敏捷流程能够比传统的项目管理流程运行得更好。

第二部分：走向敏捷

在第二部分，我将向你展示敏捷如何影响产品开发的基本行为和流程思想。你将近距离察看具体的敏捷框架。你将发现敏捷项目中的不同角色以及如何创建有利于敏捷项目管理成功运行的环境和价值观体系。

第三部分：敏捷工作

在第三部分，我将向你展示在一个敏捷项目中和敏捷项目在不同迭代阶段如何工作。你将发现如何定义一个产品，以及当你对产品了解得更多时，敏捷方法如何帮助你改进产品。我在敏捷项目中涵盖了日常的工作和生活。你将知晓如何定期展示项目的产品功能以及如何不断改进流程。我也会提及如何在敏捷项目中发布产品。

第四部分：敏捷管理

在第四部分，我将帮助你理解如何用敏捷方法管理每个不同的项目管理领域。你会知道敏捷流程如何影响项目范围、采购、时间、成本、团队、沟通、质量和风险。

第五部分：确保敏捷成功

在第五部分，我将告诉你组织从传统项目管理成功转型到敏捷项目管理需要知道的事情。你将知晓如何构建强大的敏捷基础及相应的操作步骤。

第六部分：你需要了解的一些事

在第六部分，我将向你展示三组关于敏捷项目管理重要且有用的信息。你将看到敏捷项目管理的十大好处、衡量敏捷项目成功的十大标准，以及可在敏捷旅程中用来帮助你的十大资源。

书中的图标

在本书中，你将会发现一些图标，以下是每个图标所代表的含义。

这个图标将会在敏捷项目管理旅程中帮助到你。小贴士可以节省你的时间并帮助你快速了解更多特定的主题，所以当你看到它们时，不妨定神看一下！

这个图标会提醒你一些可能在其他篇章看过的内容。当重要的术语或概念出现时，该图标可以帮助唤起你的记忆。

要注意该图标表明你需要小心某个行动或行为。这些内容一定要读，避免出现大的问题！

这个图标显示该段文字的信息很有趣，但并非不可或缺。如果你看到此图标，就知道对于敏捷项目管理的理解，这部分内容可以不加阅读，但该内容有可能会提振你的注意力。

这个图标出现在全书中我引用敏捷12原则的地方。在第2章可以快速了解这些原则。

网络资源意味着你可以在本书所示的网站中找到更多信息。

www.dummies.com/go/agileprojectmanagementfd

阅读建议

你可以选择从任何篇章开始来读这本书。你可以根据自己的角色需要来关注这本书的某些部分。例如：

- 如果你是刚刚开始学习项目管理和敏捷方法，从第 1 章开始通读这本书到底是个好方法；
- 如果你是一位项目团队成员，你想知道在敏捷项目中工作的基础内容，你可以选择从第三部分开始阅读——第 7 章至第 11 章；
- 如果你是一名项目经理，想知道敏捷方法如何影响你的工作，那么第四部分——第 12 章至第 15 章——是值得阅读的部分；
- 如果你了解敏捷项目管理的基本知识，并且你在考虑将敏捷实践带入公司或组织，那么第五部分的第 16 章和第 17 章将为你提供有用的信息。

偶尔，我们会更新我们的技术书籍，如果这本书有技术更新，它们将发表在：www.dummies.com/go/agileprojectmanagementfdupdates。

目 录

第四部分　敏捷管理 171

第一部分

理解敏捷

由第五波（www.5thwave.com）的里奇·坦南特（Rich Tennant）绘制

"项目的产品路线图在哪儿？"

让一切变得更简单！

项目管理历来被视为一种具有挑战性的实践，它拥有有限的资源，被赋予高度的期望。但不幸的是，它的成功率较低。在后面的章节中，我将揭示为何项目管理需要现代化以及传统项目管理方法中的缺陷与不足。

你将了解为什么敏捷方法论经过快速发展已经成为传统项目管理的替代品。我还将介绍敏捷项目管理的基础：敏捷宣言和敏捷 12 原则。最后我将阐述敏捷项目管理给你的产品、项目、团队、客户以及组织所能带来的好处。

第1章　项目管理现代化

本章内容要点：
- ▶ 理解为何项目管理需要变革；
- ▶ 了解敏捷项目管理。

敏捷项目管理是一种项目管理方式，该方式聚焦于商业价值的尽早交付、项目产品和流程的持续改进、范围的灵活性、团队的投入以及交付能反映客户需求且经过充分测试的产品。

在本章，你将了解敏捷流程为何在 20 世纪 90 年代中期作为一种软件开发项目管理方法而出现，以及为何敏捷方法论吸引了项目经理、投资于新软件开发的客户和软件开发部门高级管理层的注意力。本章也解释了敏捷方法论超越项目管理传统方法的优势。

项目管理需要变革

项目需要有事先规划，需要在定义好的时间、工作量和具体计划下去完成它。项目有其目的和目标，并且通常必须在限定的时间和预算内完成。

如果你正在阅读本书，那么你可能是项目经理，或者是项目发起人、项目工作者，或在某些方面受项目影响的人。

敏捷方法是对项目管理现代化需求的一种响应。为了理解敏捷方法如何革新项目，你有必要了解一些项目管理的历史和作用，以及当前项目遇到的问题。

现代项目管理的起源

项目自古以来就广泛存在。从中国的长城到蒂卡尔的玛雅金字塔，从印刷术的发明到互联网的出现，人们在各种项目中贡献着自己或大或小的力量。

众所周知，项目管理作为一门正式的学科出现于 20 世纪中期。在第二次世界大战前后，全世界的研究人员在计算机制造和编程（主要应用于美国军事）领域取得了巨大进展。为完成这些项目，他们开始建立正式的项目管理流程。第一个流程是以美国军方在第二次世界大战中使用的逐步制造（Step-by-step Manufacturing）模型为基础。

人们在计算领域采用这种逐步制造流程是由于早期与计算机相关的项目严重依赖于硬件，当时的计算机体积之庞大，足以塞满一屋子。相对而言，软件在整个计算机项目中只是很小的一部分。在 20 世纪 40 到 50 年代，计算机可能装有数千枚真空管，但却只有不到 30 行的程序代码。20 世纪 40 年代，在这些最初的计算机上使用的制造过程是众所周知的瀑布式项目管理方法论的基础。

1970 年，一位名叫温斯顿·罗伊斯（Winston Royce）的计算机科学家为电气和电子工程师协会（IEEE）写了一篇名为《管理大型软件系统的开发》（*Managing the Development of Large Software Systems*）的论文，描述了瀑布式方法论的阶段划分。术语"瀑布"是后来命名的，尽管有时叫法不同，但本质上和罗伊斯最初的定义是差不多的：

（1）需求；

（2）设计；

（3）开发；

（4）集成；

（5）测试；

（6）部署。

在瀑布式项目中，只有在前一阶段完成之后，你才能进入下一阶段——因此它被形象地取名为"瀑布"。

纯粹的瀑布式项目管理（也就是在开始下一步之前必须完成上一步）实际上是对罗伊斯建议的误解。罗伊斯其实已认识到这种方法的内在风险，并推荐采用原型法和迭代法来创建产品，但该建议被很多采用瀑布式方法论的组织所忽视。

软件项目的成功与失败

遗憾的是，软件行业遭遇了项目管理方法论的发展停滞。在 2009 年，一家名为斯坦迪什集团（Standish Group）的软件统计公司针对美国软件项目的成功与失败做了一项研究，研究结果表明：

- ✔ **24%** 的项目彻底失败。这意味着这些项目在完成前被终止，项目在产品交付上没有任何结果。这些项目没有交付任何价值；
- ✔ **44%** 的项目面临挑战。这意味着项目虽然完成，但是实际的成本、时间、质量或这些要素的综合与期望值之间存在差距。项目在时间、成本和未交付的产品特性上的实际结果与期望的平均差距是 **189%**；
- ✔ **32%** 的项目是成功的。这意味着项目按最初期望的时间和预算完成，并交付了所期望的产品。

在 2009 年，美国的公司和组织在应用开发上花费了 4 912 亿美元，这意味着有超过 1 030 亿美元被浪费在失败的项目中。

在 2008 年被基于敏捷技术的改进方法超越之前，瀑布式方法论是软件开发领域最常用的项目管理方法。

现状中的问题

计算机技术自从 20 世纪以来已经发生了巨大的变化。我的口袋里就有一台"计算机"，比起人们刚开始使用瀑布式方法论时最大、最昂贵的机器来说，这台"计算机"具有更强的功能、内存和性能，甚至还附加了电话功能。

同时，使用计算机的人也发生了变化。人们为普通大众生产了硬件和软件，而不是只为少数研究人员和军方生产只有最少量程序的庞然大物般的机器。在许多国家，几乎所有人每天都直接或间接使用计算机。软件应用于我们汽车的驾驶，提供我们日常的信息和娱乐。甚至幼儿都在使用计算机——我朋友两岁大的女儿使用 iPhone 几乎比她父母更熟练。人们对于更新更好的软件产品的追求是永恒的。

不知何故，当所有技术都在发展的时候，唯独流程依旧停滞不前。软件开发者仍在使用 20 世纪 50 年代以来的项目管理方法论，而这些方法源自于 20 世纪中期以硬件为主的计算机制造流程。

当今，传统型项目的成功总会遭遇范围膨胀的问题，即在项目中引入了不必要的产品特性。

看看你每天使用的软件产品吧。比如，我现在正在打字的字处理程序就具有很多特性和工具。即便我每天都在用该程序中进行写作，但我总是只使用其中一小部分特性。程序中有相当多的工具我从未使用，也没想过要用，我甚至也不知道还有谁曾使用过它们。这些很少或根本没人使用的特性就是范围膨胀的结果。

范围膨胀出现在所有类型的软件中，从复杂的企业应用到每个人都在使用的网站。图 1-1 显示了另一份斯坦迪什集团的研究，该研究展示了范围膨胀是多么普遍。在图中，你可以看到当软件投产后实际被使用到的特性的比例，其中 64% 的特性很少或从未被使用到。

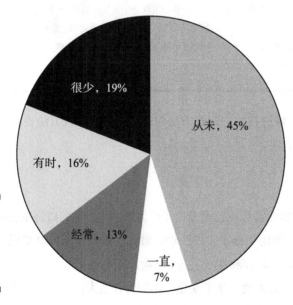

图 1-1
实际被使
用到的软
件特性

图 1-1 的数字显示了时间和金钱的巨大浪费。这种浪费是传统项目管理流程不能适应变化的直接后果。项目经理和干系人知道项目中期的变更不受欢迎，因此项目初期是他们获得潜在所需特性的最佳时机，所以他们要求：

- ✔ 他们所需要的一切；
- ✔ 他们认为他们可能需要的一切；
- ✔ 他们想要的一切；
- ✔ 他们认为他们可能想要的一切。

图 1-1 所示的统计数据就是项目特性膨胀的最后结果。

使用过时的管理和开发方法所导致的问题并非无足轻重。因为这些问题，每年要浪费数十亿美元。在 2009 年，因项目失败所导致的损失达 1 030 亿美元（见第 5 页专栏：软件项目的成功与失败），这相当于世界上数百万份工作的损失。

在过去的 20 年中，人们在项目工作中已经意识到传统项目管理日益增长的问题，并着手建立更好的模型：敏捷项目管理。

敏捷项目管理简介

敏捷技术萌芽的产生已经有很长一段时间。图 1-2 展示了敏捷项目管理的历史，最早可以回溯至 1930 年代沃尔特·休哈特（Walter Sherwart）在项目质量方面的计划 – 执行 – 学习 – 行动（PDSA）方法。

1989 年，竹内弘高（Hirotaka Takeuchi）和野中郁次郎（IkujiroNonaka）在《哈佛商业评论》（*Harvard Business Review*）上发表了一篇名为《新产品开发的新游戏》（*New NewProduct Development Game*）的文章，竹内弘高和野中郁次郎在文章中描述了一种快速、灵活的开发策略以满足快速的产品需求。该文章把产品开发与英式橄榄球比赛进行类比，第一次将 Scrum 这个术语与产品开发相关联。Scrum 逐渐演变成敏捷项目管理中最常用的方法。

2001 年，一组软件和项目专家聚在一起讨论他们项目成功的相通之处。该小组创建了敏捷宣言，一份对成功的软件开发所需价值的声明：

敏捷软件开发宣言 *

我们一直在实践中探寻更好的软件开发方法，身体力行的同时也在帮助他人。

由此，我们建立了如下价值观：

个体和互动高于流程和工具；

可工作软件高于详尽的文档；

客户合作高于合同谈判；

响应变化高于遵循计划。

也就是说，尽管右项有其价值，但我们更重视左项的价值。

* 敏捷宣言 Copyright © 2001：肯特·贝克（Kent Beck）、迈克·毕多（Mike Beedle）、阿利·冯·贝纳昆（Arie van Bennekum）、阿利斯泰·科克伯恩（Alistaair Cockburn）、沃德·坎宁汉（Ward Cunningham）、马丁·福勒（Martin Fowler）、詹姆斯·格兰宁（James Grenning）、吉姆·海史密斯（Jim Highsmisth）、安德烈·亨特（Andrew Hunt）、龙·杰弗里斯（Ron Jeffries）、乔恩·科恩（Jon Kern）、布莱恩·马里克（Brian Marick）、罗伯特·C·马丁（Robert C. Martin）、史蒂夫·梅洛（Steve Mellor）、肯·施瓦伯（Ken Schwaber）、杰夫·萨瑟兰（Jeff Sutherland）、戴夫·托马斯（Dave Thomas）。

此宣言可以任何形式自由地复制，但其全文必须包含上述申明在内。

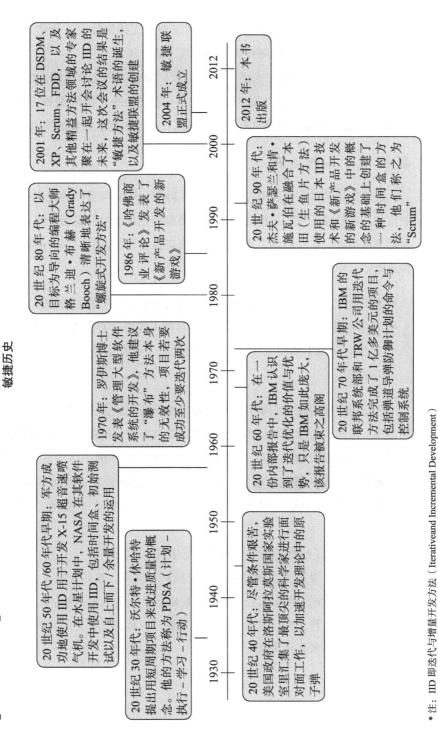

图 1-2
敏捷项目
管理时间
线

敏捷历史

20 世纪 30 年代：沃尔特·休哈特提出用短周期项目来改进质量的概念。他的方法称为 PDSA（计划－执行－学习－行动）

20 世纪 40 年代：尽管条件艰苦，美国政府在洛斯阿拉莫斯国家实验室里汇集了最顶尖的科学家进行面对面工作，以加速开发理论中的原子弹

20 世纪 50 年代 /60 年代早期：军方成功地使用 IID 用于开发 X-15 超音速喷气机。在火星计划中，NASA 在其软件开发中使用 IID，包括时间盒、初始测试以及自上而下 / 余量开发的运用

1970 年：罗伊斯博士发表《管理大型软件系统的开发》，他建议了"瀑布"方法本身的无效性，项目若要成功至少要迭代两次

20 世纪 60 年代：在一份内部报告中，IBM 认识到了迭代化的价值与优势，只是 IBM 如此庞大，该报告教训之高阁

20 世纪 70 年代早期：IBM 的联邦系统部和 TRW 公司用迭代的项目，包括弹道导弹防御计划的命令与控制系统，方法完成了 1 亿多美元的项目

20 世纪 80 年代：以目标为导向的编程大师格兰迪·布赫（Grady Booch）清晰地表达了"螺旋式开发方法"

1986 年：《哈佛商业评论》发表了《新产品开发的新游戏》

20 世纪 90 年代：杰夫·萨瑟兰和肯·施瓦伯在融合了本田（生鱼片方法）使用的日本 IID 技术和《新产品开发的新游戏》中的概念的基础上创建了一种时间盒的方法，他们的间盒的方法称之为"Scrum"

2001 年：17 位在 DSDM、XP、Scrum、FDD，以及其他精益方法领域的专家聚在一起开会讨论 IID 的未来，这次会议的结果是"敏捷方法"术语的诞生以及敏捷联盟的创建

2004 年：敏捷联盟正式成立

2012 年：本书出版

1930　1940　1950　1960　1970　1980　1990　2000　2012

* 注：IID 即迭代与增量开发方法（Iterativeand Incremental Development）
NASA 即美国宇航局，IBM 即国际商业机器公司，TRW 即天合公司（Thompson-Ramo-Wooldridge）
DSDM 即动态系统开发方法（Dynamic Systems Development Method）
XP 即极限编程（Extreme Programming），FDD 即特性驱动开发（Feature Driven Development）

这些专家也创建了敏捷原则，即用于帮助支持敏捷宣言价值观的 12 条实践。我将在第 2 章列出这些原则并更详细地描述敏捷宣言。

敏捷作为产品开发的术语，是针对人、沟通、产品和灵活性的项目管理方法论的一种描述。敏捷方法论有许多种，包括 Scrum、极限编程（XP）以及精益（Lean）方法，但是它们都具有一个共同点：遵循敏捷宣言和敏捷原则。

敏捷项目如何运作

敏捷方法是基于经验型控制法——一种根据实际项目中的现实观测而做出决策的流程。在软件开发方法论的环境下，经验型控制法对开发新产品、增强和升级项目都非常有效。在对最新工作成果频繁且亲自进行检查时，如有必要，你可以做出快速调整。

- **透明性**。每一位敏捷项目成员都知道即将做什么以及项目进展如何。
- **经常性检查**。投资于产品并运行项目的人应该定期评估该产品和流程。
- **适应**。对细小问题做快速调整，如果检查结果表明你应当做出改变，那么立即改变。

为适应频繁的检查和调整，敏捷项目按照迭代的方式（把整个项目分解成更小的片段）运作。在敏捷项目中，你仍然需要执行与传统瀑布型项目同样的工作：创建需求并设计开发你的产品，并且如果有必要，把你的产品和其他产品进行集成。你要测试该产品，修复存在的问题，并部署产品的使用。然而，你不是为所有产品特性来一次性完成这些步骤，你需要把项目分割成多个迭代，迭代也称为冲刺（Sprint）。

图 1-3 展示了线性瀑布式项目和敏捷项目的区别。

把传统项目管理方法和敏捷方法进行混合使用，就好比在说："我有一辆保时捷 911 Turbo 跑车，但我在左前轮和右后轮上装上马车轮，如何才能让我的车和其他保时捷跑得一样快？"答案当然是不可能。但如果你全盘采纳敏捷方法，你将发现有更好的实现项目成功的机会。

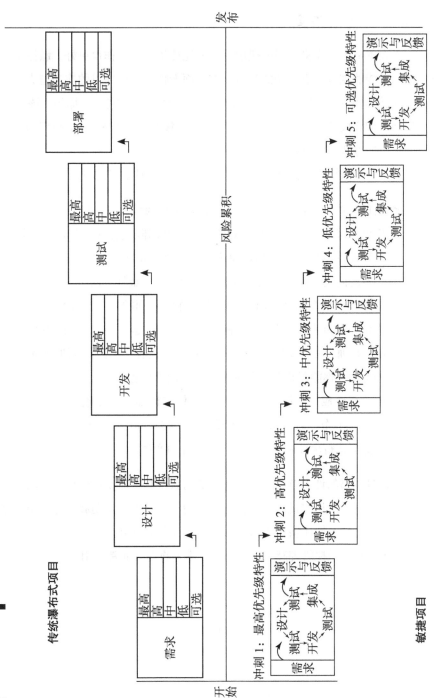

图 1-3 瀑布与敏捷项目对比

为何敏捷效果更好

在本书中，你将看到敏捷项目如何比传统项目运作得更好。敏捷项目管理方法论已经能够创造出更成功的项目。在前面专栏"软件项目的成功与失败"中提到斯坦迪什集团在 2009 年做过一项关于项目成功率的研究。在那年，该集团发现 26% 的项目彻底失败——但是到了 2011 年，该数据下降了 5%。失败率的下降可部分归因于敏捷方法的广泛采用。

下面是敏捷方法优于传统项目管理方法的一些关键之处。

- **项目成功率**。在本书第 15 章，你将了解为什么在敏捷项目中，灾难性失败风险可以降低至近无。通过对商业价值和风险进行优先排序，敏捷方法能够在早期便确定项目是成功还是失败。敏捷方法中对项目的全程测试帮助你能尽早发现问题，而不是在花费了大量的时间和金钱之后再去发现问题。
- **范围蔓延**。在第 7、8 和第 12 章，你将看到敏捷方法如何在项目全程中适应变化，把范围蔓延的可能降至最低。在敏捷项目中，你能在每次开始冲刺的时候增加新的需求，而不需要干扰开发流程。通过全面地优先开发高优先级的特性，你能阻止范围蔓延威胁到关键的功能。
- **检查与适应**。在第 10 和第 14 章，你将详细了解在敏捷项目中如何定期检查和适应工作。通过从完整的开发周期和实际产品中获得信息，使敏捷项目团队能够在每次冲刺中改进他们的流程和产品。

透过本书的许多章节，你将知晓如何获得对敏捷项目产出的控制。尽早并经常测试，根据需要调整优先级，使用更好的沟通技术，定期展示并发布产品功能，这些将使你能够对敏捷项目中的各种因素进行微调控制。

如果你对敏捷管理感兴趣，那么这本书将对你非常适用。

第 2 章　敏捷宣言与原则

本章内容要点：

▶ 定义敏捷宣言与敏捷 12 原则；

▶ 附加白金原则；

▶ 理解敏捷改变了什么；

▶ 进行敏捷石蕊测试。

　　本章描述了敏捷的基础：敏捷宣言、四项核心价值以及 12 条敏捷原则。基于我在我所创建的 Platinum Edge 公司多年来向敏捷转型的经验总结，我还用了 3 条白金原则来扩展了这些基础。这些基础给软件开发团队提供了所需的用于评估项目团队是否遵循了敏捷原则的信息，以及他们的行动和行为是否坚守了敏捷价值。当你理解这些价值和原则时，你将能提出这样的问题："这是敏捷吗？"并且，你会对你的回答抱有自信。

理解敏捷宣言

　　在 20 世纪 90 年代中期，互联网就在我们眼前改变了世界。人们在 .com 产业爆炸式发展的持续压力下开展工作，采用快速变化的技术以成为市场的领跑者。开发团队夜以继日地工作，其目的就是希望赶在竞争对手超越自己之前发布新的软件。IT 产业在短短的数年间便已发生天翻地覆的变化。

处于那个时期的变化步伐中，传统项目管理在实践中将不可避免地出现缺陷。使用传统的方法论，比如在第 1 章中讨论的瀑布方法，它无法让开发者足够快速地响应市场变化并采用适应商业环境下的新方法。于是，开发团队开始寻求新的方法来替代这些过时的项目管理方法。在探索过程中，他们关注到一些能够产生更好结果的思路。

在 2001 年 1 月，17 位探索这些新方法论的先行者们聚在犹他州的滑雪胜地雪鸟（Snowbird），分享他们的经验、想法和实践，讨论如何更好地表达这些内容，并且建议改进软件开发的方式。这次会议对项目管理未来所产生的影响超过了他们的想象，他们所创造的简洁明晰的敏捷宣言和随后提出的敏捷原则改变了 IT 业界，继而引发项目管理在每一个行业中的革命。

在接下来的几个月里，这些领导者构建了以下内容。

- **敏捷宣言**。一份对核心开发价值的刻意精简的表述。
- **敏捷原则**。一组支持敏捷项目团队实施并坚守敏捷的 12 条指导概念。
- **敏捷联盟**。一个专注于支持个人与组织应用敏捷原则和实践的开发组织的社区。

这些工作的目的是促进软件产业更具创造力、更加人性化以及更具有可持续发展性。

敏捷宣言是一份强有力的声明，仅仅用少于 75 个英文单词加以精心地表达。

敏捷软件开发宣言 *

我们一直在实践中探寻更好的软件开发方法，身体力行地同时也帮助他人。

由此我们建立了如下价值观：

个体和互动高于流程和工具；

可工作软件高于详尽的文档；

客户合作高于合同谈判；

响应变化高于遵循计划。

也就是说，尽管右项有其价值，我们更重视左项的价值。

*敏捷宣言 Copyright © 2001：肯特·贝克，迈克·毕多，阿利·冯·贝纳昆，阿利斯泰·科克伯恩，沃德·坎宁汉，马丁·福勒，詹姆斯·格兰宁，吉姆·海史密斯，安德烈·亨特，龙·杰弗里斯，永·科恩，布莱恩·马里克，罗伯特·C·马丁，史蒂夫·梅洛，肯·施瓦伯，杰夫·萨瑟兰，戴夫·托马斯。

此宣言可以任何形式自由地复制，但其全文必须包含上述申明在内。

无可否认，敏捷宣言是一份精确且权威的声明。当传统方法还在强调严格的计划、避免变更、记录一切和层级化控制时，该宣言已经聚焦于：

- 人；
- 沟通；
- 产品；
- 灵活性。

敏捷宣言代表了项目在如何构想、执行和管理方面的巨大转变。

敏捷宣言的创建者们最初聚焦于软件开发是因为他们都来自 IT 行业。然而，自从 2001 年以来，敏捷项目管理技术已经从软件开发领域快速传播并扩展到计算机相关产品以外的其他领域。今天，人们在各行各业使用敏捷方法来创造产品，包括医药、工程、营销、公益甚至建筑业。只要你能创造产品，你就能从敏捷方法中获益。

敏捷宣言和敏捷原则起源于软件行业，全书在引用宣言和原则时完整地保留了这些语句。但如果你所创造的不是软件，你在阅读的时候可以尝试用你的产品来替代。

敏捷宣言四项核心价值

敏捷宣言源自经验而非理论。当你在接下来的章节中重温这些价值时，请考虑如果你将它们应用到实践中时，这些价值意味着什么？这些价值是如何对市场目标的及时响应，对变更的处理以及对人们革新的评估进行支持的？

价值 1：个体和互动高于流程和工具

当你能够让项目中的每一位成员都贡献他／她的独特价值时，结果将非常可观。当这些成员的互动专注于解决问题时，一致的目标就能形成。此外，通过流程与工具达成的协议也比传统的协议更加简单。

一次充分讨论项目问题的简单交谈就可以在相对较短的时间里解决许多问题。试图用电子邮件、电子表格和文档来代替直接交谈是笔很大的开销。这些被管理和控制的沟通类型不仅不能提高清晰度，反而会含糊不清且浪费时间，并且会导致开发团队在创造产品的工作中分散注意力。

考虑一下，如果你更重视个体与互动的价值，这将意味着什么？表 2-1 展示了重视个体和互动与重视流程和工具之间的一些差异。

表 2-1　个体和互动与流程和工具的对比

	个体和互动具有高价值	流程和工具具有高价值
优点	沟通是清楚和有效果的 沟通是快速和有效率的 由于人们在一起工作，团队工作变得强大 开发团队能够自组织 开发团队具有更多机会去创新 开发团队能根据需要定制流程 开发团队成员对项目能担负主人翁角色 开发团队成员能有更高的工作满意度	流程是清楚的，且易遵循 有沟通的书面记录存在
缺点	开发团队成员必须具有参与、负责和创新的能力 人们需要放下自我，融入团队才能干好工作	人们可能过于依赖流程，而不去找到创建好产品的最好方式 一种流程未必适合所有团队——不同的人具有不同的工作方式 一种流程未必适合所有项目 沟通可能会含糊且费时

你可以在本书出版商的网站 www.dummies.com/go/agileprojectmanagementfd 中找到类似于表 2-1 的表格。请记下你或你的项目中运用的各种方法的优缺点。

如果流程和工具被视为管理产品开发以及与之关联的任何事情的必由之路，那么人们及其工作方法必须与这些流程和工具保持一致，这种一致性使得他们适应新的想法、需求和思考变得困难。然而，敏捷方法认为人比流程更有价值，对个人和团队的强调使得人们更专注于他们的精力、创新和解决问题的能力。在敏捷项目管理中，你也会使用流程和工具，但是它们被刻意精简，并直接支持产品创造。流程和工具越强大，你越需要花费更多的精力去关注它，也越需要遵从它。然而，重视个体和团队的力量并坚持以人为本，则会使生产力产生质的飞跃。敏捷环境以人为本，并倡导共同参与，从而更容易适应新的想法和创新。

价值 2：可工作软件高于详尽的文档

开发团队应当专注于生产出可工作的产品。在敏捷项目中，衡量你是否真正实现产品需求的唯一标准是生产出与该需求相对应的产品的特性。对于软件产品，能够工作的软件意味着该软件符合所谓的完工定义（DoD）：至少是已开发、已测试、已集成和已归档。毕竟，能够工作的软件才是项目的根本。

如果你过去曾做过项目，你是否曾经在汇报会中做出类似的报告：你已完成了项目工作的 75%？如果你的客户说："我们已经没钱了，现在能拿走这已完成的 75% 的项目吗？"你将怎么回答？在传统项目中，你并没有任何可以工作的软件给到你的客户——传统上的 "75%" 意味着你的进展是 75%，但是完成度是 0。然而在敏捷项目中，根据完工定义，你已经实现了项目需求的 75% 的产品特性，并且是最高优先级的那 75% 的需求。

尽管敏捷方法源自软件开发，但你也能在其他类型的产品中加以使用。第 2 项敏捷价值就可以简单地表述成"可工作的产品高于详尽的文档"。

必须对从开发中派生出来的任务进行评估以确定它们对可工作产品的创建是支持还是削弱。表 2-2 列举了一些传统项目文档及其有用性分析。请思考你最近参与的项目中所使用的文档。

表 2-2 识别文档是否有用

文档	文档是否支持产品开发	文档是"刚好够"还是"镀金"
使用昂贵的项目管理软件创建的甘特图形式的项目进度计划	没有 包含贯穿始终的详细任务和日期的进度计划总是超出产品开发所需。同时这里面很多的细节在你开发未来特性时会发生变化	镀金 尽管项目经理可能花很多时间来创建和更新项目进度计划,但事实上项目团队成员常常只想知道关键的交付日期。管理层通常只想知道项目是否会按时、提前或延后完成
需求文档	是 所有项目都有需求——关于产品特性和要求的细节。开发团队需要知道这些需求来创建产品	可能镀金 需求文档很容易增加冗余的细节。敏捷方法提供了描述产品需求的简单的方法
产品技术规范	是 记录你创建产品的过程能使未来的变更更加容易	可能镀金 技术文档通常言简意赅——开发团队一般没有时间加以润色,希望简化文档
每周状态报告	否 每周状态报告是用于管理目的,而不是支持产品创建	镀金 知道项目状态是有用的,但是传统的状态报告包含了过时的信息,并且跟必要性相比更多是负担
详细的沟通计划	否 一份联系人列表或许有用,但许多沟通计划中的细节对产品开发团队是无用的	镀金 沟通计划经常最终成为一种工作文档——使得工作看上去异常的忙碌

所有的项目都需要一些文档。然而在敏捷项目中,只有当文档能以最直接、不拘泥于形式的方式并"刚好够"满足可工作产品的设计、交付和部署时才是有用的。

敏捷项目管理中术语"刚好够"(Barely Sufficient)是个褒义词,意味着项目中的任务、文档、会议或者几乎所有事情只需要达到实现目标的程度即可。"刚好够"代表着实用和效率。"刚好够"的反义词是"镀金",意味着在特性、任务、文档、会议或其他任何事情上增加不必要的努力。

当你致力于敏捷项目中,你会专注于那些对支持产品开发有必要的文档。敏捷方法极大地简化了与时间、成本控制、范围控制或报告相关的行政文书工作。

你可以在 www.dummies.com/go/agileprojectmanagementfd 中找到类似于表 2-2 的表格。使用该表格来评估你的文档直接对产品的助益程度，以及是否达到"刚好够"。

我经常在编写一份文档时停下来并看看有谁在抱怨。一旦我知道该文档的请求者，我将尽力去了解这份文档为什么是必须有的。这种情形下"5 Why"方法很管用——至少问 5 次"为什么"以获取需要该文档的根本原因。一旦你知道需要该文档的核心原因，那么，接下来就看你怎么使用敏捷方法或其精简的流程来满足该需求。

由敏捷项目团队制作的文档不仅精简，且需要对其维护的时间少，同时又能及时地从中发现潜在的问题。在接下来的章节里，你将了解如何创建并使用简单的工具（诸如产品待办列表、冲刺待办列表、任务板）让项目团队来理解需求并评估每日项目的状态。敏捷方法让项目团队将更多时间投入在开发上而不是文档上，从而能够更有效地交付可工作产品。

价值 3：客户合作高于合同谈判

客户不是敌人，真的。

在传统项目管理方法中，客户通常参与以下 3 个关键时刻。

- **项目开始**。当客户和项目经理（或其他项目团队代表）谈判合同细节时。
- **项目中任何范围变更**。当客户和项目经理就合同变更进行磋商时。
- **项目结束**。当项目团队交付完整的产品给客户时。如果产品没有达到客户的期望，项目经理和客户将针对合同的补充变更进行谈判。

这种聚焦于谈判的传统，不但阻碍了可能是很有价值的客户的输入，而且会在客户和项目团队之间造成对立关系。

你对产品的了解一定会比项目开始时更多。在项目刚开始时就在合同中锁定产品细节，意味着你要在不完整的认知下做出决策。随着对产品的了解加深，如果你能够灵活地适应变更，你将最终创造出更好的产品。

这些敏捷开创者们认识到合作而非对抗能够产出更好、更精益、更有用的产品。在这样的思想指导下，敏捷方法论总是将客户看作项目的一部分。

在实践中使用敏捷方法，你将体验客户与开发团队之间的伙伴关系。在这种合作的关系中，对项目实施过程中的发现、质疑、学习与调整都将成为例行的、可接受的和系统化的步骤。

价值 4：响应变化高于遵循计划

变更是创建伟大产品的有价值的工具。通常如果能快速响应客户、产品用户和市场，项目团队就将能开发出符合人们需要的、有用的产品。

不幸的是，传统的项目管理方法试图把变更这个"怪物"摞倒在地并牢牢钉住，使其失去知觉。严格的变更管理程序和不能适应新产品需求的预算结构使得变更很困难。传统的项目团队经常发现他们自己盲从于计划，而错失了创建更有价值的产品的机会。

图 2-1 展示了在传统项目中变更时间与机会的关系以及变更的成本。当时间以及对你产品的认知增加时，变更的能力在降低，并且成本在增加。

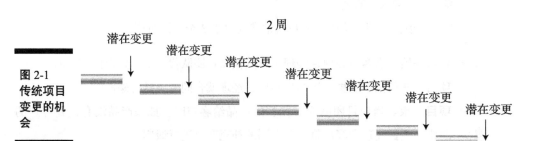

图 2-1
传统项目
变更的机
会

相对而言，敏捷项目更能系统地适应变更。在后面的章节，你将发现敏捷方法如何进行规划、工作和优先排序使得项目团队快速响应变更。敏捷方法的灵活性实际上提高了项目的稳定性，因为在敏捷项目中变更是可预测并可管理的。

随着新活动的展开，项目团队将这些现实状况纳入正进行的工作中。任何新的事项都可以成为提供额外价值的机会，而不是要避免的障碍，进而给开发团队提供了更大的成功机会。

定义敏捷 12 原则

在敏捷宣言发布之后的数月，创始签署者继续保持沟通。他们为宣言的 4 项价值增添了 12 条指导性原则以支持项目团队向敏捷过渡。

这些原则，加上在本章后面"附加白金原则"一节中解释的白金原则，能够作为石蕊测试，用于判断你项目团队的具体实践是否真正符合向敏捷过渡的意图。

以下是原始的 12 条原则的文本，由敏捷联盟在 2001 年发布的。

第 1 条　我们最优先考虑的是尽早和持续不断地交付有价值的软件，从而使客户满意。

第 2 条　即使在开发后期也欢迎需求变更。敏捷过程利用变更可以为客户创造竞争优势。

第 3 条　采用较短的项目周期（从几周到几个月），不断地交付可工作软件。

第 4 条　业务人员和开发人员必须在整个项目期间每天一起工作。

第 5 条　围绕富有进取心的个体而创建项目。为他们提供所需的环境和支持，信任他们所开展的工作。

第 6 条　不论团队内外，传递信息效果最好且效率最高的方式是面对面交谈。

第 7 条　可工作软件是度量进度的首要指标。

第 8 条　敏捷过程倡导可持续开发。发起人、开发人员和用户要能够长期维持稳定的开发步伐。

第 9 条　坚持不懈地追求技术卓越和良好的设计，从而增强敏捷能力。

第 10 条　以简洁为本，最大限度地减少工作量。

第 11 条　最好的架构、需求和设计出自于自组织团队。

第 12 条　团队定期地反思如何能提高成效，并相应地协调和调整自身的行为。

这些敏捷原则为开发团队提供了实践指南。

对这 12 原则的另外一种组织方式是从以下 4 个不同的组合：

- ↳ 客户满意度；
- ↳ 质量；
- ↳ 团队工作；
- ↳ 项目管理。

以下几节将根据这些组合来讨论这些原则。

客户满意度的敏捷原则

敏捷方法聚焦于客户满意度，这合乎情理。毕竟客户才是开发产品的首要原因。尽管这 12 条原则都支持使客户满意的目标，但前 4 条原则尤为突出。

第 1 条　我们最优先考虑的是尽早和持续不断地交付有价值的软件，从而使客户满意。

第 2 条　即使在开发后期也欢迎需求变更。敏捷过程利用变更可以为客户创造竞争优势。

第 3 条　采用较短的项目周期（从几周到几个月），不断地交付可工作软件。

第 4 条　业务人员和开发人员必须在整个项目期间每天一起工作。

你在项目中可以有多种定义客户的方式：

- ✔ 在项目管理术语中，客户是为项目出资的个人或群体；
- ✔ 在有些组织中，客户可以是组织以外的顾客；
- ✔ 在其他组织中，客户可以是项目干系人或组织内部的干系人；
- ✔ 最终使用产品的人也是客户。但为了便于区分并且和原始的敏捷 12 原则保持一致，故本书中称这些人为"用户"。

如何贯彻并落实这些原则？简单参考下列方法：

- ✔ 敏捷项目团队设置产品负责人（Product Owner），由其负责确保把客户所想要的翻译成产品需求；
- ✔ 产品负责人根据市场价值或风险对产品特性进行优先级排序，并与开发团队进行沟通。开发团队在较短的开发周期（称为"迭代"或"冲刺"）中交付列表中最有价值的特性；
- ✔ 产品负责人每天保持深度参与，以便澄清优先级和需求，做出决策，提供反馈以及快速解答项目中突然出现的许多问题；
- ✔ 频繁地交付可工作的产品，让产品负责人和客户对于产品开发状态有全面的了解；

✔ 随着开发团队每 8 周（理想情况下，也可 4 周）或更短时间持续交付完成的和可演示的功能，整个产品的价值随着它的可用功能的增加而逐步提升；

✔ 客户的投资价值是通过在项目过程中定期收到新的、可使用的产品的功能的不断累积，而不是等到项目完成的最后一刻才第一次甚至是仅有的一次交付可发布的产品功能来体现。

在表 2-3 里，我列出了一些在项目中通常面临的客户满意度问题。使用表 2-3 并收集你遇到的一些客户不满意的例子。你是否认为敏捷项目管理有所不同？为什么或者为什么不？

你可以在 www.dummies.com/go/agileprojectmanagementfd 中找到一份空白表格。

表 2-3　客户不满意时，敏捷如何能加以帮助

项目中客户不满意的例子	敏捷方法如何提升客户满意度
产品需求被开发团队误解	产品负责人通过与客户的紧密合作定义和细化产品需求，并将其清晰地提供给开发团队 敏捷项目团队定期演示并交付可工作的产品特性。如果产品没有按客户所设想的那样工作，客户可以在冲刺结束时提出反馈意见，而不是等到项目结束时
当客户需要时，产品不能交付	冲刺的工作能够使敏捷项目团队尽早并经常交付高优先级的产品特性
没有额外的成本和时间，客户就不能请求变更	敏捷流程是为变更而建立。开发团队能适应新的需求、需求更新以及每个冲刺的优先级调整——通过去除最低优先级的需求来抵消这些变更的成本

敏捷提供的让客户满意的策略如下：

✔ 在每次迭代中，首先产出最高优先级特性；

✔ 理想情况下，把产品负责人和其他项目团队成员集中在一起办公；

✔ 把需求分解成能够在 8 周（理想情况下，也可以 4 周）或更短时间内交付的不同特性组；

✔ 让书面需求越少越好，推进更加积极有效的面对面地沟通；

✔ 当每项特性完成时，获得产品负责人的批准；

✔ 定期重新回顾 / 检查特性列表以确保最有价值的需求始终具有最高的优先级。

质量的敏捷原则

敏捷项目团队每天都在承诺他们创造的每个产品的生产质量——从文档开发到测试结果。每位项目团队成员都贡献了他／她最好的工作。尽管这 12 条原则都支持质量交付目标，但第 1、3、4、6、7、8、9 和 12 条原则尤为突出。

第 1 条 我们最重要的目标，是通过尽早和持续不断地交付有价值的软件使客户满意。

第 3 条 采用较短的项目周期（从几周到几个月），不断地交付可工作软件。

第 4 条 业务人员和开发人员必须在整个项目期间每天一起工作。

第 6 条 不论团队内外，传递信息效果最好且效率最高的方式是面对面交谈。

第 7 条 可工作软件是度量进度的首要指标。

第 8 条 敏捷过程倡导可持续开发。发起人、开发人员和用户要能够长期维持稳定的开发步伐。

第 9 条 坚持不懈地追求技术卓越和良好的设计，从而增强敏捷能力。

第 12 条 团队定期反思如何能提高成效，并相应地调整自身的行为。

这些原则，在日常实践中可以描述如下。

- 开发团队成员必须具有完全的主导权并被授予解决问题的权力。他们承担着决定如何创建产品、分配任务和组织产品开发的责任。
- 敏捷软件开发需要敏捷架构，使得代码和产品模块化，且具有灵活性和扩展性。产品设计需要用来解决当前的问题，并且尽可能地使不可避免的变更变得简单。
- 一套纸面上的设计永远不会告诉你哪些是可以工作的。当产品质量能达到被演示、被最终交付时，每个人将知道产品是可以工作的。
- 当开发团队完成了特性，团队向产品负责人展示产品功能以确认产品是否符合验收标准。产品负责人的评审贯穿整个迭代，理想的评审时间是需求开发完成之日。
- 在每 8 周（理想情况下，也可以 4 周）甚至更短的迭代中，把可正常工作的代码向客户演示。进度显而易见，且易被度量。
- 测试是开发中不可或缺且持续进行的一部分，它每天都在进行，而非等到迭代周期结束才做。

- ✔ 以微小增量的方式来检查代码是否与以前的版本能够集成、是否经过测试以及是否已经展示其能够工作，这种增量甚至一天发生几次。这个流程称为持续集成（Continuous Integration，简称 CI），它有助于确保当新代码加进原有代码库中时整个解决方案能够持续工作。
- ✔ 在软件项目中，保持技术领先的方法包括建立代码编写标准、使用面向服务的架构、采用自动化测试以及针对将来的变更进行构建。

敏捷方法提供了以下针对质量管理的策略：

- ✔ 定义"完成"什么意味着，在项目之初就使用该定义作为高质量代码的标杆；
- ✔ 通过自动化方式每天进行积极的测试；
- ✔ 根据需要，仅构建那些必须的特性；
- ✔ 评审代码并进行精简（重构）；
- ✔ 只展示已经被产品负责人验收过的功能代码；
- ✔ 在每天、每个迭代以及整个项目中设置多个反馈时点。

团队工作的敏捷原则

团队工作对于敏捷项目至关重要。良好产品的创建需要整个项目团队包括客户和干系人的通力合作。敏捷方法支持团队构建和团队工作，并强调在自管理式的开发团队中信任的建立。一个熟练的、富有进取心的、统一的和被授权的项目团队才是成功的团队。

尽管这 12 条原则都支持团队工作的目标，但第 4、5、6、8、11 和 12 条原则作为支持到团队授权、效率和卓越方面尤为突出。

第 4 条 业务人员和开发人员必须在整个项目期间每天一起工作。

第 5 条 围绕富有进取心的个体而创建项目。提供他们所需的环境和支持，信任他们所开展的工作。

第 6 条 不论团队内外，传递信息效果最好且效率最高的方式是面对面交谈。

第 8 条 敏捷过程倡导可持续开发。发起人、开发人员和用户要能够长期维持稳定的开发步伐。

第11条 最好的架构、需求和设计出自于自组织团队。

第12条 团队定期地反思如何能提高成效，并相应地调整自身的行为。

敏捷方法专注于可持续开发。作为知识型员工，我们的大脑就是我们带给项目的价值。仅从团队利益出发，组织需要的是那些始终充满活力并头脑清醒的员工。保持一个有规律的工作步伐，而不是经常超负荷地紧张工作，则有助于团队成员保持思路敏锐并写出高质量的代码。

以下是一些可以用于实现团队工作愿景的实践。

- 敏捷方法需要有适当经过训练的、熟练的且富有进取心的开发团队成员。
- 为任务的完成提供足够的培训。
- 支持自组织团队决定做什么和怎么做，而不需要让管理者来告诉团队做什么。
- 让项目团队成员作为一个整体而非个体来承担责任。
- 用面对面沟通的方式快速有效地传递信息。

  设想你通常使用电子邮件与莎伦沟通。你先花时间来写消息并发送。这消息停留在莎伦的收件箱中，直到最终她来阅读。如果莎伦有任何问题，她将写另一份电子邮件来响应并发送。该消息到达你的收件箱，直到你最终打开。如此这般反复，这种兵乓球式的沟通效率太低且不适合在快速迭代中使用。

- 通过全天自发地交谈来学习知识、增强理解和提高效率。
- 项目队友位置越靠近，沟通就会更有效率。如果集中办公不可能，那么请优先使用视频而不是电子邮件。
- 经验教训总结必须是持续的反馈循环。每个迭代结束时都应该进行回顾，通过及时的反省和调整，提升开发团队的生产力，创造出更高的效率。项目结束时召开的经验教训总结会议价值最小。
- 第一次回顾通常具有最高的价值，因为在这个时点，项目团队有机会做出变更，而使项目的后续工作受益。

以下策略促进了有效的团队工作：

- 把开发团队集中在同一个地点——这称为"集中办公"；
- 团队集中在利于合作的同一物理环境中，如配备有白板、彩色笔和其他有助于开发和传递想法的触觉工具的一个团队房间；

- 创建一个鼓励项目团队说出他们想法的环境；
- 尽可能面对面沟通，如果通过交谈就能处理的问题就不要采用发电子邮件的方式；
- 如果需要，当天就澄清所有的疑问；
- 鼓励开发团队自己解决问题，而不是让经理为开发团队解决问题。

项目管理的敏捷原则

敏捷中的项目管理角色围绕以下 3 个关键领域：

- 确保开发团队富有成效，并能在长时间内提升生产力；
- 不需要通过询问来中断开发活动的流程，即可确保干系人能够随时看到项目进展的信息；
- 一旦出现新的特性请求就进行处理，并把它们纳入产品开发周期。

敏捷方法聚焦于规划和执行工作，以生产出能够发布的最好的产品。该方法支持开放的沟通，能够避免分散精力，确保每个人都清楚项目的进展。

尽管这 12 原则都支持项目管理，但第 2、8 和 10 条原则尤为突出。

第 2 条　即使在开发后期也欢迎需求变更。敏捷过程利用变更可以为客户创造竞争优势。

第 8 条　敏捷过程倡导可持续开发。发起人、开发人员和用户要能够长期维持稳定的开发步伐。

第 10 条　以简洁为本，最大限度地减少工作量。

以下是采用敏捷方法的项目管理的一些优势。

- 敏捷项目团队实现了产品及时上市，并相应地节约了成本。相较于传统方法，敏捷方法降低了在项目早期通常要做的详尽的规划和文档，所以能更早地启动开发工作。
- 敏捷开发团队是自组织和自管理。这种管理方式通常被用来指导开发人员如何消除那些减慢开发团队进度的障碍和干扰。
- 敏捷开发团队将决定在每次迭代中为实现那些目标所需完成的工作量，并承诺实现这些目标。主人翁意识（Ownership）是敏捷方法有别于其他方法的根本，因为是开发团队自己建立了承诺，而不是遵守外部作出的承诺。

✔ 敏捷方法不是专注于实现所有可能需要的特性。使用敏捷方法的人会问："为实现目标，怎么才能让我做得最少？"敏捷方法通常意味着精简：更少的文档、更少的会议、更少的电子邮件，甚至更少的代码。

编写对产品开发没有帮助的复杂文档纯属浪费精力。记录一项决策的文档是必要的，但是你不需要用很多页去记录形成决策的历史和细微差别。保持文档"刚好够"，你将有更多的时间去专注于支持开发团队。

✔ 将开发工作按照4周或持续时间更短的冲刺周期拆分，你就能在坚持当前迭代目标的同时适应接下来迭代的变更。整个项目中，每个冲刺的时间长度要保持一致。

✔ 规划、需求的提炼、开发、测试和演示都限制在一个迭代中发生，这样可避免走错方向或开发出客户不想要的东西。

✔ 敏捷实践鼓励富有成效的、健康的、稳定的开发步伐。例如，在流行的极限编程（XP）敏捷开发方法论中，每周最多工作40小时，首选工作35小时。敏捷项目具有可持续性并更富有成效。

传统方法通常会进行"死亡行军"，即为了达成先前未确定和不现实的截止日期，在项目的结束前数天甚至数周加班加点。"死亡行军"过程中，生产率急剧下降。到时将有更多的错误程序产生，而因为错误程序需要在第一时间发现，然后在不中断其他功能模块的前提下进行更正，所以更正缺陷堪称是最昂贵的执行工作。当系统超负荷运行时，它便会失控。

✔ 敏捷方法使优先级、当前项目的状态以及最终每次冲刺中的开发速度都是清晰的，这有助于很好地判断在给定时间内能够完成或应该完成多少工作量。

如果你以前曾在一个项目团队中工作过，你或许对项目管理活动有基本的理解。在表2-4中，我列出了一些传统项目管理的任务，以及你如何用敏捷方法满足那些需求。使用表2-4来观照你之前的经验，并且思考敏捷项目管理较之传统项目管理有何不同。

在 www.dummies.com/go/agileprojectmanagementfd 中可以找到表2-4所示的表格。

表 2-4　传统项目管理和敏捷项目管理的对比

传统项目管理的任务	用敏捷方法完成项目管理任务
在项目初期，创建完整的、详尽的项目需求文档。在项目过程中试图控制需求变更	创建产品待办列表——一份简单的按优先级排序的需求列表。在项目期间，如果需求和优先级变更，则快速更新产品待办列表
与所有项目干系人和开发成员召开每周状态会议。每次会议之后，分发详细的会议纪要和状态报告	开发团队每天工作开始之前，召开不超过 15 分钟的快速会议，讨论当天的工作和出现的任何障碍。在每天工作结束时最多花 1 分钟来更新在团队中心区域可见的燃尽图
在项目初期创建一份详尽的包含所有任务的项目进度计划。试图保持项目任务按进度计划开展。定期更新进度计划	在冲刺中开展工作，并只为当前冲刺确定具体任务
分配任务给开发团队	通过帮助移除障碍和干扰来支持开发团队。在敏捷项目中，开发团队负责定义他们自己的任务

项目管理通过以下行动来促进：

➤ 支持开发团队；

➤ 制作"刚好够"文档；

➤ 精简状态报告，使开发团队能够短时间就把信息推送出去，而不是让项目经理花费大量时间来提取有用信息；

➤ 最小化非开发任务；

➤ 树立信心，认为变更是正常且有益的，而不是要惧怕和躲闪的东西；

➤ 采用准时制（Just-in-time，JIT）的需求细化方式，使变更干扰或浪费工作的程度最小化；

➤ 与项目开发团队合作，建立现实的进度计划与目标；

➤ 保护项目团队远离组织安排的、与项目目标无关的工作，这些工作可能影响项目目标的完成；

➤ 理解工作与生活的适当平衡是高效开发的组成部分。

附加白金原则

根据我在全球帮助大中小型组织团队向敏捷项目管理转型的实战经验和现场测试，我发展了称之为"白金原则"的敏捷软件开发的 3 个附加原则。它们是：

- 抵制形式化；
- 团队思考与行动；
- 可视化而非书写。

你能在接下来的几节中探索每项原则的具体细节。

抵制形式化

即便是最敏捷的项目团队也可能会走向过度形式化。例如，项目团队成员要等到进度计划中安排好的会议时，才去讨论本来几秒钟就可以解决的简单问题，这对我来说并不少见。这些会议通常有议程和会议纪要，并需要为参会做一定程度的动员和遣散。在敏捷方法中，这种过度形式化是不需要的。

你应当经常质疑形式化和没必要的华丽的展示。例如，是否有更容易的方法获取你所需要的内容？当前的活动如何能尽可能快地支持开发高质量的产品？对这些问题的回答有助于你专注于高效的工作并避免无谓的任务。

在敏捷系统中，物理工作环境和讨论都是开放而畅通无阻的。文档只需保持最低的数量和复杂度，以便为项目贡献价值而非造成阻碍。

花哨的显示，比如过度装饰的展示报告要加以避免。专业且友好的沟通有利于项目团队，整个环境必须开放和舒适。

以下是抵制形式化的一些成功的策略：

- 减少组织的层级，尽可能去掉项目团队的头衔；
- 避免美工方面的投资，诸如进行精心制作的 PPT 展示或者额外的会议纪要格式；
- 确定并引导那些可能对复杂的工作成本的展示有要求的干系人。

团队思考与行动

项目团队成员应当专注于如何让团队整体最富有成效。这种专注意味着抛开个体的立场和绩效指标。在敏捷环境中，整个项目团队需要将对目标的承诺，对工作的主人翁意识，以及对实现该承诺所需时间相应的理解保持一致。

以下是团队思考与行动的一些策略。

- 结对开发并经常交换伙伴。无论结对编程（伙伴双方都具备某领域知识）还是影子编程（只有一方具备该领域知识）都能提高产品质量。你可以在第 15 章学习更多关于结对编程的知识。
- 用统一的"产品开发者"的头衔替代各种不同的头衔。
- 只在项目团队层级汇报项目，反对创建细分团队的特别的管理报告。
- 用项目团队绩效指标替代个体绩效指标。

可视化而非书写

敏捷项目团队应当尽可能多地使用可视化技术，无论是通过简单的图表或者计算机建模工具。图形比文字更有用，当你使用图表或模型而非文档时，你的客户能更好地把概念和内容联系起来。

图形化的演示几乎永远胜于文字的表述，若能亲手体验功能则效果最佳。当我们采用这样的方案来丰富我们的交互时，我们定义系统特性的能力将成倍增长。

对沟通工具而言，一张纸面草图甚至也比一份正式的文字文档更加有效。如果你要试图达成共识，文字描述是最差的沟通形式。

可视化策略的例子包括：

- 在工作环境中配备大量的白板、贴纸、笔以及纸张，使得绘图工具随手可得；
- 使用模型而非文字来沟通概念；
- 通过图表、图形和仪表板来汇报项目状态，类似于图 2-2 所示。

作为敏捷结果的变更

敏捷宣言和敏捷 12 原则的发表规范了敏捷运动，并聚焦于以下方式。

- 敏捷方法改变了对项目管理流程的态度。为了试图改进流程，过去的方法论者开发了一套能用于所有条件下的通用流程，并假设更多的流程和更正式的形式能产生改进的结果。然而这种方法需要更多的时间和成本，同时降低了质量。宣言和 12 原则认识到过多的流程是问题而非解决方案，每种场合都会有其正确的流程和正确的数量。
- 敏捷方法改变了对知识员工的态度。IT 团队开始意识到，开发团队成员不再是可任意支配的资源，而那些用技能、天资和创新的个体将使得每个项目都有所不同。同样的产品若由不同的团队成员来创造将产生不同的结果。
- 敏捷方法改变了业务团队和 IT 团队的关系。针对传统的业务和 IT 相分离的问题，敏捷项目管理通过把这些贡献者组成同一个项目团队，彼此在同等的参与度和共同的目标下工作。
- 敏捷方法纠正了对待变更的态度。传统方法视变更为一种需要避免或最小化的问题。敏捷宣言和原则则帮助人们认识到，变更能确保大部分好的想法得以实现。

图 2-2 报告项目状态的图表、图形和仪表板

我的 XYZ 移动银行——冲刺 1
冲刺日期：2 月 4 日—2 月 15 日
冲刺目标

作为＜移动银行客户＞
我想＜登录我的账户＞
我能＜查看我的账户余额和未完成的交易＞

燃尽图——基于预估剩余小时

工作天数	9
雷奥娜（35 小时工作）	63
乔伊（35 小时工作）	63
鲍勃（35 小时工作）	63
玛丽（20 小时工作）	36
巴布洛（35 小时工作）	63
麦迪逊（35 小时工作）	63
总计	360
每天总计	40

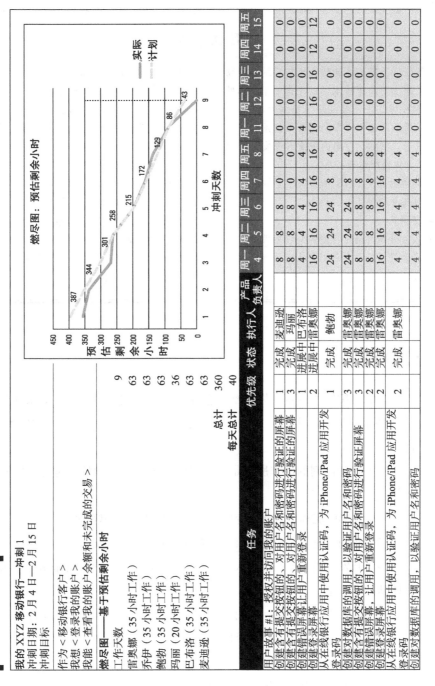

燃尽图：预估剩余小时　——实际　‑‑‑计划
预估剩余小时（y 轴：450、400、350、300、250、200、150、100、50、0）
387　344　301　258　215　172　129　86　43　9
冲刺天数 1~9

任务	优先级	状态	执行人	产品负责人	周一 4	周二 5	周三 6	周四 7	周五 8	周一 11	周二 12	周三 13	周四 14	周五 15
用户故事 #1：授权手访问我的账户														
创建含有提交按钮的，对用户名和密码进行验证的屏幕	1	完成	麦迪逊		8	8	8	8	0	0	0	0	0	0
创建含有提交按钮的，对用户名和密码进行验证的屏幕	3	完成	玛丽		8	8	8	0	0	0	0	0	0	0
创建错误屏幕	1	进展中	巴布洛		4	4	4	4	4	4	0	0	0	0
从在线银行应用中使用认证码，为 iPhone/iPad 应用开发登录屏幕	2	进展中	雷奥娜		16	16	16	16	16	16	16	16	12	12
创建对数据库的调用，以验证用户名和密码	1	完成	鲍勃		24	24	24	8	4	0	0	0	0	0
创建含有提交按钮的，对用户名和密码进行验证的屏幕	3	完成	雷奥娜		24	24	24	8	4	0	0	0	0	0
创建错误屏幕，让用户重新登录	3	完成	雷奥娜		8	8	8	8	8	0	0	0	0	0
创建登录屏幕	2	完成	雷奥娜		16	16	16	16	4	4	0	0	0	0
从在线银行应用中使用认证码，为 iPhone/iPad 应用开发登录屏幕	2	完成	雷奥娜		4	4	4	4	4	4	0	0	0	0
创建对数据库的调用，以验证用户名和密码					4	4	4	4	4	4	0	0	0	0

导致的变化

企业已经好不容易才开始在大规模地解决商业问题的基础上对敏捷技术加以平衡使用。尽管IT群体的敏捷方法论已经经历了根本性的转变，但这些群体周围的组织通常仍然继续使用传统的方法论和概念。例如，公司的资金和开支周期仍然朝着以下方式进行运转：

- 长期性的开发工作，直到项目结束时才交付可工作软件；
- 年度预算；
- 在项目开始时确定可能的假设条件；
- 公司激励措施主要针对个人绩效而非团队绩效。

由此方式导致的紧张使得组织远离了敏捷技术所带来显著的高效和节约的优势。

真正完整的敏捷方法鼓励组织远离昨天的传统，并且在所有层级都发展一种结构，使得大家都不停地要问什么才是对客户、产品和项目团队最好的？

敏捷项目团队只能像它服务的组织那样敏捷。当敏捷运动持续发展，敏捷宣言和原则所描述的价值为促使个体项目和整个组织更富有成效与更加盈利的必要变革提供了一个坚实的基础。这种进化将被持续去探索和应用敏捷原则和实践的富有激情的方法论者所驱动。

敏捷石蕊测试

要成为敏捷的一员，你需要有能力去问："这是敏捷吗？"如果你曾经质疑过某个特定的流程、实践、工具或方法是否遵守敏捷宣言或12原则，请参考以下问题。

（1）我们此刻的所作所为是否能够对尽早的和持续的交付有价值的软件提供支持？

（2）我们的流程是否欢迎变更并能够从变更中获得好处？

（3）我们的流程是否能够引导并支持可工作软件的交付？

（4）开发人员和产品负责人是否每日在一起工作？客户和业务干系人是否与项目团队紧密工作？

（5）为促进工作开展，我们的环境是否给予开发团队所需的支持？

（6）我们面对面的沟通是否比电话和电子邮件沟通更多？

（7）我们是否通过所开发的可工作软件的数量来度量进展？

（8）我们是否能长期维持这样的前进步伐？

（9）我们是否支持考虑未来变更的卓越技术和良好设计？

（10）我们是否最大化了不必要工作量——换言之，为实现项目目标只做尽可能少的必要的工作？

（11）这个开发团队是否是自组织与自管理？他们是否具有迈向成功的自由？

（12）我们是否进行定期的反思并相应地调整我们的行为？

如果你对所有这些问题的回答都是"是"，那么恭喜你已经真正地在敏捷项目中工作。如果你对任何一个问题的回答是"否"，那么你能做些什么才可以将这项回答改为"是"？今后你随时可以回到这些练习题，并对你的项目团队和更广泛的组织使用该石蕊测试。

第3章 为什么敏捷工作更有效

本章内容要点：

▶ 了解敏捷项目管理的收益；

▶ 比较敏捷方法与传统方法；

▶ 揭示大家为什么喜欢敏捷方法。

敏捷方法在现实世界中效果很不错。为什么会这样？在本章中，你将了解敏捷过程如何改善人们的工作方式并减少无意义的消耗。通过与传统方法的比较，我们可以明显地看到敏捷技术所带来的改进。

提起敏捷项目管理的优势，首先就是项目的成功和干系人的满意度。

评估敏捷方法的收益

敏捷项目管理的概念不同于以往的方法。如第 1 章所提到的，敏捷管理框架能够成功地应对传统项目管理方法（如瀑布模式）所面临的关键性挑战，并且能够做得更多。当我们需要解决问题完成任务时，敏捷过程为我们想要如何工作以及如何合理地运作提供了一个框架。

传统的项目管理方法并不是专门为类似软件开发这样时下的项目生命周期而设计。相反，它们在军事、建筑和制造等其他领域得到了改进和发展。毫无疑问，这些项目管理方法不适合创建现代产品，如移动应用程序、网络中心、以目标为导向的应用等。即使是在以前的技术开发项目中，传统方法应用于软件项目的记录也是糟糕透顶的。有关传统项目的高失败率的详细内容，请参见在第 1 章中所介绍的斯坦迪什集团的研究结果。

你可以在包括软件开发在内的许多行业中使用敏捷项目管理技术。如果你打算创建一个产品，你将会从敏捷过程中获益。

当你面临一个关键的紧急交付时，你会本能地选择使用敏捷方式。当你卷起袖子专注于你需要做什么的时候，你会把形式抛诸脑后。你按照优先级顺序快速地解决问题，以确保完成最关键的任务。

当你采取敏捷方法时，你不会设置不合理的期限来强迫自己投入更多的精力。相反地，你意识到当人们能够解决实际问题时，即便处于压力之下，他们也能够运作得很好。举个例子，有一个流行的团队建设训练叫作"棉花糖挑战"，即在 18 分钟内，用 20 根意大利面条、一根胶带、一根绳子和一粒棉花糖，搭建出一个尽可能高的能够站稳的结构（棉花糖置于顶部）。关于棉花糖挑战的背景信息，请访问 www.marshmallowchallenge.com。在该网站上，你也可以看到汤姆·伍耶克（Tom Wujec）相关的 TED 演讲。

伍耶克指出，比起大多数成年人，孩子们通常能建造出更高、更有趣的结构，因为孩子们在一系列成功的结构上以增量模式在规定的时间内不断搭建更高的结构，而成人则花很多时间做规划，完成一个最终的规划版本，然后几乎没有任何时间来纠正错误。孩子们给我们上了宝贵的一课：大爆炸式地开发，即经过过度规划后一次性完成所有的产品开发步骤，这种方法是达不到好效果的。形式主义（即将时间花费在细化将来未知的步骤上）和单一的计划往往会阻碍成功。

棉花糖挑战设置了模拟现实生活的挑战起始条件。你要使用固定的资源（4 个人、意大利面等），在规定的时间（18 分钟）内搭建一个结构（相当于 IT 行业中的一个软件产品），最终你完成的结果是无法预测的。而传统的项目管理却往往假设你在一开始的时候就能确定准确的目标（特性或需求），然后估算人员、资源和所需的时间。

这个假设与现实情形刚好相反。正如图 3-1 所示，把传统方法的一套倒过来就是敏捷方法。我们往往"假装"生活在左边的世界，而实际上是生活在右边。

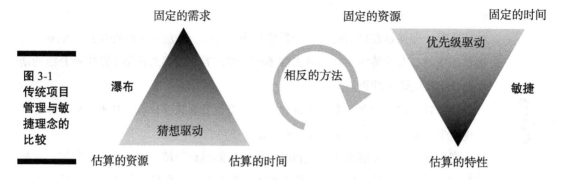

在传统做法中，一个产品所有的需求和产品交付全部被一次性锁定，其结果是孤注一掷，要么完全成功，要么就完全失败。这种方法的赌注是很高的，因为一切取决于项目周期最后阶段的工作，包括集成和客户测试（如同在最后阶段，把棉花糖放在最上面）。

在图 3-2 中，你可以看到在最常见的传统项目管理方法中（例如瀑布型），每个阶段是怎样依赖于前一阶段的。团队一起设计和开发所有的特性样式，意味着除非最低优先级的特性开发完成，否则你都不能确定最高优先级的特性会交到你的手上。而客户更必须等到工程结束后才能获得产品每一个元素的最终交付。

在瀑布式项目中，客户直到测试阶段才可以看到他们期待已久的产品。到这时，投入的资金和人力都已经十分庞大，失败的风险也很高。在所有已经完成的产品需求中发现错误，就像是在玉米地里寻找一根杂草。

敏捷项目管理将软件开发的观念颠倒了过来。在敏捷方法中，你在一个短的周期中进行开发、测试和发布小的产品需求组，被称为一个迭代，如图 3-3 所示。在每次迭代中进行测试，寻找漏洞（Bug），就如同开发团队在花瓶里，而不是在玉米地里中寻找一根杂草一样。

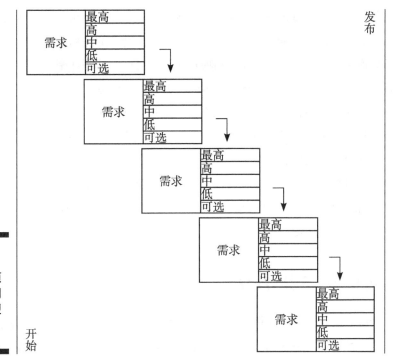

图 3-2
瀑布型项
目生命周
期是线型
方法论

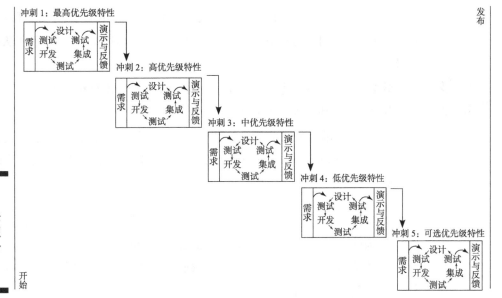

图 3-3
敏捷方法
是迭代型
项目生命
周期

产品负责人、Scrum 主管和冲刺是 Scrum 中的术语。Scrum 是一种流行的用于组织工作的敏捷框架。Scrum 指的是英式橄榄球比赛中的并列争球，橄榄球队队友为了争球而锁定在一起。Scrum 鼓励项目团队像打橄榄球一样密切合作，并为结果承担责任。在第 4 章中你将了解更多 Scrum 和其他敏捷方法。

此外，在敏捷项目中，客户可以在每一个短周期结束时看到他们的产品。当客户的资金只投入了一小部分时，你可以首先开发优先级最高的特性，这给你带来了在早期确保价值最大化的机会。

敏捷的概念对于各种组织都有吸引力，其价值在不愿承担风险的组织中更是不可轻视。如果你的产品具有市场价值，你甚至可以在开发过程中就获取收益。现在，你的项目能自融资！

敏捷方法如何优于传统方法

与传统方法相比，敏捷框架具有明显的优势，包括更大的灵活性和稳定性、更少的非生产性工作、更快的高质量交付、更高的开发团队绩效、更严格的项目管控和更快的失败检测。本节将描述所有这些优势。

然而，没有一个高素质的开发团队，这些优势是不可能实现的。开发团队是项目成功的核心关键。敏捷方法强调的是如何支持开发团队，重视项目团队成员的行动及互动。

敏捷宣言的第一个核心价值是"个体和互动高于流程和工具"。培养开发团队是敏捷项目管理的核心，也是敏捷方法能成功的原因。

敏捷项目团队是由开发团队（其中包括开发人员、测试人员以及其他进行实际产品交付的工作人员）、项目干系人以及下面两个关系开发团队正常运作的重要角色组成。

- **产品负责人**。产品负责人是敏捷项目团队成员之一，是产品和客户商业需求方面的专家。产品负责人关注商业客户和产品需求的优先级，并且通过为开发团队提供产品说明以及最终的验收来支持开发团队（第 2 章有更多的关于产品负责人的内容）。

- **Scrum 主管**。Scrum 主管通常作为开发团队和能使开发效率变缓的干扰因素之间的缓冲剂。Scrum 主管同时提供关于敏捷过程的专业知识，帮助消除那些阻止开发团队前进的障碍。Scrum 主管同时负责促进共识的建立以及干系人之间的沟通。

你可以在本书的第 6 章中找到关于开发团队、产品负责人和 Scrum 主管的完整的描述。在本章的后面，你可以了解到产品负责人和 Scrum 主管如何促进开发团队的工作绩效。

瀑布方法的短板在哪里

正如第 1 章提到的，2008 年以前，瀑布模式是应用最广泛的传统项目管理方法。下面的列表总结了瀑布型项目管理的主要特点。

- 项目团队必须知道所有的需求来估算时间、预算、项目资源和所需的团队成员。在项目的一开始就了解所有的需求，意味着你在开始任何开发工作之前要对详细的需求收集进行很高的投入。
- 估算是复杂的，需要很强的能力、经验和大量的精力来完成。
- 客户和干系人可能不会积极回答在开发过程中遇到的问题，因为他们可能认为已经在需求收集过程中和设计阶段提供了所有的信息。
- 团队需要抵制新增的需求或者需要将它们记录为变更请求单，这将增加更多的项目工作并且造成计划延长、预算增加。
- 团队必须创建和维护一定数量的过程文档来管理和控制项目。
- 尽管部分测试可以与开发同时进行，但是直到项目结束，所有的功能都已经开发和集成完毕后，最后的测试才能完成。
- 直到项目结束，所有的功能都开发完成之后，才能得到全面完整的客户反馈。
- 资金投入是持续的，但价值只有到项目结束时才能显现，这就造成了较高的风险。
- 为了实现价值，项目必须 100% 完成。如果资金在项目结束前被用完，项目交付的价值即为零。

更大的灵活性和稳定性

相比传统项目管理，敏捷方法能够提供更大的灵活性和更大的稳定性。首先，你要了解敏捷项目管理如何提供灵活性，然后我们再讨论稳定性。

一个项目团队，无论它使用什么项目管理方法，都要在项目开始之初面临两个重大挑战。

✔ 项目团队对产品最终状态的认知有限；

✔ 项目团队无法预知未来。

对产品知识和未来商业需求的有限了解，几乎注定了项目变更。

敏捷宣言的第四个核心价值是"响应变化高于遵循计划"。敏捷框架是以灵活性为基础创建的。

应用敏捷方法，项目团队能够适应在项目进程中出现的新知识和新需求。本书提供了许多关于敏捷过程实现灵活性的细节。某些流程可以帮助敏捷项目团队管理变更。以下是对这些流程的简单描述。

✔ 在一个敏捷项目启动后，产品负责人向项目干系人收集高层级产品的需求，并且对它们进行优先级排序。产品负责人并不需要所有的需求，仅需要对要完成的产品是什么有一个好的理解。

✔ 开发团队和产品负责人在一起工作，把最初的最高优先级需求分解为更多详细的需求。生成了小的工作模块后，开发团队即刻便可着手开发。

✔ 无论优先级在冲刺之前多长时间被确定，你都能够在每个冲刺中专注高优先级工作。

在敏捷项目中，迭代或冲刺是短暂的，通常持续 1 至 4 周，最多不超过 8 周。在第 8、9、10 章中，你可以找到关于冲刺的详细内容。

✔ 开发团队在当前冲刺中仅为一组需求而工作，并且在后续冲刺中将逐步了解更多的产品知识。

✔ 开发团队一次只规划一个冲刺，并在每一个冲刺开始的时候更深入地研究需求。开发团队通常只开发最高优先级的需求。

✔ 一次只专注于一个冲刺和仅关注优先级最高的需求，使得项目团队能够在每个冲刺开始的时候响应新的高优先级需求。

✔ 当变更发生时，产品负责人更新在未来冲刺中待处理的需求列表。产品负责人定期对此列表重新进行优先级排序。

✔ 产品负责人可以首先投资高优先级的特性，可以选择在整个项目中投资于哪些特性。

✔ 产品负责人和开发团队在每次冲刺结束时收集客户反馈并采取相应行动。客户反馈常常导致现有特性的变更或产生新的有价值的需求。反馈也可能导致需求的删除或优先级的重新设置。

‣ 产品负责人一旦认为产品已经具有足够的功能来满足项目的目标，就可以停止项目。

图 3-4 阐述了在敏捷项目中如何能够更加稳定地处理变更。请思考图中像是钢条的那两幅图像。在图的上部，是一个为期两年的项目。钢条的长度使它更容易扭曲、弯曲和折断。项目的变更可以认为是同样的道理，长期的项目更容易结构失稳，因为项目规划阶段与现实中的执行情况不同，并且在长期的项目中没有一个作调整的基准。

图 3-4 中，底部的小钢条代表一个项目中为期两周的迭代。比起长的钢条，那些小钢条更容易稳定不变。同样，较小的增量和已知的灵活性更容易保持项目的稳定性。确认一个商业需求两周不发生变化比两年不发生变化要容易和现实得多。

敏捷项目在适应变更方面非常强，因为变更的机制已在日常进程中确立。同时，敏捷项目中的迭代能分割项目中的不同领域，提供独立的稳定性。敏捷项目团队习惯适应产品待办列表中的变更，但一般不适应冲刺期间来自外部的变更。产品待办列表可能经常发生变化，但冲刺通常是稳定的，除非遇到紧急情况。

在迭代的开始阶段，开发团队规划在这个冲刺内要完成的工作。冲刺开始后，开发团队只开发计划中的需求。也有少数例外的情况：如果开发团队提前完成计划，还可以要求执行更多的工作；如果发生紧急情况，产品负责人可以取消本轮冲刺。通常，对于开发团队，迭代是最稳定的一个时间段。

这种稳定性能导致创新的产生。当开发团队中的成员拥有稳定性，换言之，他们了解自己在该段时间内的工作内容，从而主动思考工作中的问题。他们也可能会在工作之余无意识地考虑工作任务，并且能够在不经意间给出解决方案。

敏捷项目管理提供一个稳定的开发、反馈和变更的周期，这使得项目团队既可以灵活地只开发那些适合的特性，还可以保持持续地创新。

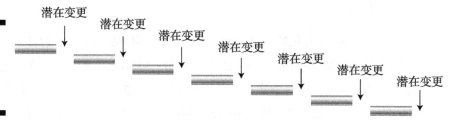

2 年——没有变更

2 周

图 3-4
敏捷项目
灵活中的
稳定性

潜在变更 潜在变更 潜在变更 潜在变更 潜在变更 潜在变更 潜在变更

减少非生产性任务

当你正在创造一个产品，在工作日中的任何时点，你可能在做开发产品的工作，也可能在做一些用于管理和控制产品产出的外围工作。很明显，第一类工作的价值比第二类工作更高，因此你要尽可能使第一类工作最大化，第二类工作最小化。

要完成一个项目，你必须专注在解决方案上。这一显而易见的道理却在传统项目中经常被忽视。一些软件项目的程序员只花了 20% 的工作时间去编写代码，其余的工作时间都花费在会议、写电子邮件、或生成不必要的报告与文档上。

产品开发是一种需要持续专注的高强度工作。许多开发人员在正常的工作日里忙于其他类型的工作任务，因而不能获得足够的开发时间来跟上项目进度。从而形成以下因果链。

漫长的工作日＝疲劳的开发人员＝不必要的漏洞

＝更多的漏洞修复＝延迟发布＝实现价值需要更长时间

最大化工作效率的目标是消除加班并让开发人员在工作日专注于开发代码。为了提高生产效率，你必须减少非生产性的任务和时段。

会议

会议可能会浪费大量的宝贵时间。在传统项目中，开发团队成员可能会发现自己身陷冗长且几乎毫无意义的会议当中。下面的敏捷方法可以帮助确保开发团队的时间只花费在有成效和有意义的会议中。

> ✔ 敏捷过程只包括一些正式会议。这些会议目标非常明确，有特定的主题和有限的时间。在敏捷项目中，你通常不需要参加非敏捷会议。
>
> ✔ Scrum 主管有责任防止开发团队的工作时间被诸如一些非敏捷会议请求所破坏。当开发者的代码开发工作被某一需求打扰时，Scrum 主管要通过询问"为什么"去了解真实的需求。这样，Scrum 主管就可以了解如何去满足需求而使开发团队不被打扰。
>
> ✔ 在敏捷项目中，当前的项目状态对整个组织来说都是可视化的，从而省掉了状态会议的需求。你可以在第 14 章中找到简化状态报告的方法。

电子邮件

电子邮件不是一个有效的沟通模式；敏捷项目团队的目标是尽量少使用电子邮件。电子邮件是一个不同步并且缓慢的过程：你发一封电子邮件，等待一个回复；你有另一个问题，再发送一封电子邮件。这个过程很可能会花掉很多时间，而这些时间本来可以更富有成效地被使用。

敏捷项目团队通过面对面地讨论，而非发送电子邮件来及时解决问题。

专题展示

在准备为客户做一次代码展示时，敏捷项目团队经常使用以下技术。

> ✔ **演示，而非展示**。换言之，给客户演示你开发出的成果，而不是单纯的描述。
>
> ✔ **展现软件是如何满足需求与达到验收标准的**。换言之，就是在表述："这是需求。这些是证明已完成特性的验收标准。这是符合这些标准的特性成果。"
>
> ✔ **避免正式的幻灯片展示和相关的准备工作**。当你演示可工作软件时，可工作软件本身就是最好的展示。

过程文档

文档是项目经理和开发人员们长期以来的负担。敏捷项目团队可以使用以下方法来简化文档。

- **使用迭代开发**。许多文档目的是作为决策参考，但这些文档往往是在做出决策的数月甚至数年后才被生成。迭代开发把决策与产品开发之间的时间从数月、数年缩短到了几天。敏捷团队通过产品和相关的自动化测试而非大量文档来证明做出的决策。
- **一个规格不能适合所有项目**。你不需要为每个项目创建相同的文档，而应该为特定的项目选择所需要的文档。
- **使用非正式的、灵活的文档工具**。白板、记事贴、图表和其他可视化的工作计划展示表都是很好的工具。
- **使用那些简易且能够提供足够信息的工具来管理项目进程**。不要单纯地为了报告而去创建特殊的项目进程报告，如广泛的状态报告。敏捷团队使用直观的图表（如燃尽图）来更快速地传达项目状态。

更高的质量，更快的交付

在传统的项目中，从完成需求收集到客户开始测试这段时间，是一个漫长而又痛苦的过程。在此期间，客户在等待结果，而开发团队深陷在编码工作中。项目经理要确保项目团队按计划执行，尽量阻止变更，并频繁地提供详细的报告来更新结果。

测试开始时，项目已接近尾声，代码的缺陷可能导致预算增加、工期延误，甚至毁掉整个项目。测试是项目最大的未知项，而在传统的项目中，这种未知会持续到项目最后。

敏捷项目管理的目标是提供高质量的交付和快速的可应用代码。敏捷项目通过以下措施实现更好的质量和快速地交付。

- 短期的迭代开发限制了特性的数量和复杂程度，使得已完成的交付物更容易测试。每次冲刺只开发有限的特性。对于那些过于复杂的特性，开发团队将其分解到多个冲刺中。
- 开发团队每天编写和测试代码，频繁地构建版本，在整个项目过程中维护可工作的产品。
- 产品负责人参与每天的问题解答，并快速地澄清误解。

- 开发团队处于被激励的状态，并且拥有合理的工作时间。由于开发团队不存在疲劳工作的情况，因此，产生的代码漏洞很少。
- 因为代码编写完成后就进行测试，所以错误能够很快就能被检测出来。这种广泛的自动化测试至少每天晚上进行一次。
- 现代工具使得许多需求无需任何编程知识就可以被写成测试脚本，从而加速了自动化测试的进程。
- 客户在每次冲刺结束时对可工作的特性进行评审。

提高团队绩效

敏捷项目管理的核心是项目团队成员的经验。相比传统的项目管理方法，如瀑布式，敏捷项目团队能够获得更多的支持，可以花更多的时间专注于自己的工作，并致力于持续的过程改进。以下章节将介绍这些特征在实践中的意义。

对团队的支持

开发团队交付代码的能力是使用敏捷方法的核心。这一点的实现需要以下的机制支持。

- 敏捷团队在实践中是集中办公——保持开发团队集中在一个地方并靠近客户。集中办公能鼓励协作并使沟通更快速、更清晰、更容易。你可以随时离开你的座位，与团队成员和客户直接沟通，并立即消除任何模糊或不确定性。
- 产品负责人可以实时地响应开发团队的问题，消除混乱，使工作顺利进行。
- Scrum 主管通过移除障碍，确保开发团队能够专注于生产和实现生产效率最大化。

专注

使用敏捷过程，可以让开发团队把尽可能多的工作时间专注在产品的开发上。以下方法可以帮助敏捷开发团队专注在产品开发上：

- 开发团队成员被全职分配在一个项目上，消除了在不同项目之间的转换而导致的时间和精力的损失；

- 开发团队成员们知道他们的同事是完全可用的；
- 开发人员专注于与其他功能相独立的尽可能小的功能单元；
- Scrum 主管有明确的责任保护开发团队不受组织中其他事务的干扰；
- 因为非生产性工作的减少，使开发团队花费在编码和相关的生产性活动的时间相应增加。

持续改进

敏捷框架不是盲目的"按章照抄"方法。不同类型的项目和不同的项目团队能够适应各自环境的具体情况，如同你在第 10 章中看到的关于冲刺回顾的讨论。这里有一些可以让敏捷项目团队持续改进的方法：

- 因为每个新的迭代涉及一个全新的开始，因此，迭代开发使得持续改进成为可能；
- 因为冲刺周期只有短短的几周，所以，项目团队可以快速地融合变更；
- 在每一次迭代结束时开展的评审过程称之为"回顾"（Retrospective），让所有的 Scrum 团队成员讨论具体的改进计划；
- 整个 Scrum 团队，包括开发团队成员、产品负责人和 Scrum 主管对可能需要改进的工作内容进行评审；
- Scrum 团队把回顾中总结出的经验教训运用到下一个冲刺中，从而使生产变得更有效率。

严格的项目控制

敏捷项目下的工作进展比瀑布条件下的进展更为迅速。工作效率的提升有助于在以下方面提高对项目的控制。

- 敏捷过程提供了持续的信息流。开发团队在每天早上 Scrum 会议中一起规划他们的工作，并且他们每天更新任务状态。
- 每一个冲刺中，客户都有机会基于业务需求来更新产品需求的优先级。
- 在每个冲刺结束时交付可工作软件后，根据当前的优先级，你最终决定下一个迭代的工作量。无论优先级在下一个冲刺前几周或者几分钟确定，工作量都不会有什么不同。

- 当产品负责人为下一个冲刺设置优先级时，不会对当前的冲刺产生任何影响。在一个敏捷项目中，需求变更不会增加任何管理成本和时间，也不会干扰当前的工作。
- 敏捷方法使得项目终止更容易。在每一次迭代结束时，你可以判断当前产品的特性是否已经足够，而低优先级的特性可能永远不会被开发。

在瀑布型项目开发中，有可能项目报告已过期几周，而可供演示的软件还要等数月后才能开发完成。在敏捷开发中，每天的项目报告都是最新的，代码通常是每日编写，可工作软件每隔几周就能够进行演示。从项目的第一个冲刺到项目完成，每个项目团队成员都知道项目团队是否正在交付产品特性。即时的项目知识和迅速的优先级排序能力创造了高水平的项目控制能力。

速度更快，失败成本更低

在瀑布型项目中，直到项目收尾时才有机会进行故障检测。此时，所有的代码都集中在一起，且大部分的投资都已经消耗殆尽。等到项目最后的数周或者数天才发现软件存在严重问题是极具风险的。图 3-5 对瀑布方法和敏捷方法在风险和投入方面进行了比较。

伴随着更严格的项目控制的机会，敏捷框架能为您提供：

- 更早和更频繁的检测故障的机会；
- 每隔几周进行评估和采取行动的机会；
- 失败成本的降低。

你曾见过哪种类型的失败项目？敏捷方法有什么帮助吗？在第 15 章你可以找到更多敏捷项目中关于风险管理的内容。

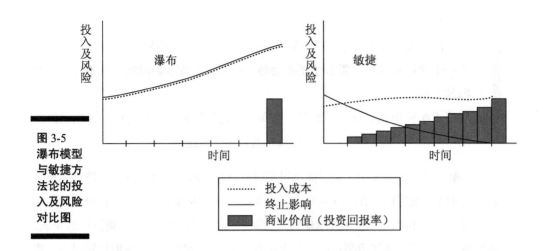

图 3-5
瀑布模型
与敏捷方
法论的投
入及风险
对比图

为什么大家喜欢敏捷

你已经了解了一个组织如何通过更快的产品交付和更低的成本从敏捷项目管理中获益。在下面的章节中，你将了解到直接或间接参与到项目中的人如何也能从中获益。

高管层

敏捷项目管理提供了两个特别吸引高管的好处：效率以及更高更快的投资回报率。

效率

敏捷实践通过以下方法实现开发过程中效率的大幅度提升。

- 敏捷开发团队是富有成效的。他们组织自己的工作，专注在开发活动上，受 Scrum 主管的保护而不被打扰。
- 非生产性活动被最小化。敏捷方法消除没有意义的工作，专注于开发。
- 使用简洁直观的工具（例如图形和图表）来显示已完成的任务、进行中的任务以及接下来的任务，项目的进展情况一目了然。
- 通过持续的测试，及早检测和纠正缺陷。
- 当开发了足够的功能后，敏捷项目就可以结束。

提升投资回报率的机会

使用敏捷方法能够显著地提高投资回报率的原因如下。

- **软件能够更早交付上市**。对产品特性进行分组开发和发布，而不是等到代码被 100% 全部开发后一次性发布。
- **产品质量更高**。开发范围被分解为更小的模块，对其持续进行测试和验证。
- **收益机会加速**。相比使用传统管理方法，产品能被更早地发布。
- **项目能够实现自我创收**。在后续特性被开发的过程中，之前发布的软件版本可能已经产生收入。

产品开发和客户

客户喜欢敏捷项目是因为它可以适应不断变化的要求，并产生更高价值的产品。

提升对变更的适应

产品需求、优先级、时间表和预算的变更能够极大地破坏传统项目。相反，敏捷过程则能从项目和产品的变更中受益具体说明如下。

- 敏捷项目通过对变更高效的应对增加了提升客户满意度和投资回报率的机会。
- 变更通常被顺利地纳入后续迭代中。
- 由于团队成员和冲刺周期保持不变，所以，项目变更带来的问题比传统方法少。根据优先级，将必要的变更纳入到特性列表，并将列表中较低优先级的事项排后。最终，当未来的投资不能获得足够的价值时，产品负责人将选择结束项目。
- 开发团队优先开发最高价值的任务项，产品负责人控制优先级，因此产品负责人能够确保开发活动与业务优先级的一致性。

更大的价值

通过迭代开发，当开发团队完成开发时，产品特性就可以被发布。通过以下方法，迭代开发和发布将提供更大的价值：

- 项目团队更早交付最高优先级的产品特性；
- 项目团队可以更早地交付完成的产品；
- 项目团队可以根据市场变化和客户反馈调整需求。

管理层

管理人员喜欢敏捷项目，因为它能够提供更高质量的软件，减少时间和精力的浪费，并通过清除列表中不确定有用的特性来强调产品价值。

更高的质量

通过测试驱动开发、持续集成、客户对于可工作软件的频繁反馈等技术，你可以创造更高质量的产品。

更少产品和过程的浪费

敏捷项目通过一系列策略来减少时间和特性的浪费，包括以下几个方面。

- **准时制的开发**。仅仅强调目前最高优先级的需求，意味着不花费时间在那些可能永远不被开发的特性的细节上。
- **客户和干系人的参与**。客户和其他干系人可以在每个冲刺提供反馈，而后开发团队将反馈整合到项目中。随着项目的持续运行和不断的反馈，客户得到的价值随之增加。
- **对于面对面沟通的偏好**。更快、更清晰的沟通节省了时间并减少了混乱。
- **建立在开发上的变更**。只有高优先级的特性被开发。
- **对软件可工作性的强调**。如果某一个特性不工作或者不能以有价值的方式工作，那么，它可以尽早的以较低的成本被发现。

强调价值

敏捷管理中的简洁原则支持淘汰那些不能直接有效地对开发提供支持的过程和工具，并且去除那些几乎没有任何实际价值的特性。除了开发，这一原则同样适用于管理和文档工作，具体表现在以下方面：

- 更少、更短、更专注的会议；
- 减少形式主义；
- 刚好够的文档；
- 客户和项目团队共同对产品的质量和价值负责。

开发团队

　　敏捷方法确保开发团队在适当的条件下开发出最好的产品。敏捷方法给予开发团队：

- 一个明确的成功定义（通过在需求开发期间共同制定冲刺目标和验收标准）；
- 独立组织开发活动的权力与尊重；
- 他们所需要的客户反馈，从而为产品提供价值；
- 专职 Scrum 主管的保护，从而清除障碍和防止破坏；
- 人性化可持续的工作步伐；
- 个性化发展和项目改进的学习文化；
- 非编码时间最小化的结构。

　　在上述条件下，开发团队能够保持高效的生产力，从而更加快速地提供更高质量的交付。

　　在百老汇和好莱坞，能在舞台和银幕上与观众沟通的表演者往往被称为"达人"。观众们为了他们来看演出。而幕后的作家、导演和制片人要确保他们光彩照人。在敏捷环境中，开发团队就是"达人"。

第二部分

走向敏捷

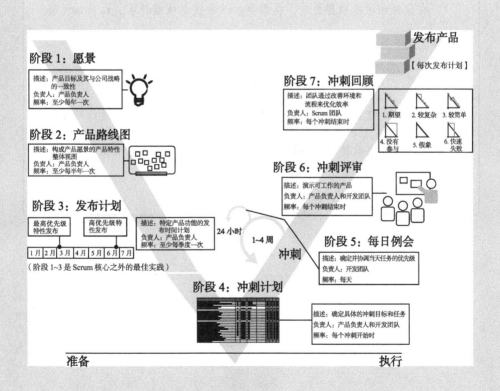

价值路线图

让一切变得更简单！

在你开始敏捷项目之前，你需要知道敏捷意味着什么，以及如何将敏捷实践付诸实施。

在接下来的章节，我将概述三种最流行的敏捷方法，并且向你展示如何为促进敏捷互动建立包括物理空间、沟通以及工具的合适的环境。最后，我要考察敏捷团队运作所需的价值观、理念、角色和技能方面的行为转变。

第 4 章　敏捷框架

本章内容要点：

▶　发现敏捷的起源；

▶　了解精益、极限编程和 Scrum；

▶　连接敏捷框架。

　　敏捷产品开发起源于哪里？创建敏捷产品开发框架的资源和影响是什么？基于敏捷的方法看起来怎么样？

　　在这一章中，你将概要性地了解当前实施敏捷项目的三种主要方法。

揭开敏捷方法的面纱

　　仅仅依靠敏捷宣言和敏捷 12 原则并不足以推动一个敏捷项目，因为理论和实践还是有区别的。这本书中描述的方法将提供必要的实践，帮助你取得敏捷项目的成功。

　　敏捷是一系列技术和方法的总称，它们具有如下共性：

ʟ　在多次迭代中开发，称为迭代开发；

ʟ　强调简洁、透明和因地制宜；

ʟ　跨职能、自组织团队；

ʟ　将可工作软件作为测量进度的标准。

敏捷项目管理是一种凭经验主义的项目管理方法。换言之，在项目管理实践中，敏捷团队根据经验而不是理论来调整你的方法。

经验主义的方法信奉如下理念。

- **透明度**。开发过程中涉及的每个人都理解该过程，并且能够为其改进作出贡献。
- **检验**。检验员必须定期检查产品，并且具备发现偏离验收标准的技能。
- **调整**。为了进一步减少产品偏差，开发团队必须能够迅速调整。

许多方法都拥有敏捷的特征。然而在众多敏捷项目中，最常用的、效果也不错的是这三种方法：精益、极限编程和 Scrum。尽管它们使用了不同的术语或者细微不同的关注点，这三种方法仍然有许多共同的元素。广义上说，精益和 Scrum 聚焦在结构上。而极限编程同样关注结构，但是它更加关注开发实践，更多专注在技术设计、编码、测试和集成。这种方法被称之为极限编程，我认为项目中专注于这种方法是意料之中的。

就像任何系统性方法一样，敏捷方法不是凭空产生的。敏捷概念中有一些来源于历史传承，也有一些是源于软件开发之外，但这并不奇怪，因为在人类活动的历史中，软件开发的历史并没有那么长。

敏捷方法的基础与传统项目管理的方法论是不相同的，比如瀑布模型是来源于第二次世界大战期间所定义的一种用于物资采购的控制方法。早期的计算机硬件开发者使用瀑布过程管理第一台计算机系统中的复杂性，主要是硬件——1 600 只真空管，但只有 30 行左右的手工编码的软件（见图 4-1）。当问题简单、市场静态时，一个呆板的过程可能是有效的，但今天的产品开发环境相对于这样一个过时的模型而言过于复杂。

走近温斯顿·罗伊斯博士，他于 1970 年发表的文章《管理大型软件系统的开发》中所提到的渐进式软件开发过程被称作是瀑布模型。当你在图 4-2 中看到它的原始图时，你就会明白这个名字的由来。

然而，随着时间的推移，计算机的发展形势发生逆转。一个完整的解决方案中，通过大规模的生产，硬件变为可重置，软件变得更加复杂多样化。

图 4-1
早期的硬
件和软件

图 4-2
瀑布模型
起源

```
系统需求
    软件需求
        分析
            程序设计
                编码
                    测试
                        运行
```

颇具讽刺意味的是，尽管图示告诉你完成任务必须按步就班，但罗伊斯博士又补充说，你需要迭代。他说：

"如果有问题的计算机程序是首次被开发，那么，如果考虑关键的设计和运行领域的需要，最终交付给客户部署的版本实际上将是第二版。"

罗伊斯甚至在图 4-3 中包含了迭代说明的图示。

我不确定当初这张图是否不小心被口香糖粘到其他页而被人忽视，不过现在的软件开发社区已经几乎忘记了这个故事。如果你也认为在开发一个软件组件时，你可能并不了解全部的需求，或者可能不得不重新回顾代码以确保代码可用，那么恭喜你，你其实已经为敏捷敞开了大门。如果当初人们发自内心地接受罗伊斯博士实际的建议，那么敏捷可能已经辉煌 40 年了！

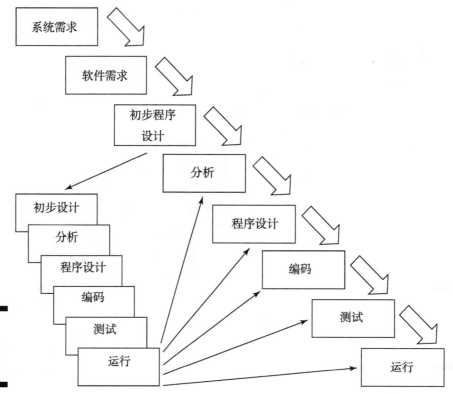

图 4-3
瀑布模型
中的迭代

回顾三大方法：精益、极限编程和 Scrum

既然已经对项目管理的历史有了初步了解，那么你应该已经准备好开始学习三大流行的敏捷方法，它们是：精益、极限编程和 Scrum。

精益概述

精益起源于生产。大规模的生产方法已有超过 100 年的历史，当初是为了简化装配过程（例如，装配福特 T 型车）。这些过程中使用了复杂的、昂贵的机器和低技能的工人去低成本地生产出有价值的物品。这意味着如果你保留了机器、人工和库存储备，你会获得高效率。

简便是不可信的。大规模的生产需要损耗性的系统支持和大量的间接劳动力来确保制造的持续进行。它会产生一个巨大的零件库存、额外的工人、额外的空间以及一些复杂的并不直接实现产品增值的流程，听起来是否有点熟悉？

像减肥一样出现在制造中的精益

在 20 世纪 40 年代的日本，一家名叫丰田的小公司想为日本市场生产汽车，但是负担不起大规模生产所需的巨额投资。公司研究了超市后发现消费者仅买他们需要的东西，因为他们知道总会有货物供应，当货架空了商店就会补货。根据这个观察，丰田发明了准时制（JIT）生产过程，可以把工厂转化成仓库使用。

准时制生产方式产生的结果是零件和成品库存显著减少，机器、人员和空间方面的投资降低。

准时制生产过程的一个副产品是采用"看板"（Kanban）来控制生产（看板是日语中的"视觉信号"）。看板被挂在工厂的墙上，每个人都可以看到它，看板（参见图 4-4）显示团队接下来需要实现的产出。插在看板上的是当前要生产的单位的卡片，随着生产的进展，工人可以删除、添加和移动卡片。

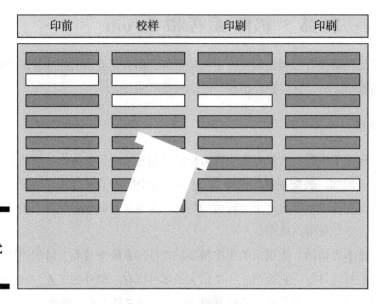

| 印前 | 校样 | 印刷 | 印刷 |

图 4-4
一个现代
看板

在当时，大规模生产过程中的一个巨大成本是生产线上被训练成机器一样的工人：人们没有自主性，不能解决问题、做出选择或改进过程。工作枯燥并且人的潜能被抑制。相比之下，准时制过程给了工人自己决定接下来优先做什么的能力。工人们对结果负责。随着丰田准时制生产过程的成功，为改变全球的大规模生产的方法作出了贡献。

了解精益和软件开发

精益这个术语最早出现在 20 世纪 90 年代，由詹姆斯•P•沃麦克（James P. Womack）、丹尼尔•T•琼斯（Daniel T. Jones）和丹尼尔•鲁斯（Daniel Roos）所著的《改变世界的工具：精益生产的故事》（*The Machine That Changed the World: The Story of Lean Production*）这本书中。eBay 公司是将精益原则用于软件开发的早期采用者。公司每天响应客户的需求去更新网页，在短周期中开发出高价值的特性，进而一路领先。

精益的重点是实现商业价值和使产品开发之外的活动最小化。玛丽（Mary）和汤姆•波彭迪克（Tom Poppendieck）在他们的博客和书中讨论了关于精益软件开发的一套精益原则。精益原则如下。

- **整体优化**。解决问题，而不只是征兆。交付可工作的产品。制定解决方案时着眼长远。
- **消除浪费**。浪费包括没有从工作中总结经验，构建错误的结果以及白忙一场（大量的产品特性都只能部分实现）。
- **打造质量**。最后验收前纠正缺陷。在开发实践中进行优先测试。打破依赖性，所以你可以随时开发任何特性。
- **持续学习**。在学习中提升产品的可预测性。灵活的编码使得项目改进成为可能，你甚至可以在最后一刻做出决策。
- **快速交付**。速度、成本和质量并不是互斥的。同时处理更少的工作。管理工作流程，而不是时间表。
- **建立亲密伙伴关系**。通过自主工作、优化技能和对工作目标的认定来激励开发团队。
- **保持成长**。从失败中学习，敢于挑战标准。使用科学方法——通过假说实验寻找解决方案。

在前面描述的练习中，你可能已经列出许多问题。以下是一些使用精益来支持产品开发实践的方法：

- 不开发那些不太可能使用的特性；
- 以开发团队为中心，因为他们创造的价值最大；
- 让客户确定特性的优先级，他们知道哪些是最重要的。通过优先处理高优先级的事项来创造价值；
- 利用工具来支持并优化有关各方的沟通。

今天，精益原则在继续影响敏捷技术发展的同时，也将会继续受到敏捷技术的影响。正如你可能期待的那样，任何方法都应该是敏捷的，并且能够适应时间前行中的步伐。

极限编程概述

极限编程（XP）是另一种流行的产品开发方法，主要应用于软件领域，它推动软件开发的实践走向极致。1996 年，肯特·贝克在沃德·坎宁汉和罗恩·杰弗里斯的帮助下提出极限编程的原则，随后于 1999 年在他编著的《极限编程解析》（*Extreme Programming Explained*）一书中对极限编程的原则作出详细解释。

极限编程的重点是客户满意度。由于采用 XP 方法的团队根据客户的需要开发特性，故可以获得很高的客户满意度。处理新需求是开发团队的日常工作，无论这些需求何时出现，开发团队都被授权去处理。团队根据出现的任何问题及时调整组织结构，并且尽可能高效地解决。

随着极限编程的不断推广与实践，极限编程团队的角色定义已经模糊化。现在一个典型的 XP 项目，其成员来自客户、管理层、技术和项目支持小组。他们在不同时间可能承担着不同的角色。

发现极限编程的原则

极限编程的基本方法是与敏捷原则相一致的。这些方法如下。

- **编码是核心活动**。通过编写代码不仅可以交付解决方案，而且还可以用来探索问题。例如，一个程序员可以利用代码来解释某一个问题。
- **XP 团队做大量测试**。如果仅仅做一点测试就能帮助你发现一些错误，那么大量的测试将帮助你发现更多的错误。事实上，在开发人员制定出需求的成功标准和设计好单元测试之前，他们不会开始编码。一个程序漏洞所反映的并不是编码的失败，而是未进行正确的测试。
- **让客户和程序员之间直接沟通**。程序员设计技术方案之前，必须了解商业需求。
- **对于复杂的系统，超越任何具体功能的、某一层次的总体设计是必不可少的**。在极限编程项目中，所谓总体设计指的是，在定期的代码重构中使用系统地改进代码的流程来提高可读性，降低复杂性，提高可维护性，并确保其在整个代码库中的可扩展性。

你可能发现极限编程与精益或敏捷能够相互结合，那是由于它们的过程元素非常相似，从而能够完美地融合。

开始了解一些极限编程实践

在极限编程中，有一些做法与其他敏捷方法相似，但不尽然。表 4-1 列出了几个关键的 XP 实践，其中大部分是常规做法，并且很多都在敏捷原则中得到了体现。

极限编程通过大幅度提高最佳开发实践常规的强度，着力突破开发团队习惯的局限，使极限编程在提高开发效率和成功率方面取得了出色的成绩。

表 4-1　极限编程的关键实践

XP 实践	基本假设
规划游戏	所有的团队成员应参与规划。在业务和技术人员之间不存在隔阂
整个团队	客户需要和开发团队在一起（物理位置在一起），保持足够的参与度，从而使得团队所提出的细节问题迅速得到解答，并最终交付与客户期望值相匹配的产品
编码标准	使用编码标准以确保一致性，不要反复改变组织中产品开发的标准。统一代码标识符和确定规则是说明你拥有编码标准的两个示例
系统隐喻	当描述系统是如何工作时，使用一个隐含的比较和一个容易理解的简单的故事（例如，"系统就像做菜一样"）
代码集体所有权	整个团队对代码的质量负责。任何工程师可以修改另一个工程师的代码，以推进项目流程
可持续发展的步伐	过度劳累的人是不会有效率的。太多的工作会导致错误的产生，继而导致更多的工作，再产生更多的错误。对于较长的一段工作周期，要避免每周工作时间超过 40 小时
结对编程	两人共同处理一个编程任务。一个人偏战略，另一个人偏战术。他们相互解释各自的方法。没有一行代码是只有一个人理解的
设计改进	通过重构代码（去除代码中的重复内容），不断提高设计
简化设计	更简约的设计，更低的改变软件代码的成本
测试驱动开发（TDD）	在你开始进行任何编码之前，先编写自动化客户验收测试程序和单元测试程序。在你报告进展之前先测试你编码的正确性
持续集成	团队成员应使用最新的代码工作，并尽可能经常地将多个开发团队的代码组件进行集成，以便及时发现问题并在问题叠加之前采取修正措施
重构	期望持续地改进代码。依赖越少，效果越好
小版本发布	经常性地向客户发布产品价值。避免超过 3~4 个月仍然没有向客户发布一个产品。某些组织是每日发布产品价值

Scrum 概述

Scrum 是软件开发中最流行的敏捷框架。Scrum 是一种迭代的方法，它的核心是冲刺（Scrum 的迭代术语）。为了支持这一过程，Scrum 团队使用特定的角色、工件和事件。Scrum 团队在整个项目中通过检验确保他们达成过程中每一部分的目标。图 4-5 中展示了这一方法的运用。

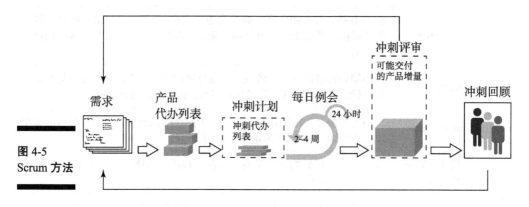

图 4-5
Scrum 方法

跟随冲刺的节奏

在每一个冲刺中，开发团队开发和测试产品的一个功能部件，直到产品负责人接受它并且使其成为一个潜在的可交付产品。当一个冲刺完成，另一个冲刺便开始。Scrum 团队在每个冲刺结束时以增量形式交付产品特性。产品发布通常发生在一个冲刺结束或者多个冲刺结束之后。

冲刺的一个核心原则是它的周期性：冲刺及其过程是周而复始的，如图 4-6 所示。

冲刺计划会议
目标：识别哪些
需求将被开发

冲刺
目标：完成且特
性通过验收

回顾
目标：开诚布公地评审项目过
程，就改进方向达成共识

冲刺循环过程

冲刺 =1~4
周

每日例会
目标：开发团队每日优
先级的战术协调

冲刺评审
目标：向干系人展示本
次迭代所完成的特性

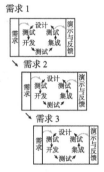

需求 1

需求 2

需求 3

图 4-6
冲刺是循
环的过程

在一个敏捷项目中，使用检查与调整原理会成为日常基础工作中的一部分。

- ✔ 在冲刺中，你对照冲刺目标以及发布目标不断进行检查以评估进展情况。
- ✔ 你在组织中召开每日例会，评审项目团队昨天已完成的工作和接下来一天要完成的工作。基本上，Scrum 团队根据冲刺目标检查它的进程。
- ✔ 在冲刺结束时，你通过召开回顾会议来评估绩效和对必要的改进作出计划。

检查与调整听起来也许是繁冗复杂且有点正式，但其实不然。使用检查与调整解决问题，并不需要你想太多，你在今天试图去解决的问题在未来往往会发生改变。

理解 Scrum 的角色、工件和事件

Scrum 框架为项目定义了特定的角色、工件和事件。

Scrum 的 3 个角色（项目中的人员）如下。

- ✔ **产品负责人**。代表项目的业务需求方，并负责解释需求。
- ✔ **开发团队**。执行日常工作。开发团队专注于项目并且是跨职能的，也就是说，

尽管团队成员可能有自己的专长，但是每个成员在项目中都能承担多种项目工作。

- **Scrum 主管**。负责保护团队远离组织的干扰，移除障碍，并保证过程的一致性。

此外，Scrum 团队发现当他们与另外两个非 Scrum 特定角色一起密切工作时，会更加有效和高效。

- **干系人**。干系人是指任何一个受到项目影响或对项目有投入的人。尽管干系人不是正式的 Scrum 角色，但在整个项目中，Scrum 团队与干系人一起紧密工作是必不可少的。
- **敏捷导师**。导师是在敏捷技术和敏捷框架上经验丰富的权威。通常这个人来自项目所在部门或组织之外，所以他/她能以一个局外人的角度客观地支持团队。

Scrum 有特定的角色，同样，Scrum 也有 3 个有形的可交付的成果，被称为工件（artifacts）。

- **产品待办列表**。完整的需求列表，通常用来记录定义产品的用户故事。产品待办列表会贯穿于整个项目。所有待办事项，无论详细程度如何，都在此列表中。
- **冲刺待办列表**。一个给定的冲刺中的要求和任务列表。产品负责人和开发团队在冲刺计划阶段为冲刺选择需求，同时开发团队把这些需求分解到任务中。不同于产品待办列表的是，只有开发团队可以变更冲刺待办列表。
- **产品增量**。可用的产品。无论产品是一个网站还是一所新房子，必须足够完整，以便展示其可用的功能。在项目中，当一个产品包含了足够可交付的功能，从而满足客户对这个项目的业务目标后，你可以宣布这个 Scrum 项目完成。

最后，Scrum 还有 4 种关键的会议，称为事件（event）。

- **冲刺计划会议**。在每个冲刺开始之前召开。在这类会议上，Scrum 团队决定哪些目标、范围和任务纳入确定的冲刺待办列表中。

✔ **每日例会**。每天召开，时长不超过 15 分钟。

Scrum 每日例会中，Scrum 团队成员做 3 项汇报：

- 团队成员昨天完成了什么；
- 团队成员今天将要做什么；
- 团队成员当前的障碍是什么。

✔ **冲刺评审会议**。在每个冲刺结束时召开。在这个会议中，开发团队向干系人和组织整体展示他们在冲刺中完成的已被验收的产品模块。

✔ **冲刺回顾**。在每个冲刺结束时召开。这是一个内部会议，Scrum 团队的成员（产品负责人、Scrum 主管和开发团队）讨论冲刺中的成功作法、失败现象以及他们将如何在下一个冲刺中进行改进。这个会议是以行动为导向，换句话说，项目中的酸甜苦辣、五味杂陈还是在别处释放吧。会议最后将为下一个冲刺形成切实可行的改进计划。

汇总

3 种敏捷方法——精益、极限编程（XP）和 Scrum 拥有同样的脉络。这些方法最大的共同点是它们对敏捷宣言和敏捷 12 原则的坚持。表 4-2 列举了它们更多的相似之处。

表 4-2　精益、极限编程和 Scrum 的相似性

精益	极限编程	Scrum
争取人心	整体团队 集体所有权	跨职能开发团队
整体优化	测试驱动开发 持续集成	产品增量
更快交付	小版本发布	1~4 周的冲刺

必要的认证

如果你是敏捷专业人士或者想要成为敏捷专业人士，你可能考虑获得一个或者多个敏捷资质认证。认证培训自身能提供有价值的信息和敏捷过程实践的机会，你可以在你每天的工作中应用这些课程。认证还能够帮助推动你的职业发展，因为许多组织都希望聘任那些具备敏捷知识的专业人士。

一些非常好的认证选择，包括：

✔ **美国项目管理协会敏捷管理专业人士认证（PMI-ACP）**

美国项目管理协会（PMI）是全球最大的项目经理专业组织。在 2012 年，PMI 推出了 PMI-ACP 认证。PMI-ACP 认证需要具备通用项目管理经验、敏捷项目工作经验的人员参加培训并通过一个针对你的敏捷基础知识的在线考核。详见网址：pmi.org/Certification/New-PMI-Agile-Certification.aspx。

✔ **Scrum 主管认证（CSM）**

Scrum 联盟是一个促进 Scrum 理解和应用的专业组织，提供针对 Scrum 主管的认证。CSM 需要一个两天的培训课程，由认证的 Scrum 培训师提供，并且完成 CSM 测评。CSM 培训提供一个关于 Scrum 整体的认知，对于大家开始他们的敏捷之旅是一个良好的起点。详见：Scrumalliance.org/pages/CSM。

✔ **Scrum 产品负责人认证（CSPO）**

Scrum 联盟也为产品负责人提供认证。像 CSM 一样，CSPO 需要 Scrum 培训师两天的培训。CSPO 培训针对产品负责人角色提供一个深度培训。详见：Scrumalliance.org/pages/certified_Scrum_product_owner。

✔ **Scrum 开发者认证（CSD）**

Scrum 联盟为开发团队成员提供 CSD 认证。CSD 是一项技术序列的认证，需经过 Scrum 培训师五天的培训，并通过一项敏捷工程技术的在线考试。CSM 或 CSPO 两天的培训可以纳入 CSD，余下三天的课程则是技术技巧的讲解。详见：Scrumalliance.org/pages/certified_Scrum_product_owner。

第5章　将敏捷付诸行动：环境篇

本章内容要点：

▶ 创建你的敏捷工作环境；

▶ 重新认识低科技沟通方式，并使用恰当的高科技沟通方式；

▶ 找到并使用你所需要的工具。

请在脑海中想象一幅你当前的工作环境的画面。或许看起来会和下面描述的布局很像：IT 团队位于一个部门区域内的大型隔间式办公区中，而项目经理距离该团队只有几步之遥；你与一支海外开发团队协同工作，但有 8 小时的时差；业务客户在大楼的另一侧等待；你的经理则待在某个小办公室里；会议室往往都已被预订，即便你能进去其中一间，不出一小时一定会有人赶你出去。

你的项目文件都存在某个共享盘的文件夹中。开发团队每天至少会收到 100 封电子邮件。项目经理每周都要召开团队会议，并总要根据项目计划向开发人员交代新的工作目标。项目经理还会编写一份状态周报，并把它发布到共享盘中。产品负责人通常会很忙，几乎没有时间和项目经理一起检查进度，但不时也会发邮件谈谈他们对正在开发的应用软件的新的想法。

虽然前几段文字可能没有准确地描述出你的处境，但你仍能在任何公司的环境下看到类似的场景。为了从敏捷方法中充分受益，你的工作环境亟待改变。

本章将向你展示如何创建利于沟通的工作环境，而这样的环境将帮助你最大程度地从敏捷方法中获益。

创建物理环境

当 Scrum 团队成员在支持敏捷过程的环境中紧密合作时,敏捷方法将大放异彩。正如其他章节中所提到的,开发团队成员对敏捷方法的成功至关重要。为他们创建合适的工作环境,能为他们的成功带来巨大的帮助。你甚至可以聘用专人设计最佳的敏捷工作环境。

集中团队成员

只要有可能,Scrum 团队应该集中办公,也就是在物理空间上集中在一起工作。当 Scrum 团队实现集中办公时,鼓励团队采用以下做法:

- 面对面沟通;
- 别坐着,站起身参加 Scrum 每日例会的小组讨论;
- 使用简单、低科技的工具沟通;
- 从 Scrum 团队成员那里获得清晰的解释;
- 时刻了解其他人正在做什么工作;
- 向他人寻求帮助来完成任务;
- 协助他人完成任务。

所有这些做法都秉持了敏捷过程的理念。当大家都在同一个区域办公时,你要想探个身子提问并马上得到答案就会变得更加容易。当问题比较复杂时,面对面的沟通能够产生强大的协同作用,与电子邮件交流相比更加富有成效。

沟通的有效性之所以能提高取决于"沟通保真度"(Communication Fidelity)——也就是期望表达的含义与被理解的含义之间的准确程度。洛杉矶加州大学教授阿尔伯特·梅拉毕恩(Albert Mehrabian)博士的研究表明,对于复杂且不协调的沟通,55% 的含义通过身体语言传达,38% 通过特定文化的声音语调传达,而只有 7% 是通过文字传达。当你下次参加 IP 电话或手机电话会议,讨论一个不存在的系统的细微设计差别时,请别忘了上面的研究成果。

敏捷宣言的签署者之一阿里斯泰·库克伯恩(Alistair Cockburn)绘制了如图 5-1

所示的图表。这张图表展示了不同的沟通形式的有效性。请留意书面沟通和两个人使用白板沟通的有效性差别——通过集中办公，你能获得更好的沟通效果。

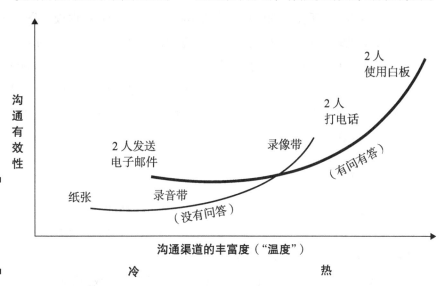

图 5-1
集中办公
的沟通效
果更佳

设立专用区域

　　如果 Scrum 团队成员在同一地点办公，你需要尽你所能为他们创建一个理想的工作环境。第一步就是设立专用区域。

　　设立一个使得 Scrum 团队在物理空间上距离很近的工作环境。如果条件允许，Scrum 团队应当拥有自己的专用房间，这类房间有时被称为"项目工作室"（Project Room）或"Scrum 工作室"（Scrum Room）。Scrum 团队成员可以在这间项目工作室里布置所需的办公环境，如在墙上挂上白板和公告板，或把桌椅搬到需要的位置。通过整理空间来提高生产力，这已经成为他们工作方式的一部分。如果没有单独的房间，一片紧凑型办公区（Pod）也是可行的：在外围角落设置工作区，中间放一张桌子或者设置一个交流中心。

　　如果你身处大型隔间式办公区中而又无法拆除墙壁，那么请申请一组无人使用的隔间并拆掉隔板。请设法创建一个你可以用作项目工作室的空间。

　　适合的空间能让 Scrum 团队全身心地投入到解决问题和研究解决方案上。

　　你所处的环境可能达不到完美，但付出努力去寻求尽可能理想的工作环境是值得的。在着手向你的组织推行敏捷方法之前，请向管理层申请必要的资源以创建最佳的工作环境。

不同的项目所需要的资源会有所不同，但至少应包括白板、公告板、记号笔、图钉和便利贴。你将会惊讶于这些投资竟如此之快地带来效率上的回报。

举个例子，一家客户的公司设立了一间项目工作室，并耗资 6 000 美元为开发者购置了多台显示器来提高工作效率，最终这家公司提前近两个月完成任务，并且在整个项目的生命周期中节省了近 60 000 美元。这可以说是相当高的投资回报率了。我们将在第 13 章里向你介绍如何在项目早期量化这些回报。

消除干扰因素

开发团队需要专注、专注、再专注。基于敏捷的方法论旨在创建这样一套架构，以特定的方式进行高效的工作。对这种高效工作的最大威胁就是干扰因素，比如说……稍等会儿，我要接个电话。

OK，我回来了。好消息是，敏捷团队中已有专人致力于转移或消除干扰因素：Scrum 主管。不论你想承担 Scrum 主管或其他角色的职责，你都需要了解哪种类型的干扰因素可能使开发团队偏离轨道，以及如何应对这些干扰因素。表 5-1 列举了常见的干扰因素，并提出了应对这些干扰因素的行为准则。

表 5-1　常见的干扰因素

干扰因素	要做	不要做
多个项目	要确保开发团队投入 100% 的精力专注于做单个项目——就是手头上的这个	不要把开发团队分散到多个项目、运营支持和特殊职责中
多个任务	要让开发团队始终专注于完成单个任务，最理想的状况是一次写一个功能模块的代码。任务板可以帮助团队时刻追踪进行中的任务，并可快速确定是否有成员正在同时执行多个任务	不要让开发团队变换需求。变换任务将极大地降低工作效率
监管过度	要在你们共同制定迭代目标后，就放手让开发团队自己去干；他们能够安排好自己的工作。你只需看着他们的工作效率直线上升就好	不要干扰开发团队或允许他人这样做。每日 Scrum 例会已经提供了足够的机会让你来评估当前的进度

（续表）

干扰因素	要做	不要做
外部影响	要化解一切干扰项。如果出现新的任务，你应当要求产品负责人决定是否值得为新任务牺牲冲刺中的既定功能	不要干扰开发团队成员和他们的工作。他们正在朝着冲刺目标前进，而这在一次积极的冲刺过程中是首要事。即使是一件看似简单的小任务，也可能中断他们一整天的工作
管理层	要为开发团队屏蔽来自管理层的直接要求（除非管理层想要给团队成员的杰出的表现进行嘉奖）	不要让管理层对开发团队的工作效率带来负面影响。要让干扰开发团队的人寸步难行

干扰因素会削弱开发团队的注意力、精力和表现。Scrum 主管需要魄力和勇气来管理和转移干扰因素。每排除一次干扰都意味着向成功迈进了一步。

创建移动工作环境

从“创建移动工作环境”的标题来判断，你可能会认为这一节与用智能手机开电话会议有关，但并非如此。敏捷方法是一种快速响应的工作方式，因此，Scrum 团队成员需要一种环境来帮助他们随时响应每日的项目需求。一个敏捷团队的环境应该是移动的，顾名思义，就是：

- 使用可移动的桌椅，方便团队成员走动和重新配置空间；
- 配备连接到无线网络的笔记本电脑，这样 Scrum 团队可以轻松地拿起它们并随处移动；
- 找一块很大的可移动的白板。

你还可参阅下一节了解低科技的沟通方式。

凭借这种可移动的工作环境，Scrum 团队成员可以按照需要布置或重新布置工作环境。由于 Scrum 团队成员每天都需要与不同的成员协同工作，所以，移动性至关重要。将桌椅固定往往会限制沟通，而移动的环境能带来更加顺畅的协作和更大的整体自由度。

低科技沟通方式

当 Scrum 团队实现集中办公后，成员们就能轻松且顺畅地相互交流。尤其是当你第一次实施敏捷方法时，你会希望使用低科技的沟通工具：依靠面对面地交谈和传统的纸笔记录。低科技的沟通工具营造了一种轻松的氛围，使得 Scrum 团队成员感到他们能够改变工作流程，并且随着对产品的认知逐步加深而变得更加敢于创新。

沟通的首选方式应当是面对面地交谈。亲自参与问题的解决是加速开发的最佳途径。

- 以面对面的沟通方式召开简短的每日例会。部分 Scrum 团队坚持站立开会，以避免会议时间超过 15 分钟。
- 向产品负责人提出问题。并确保他 / 她参与到与产品特性相关的讨论中，以便在必要时提供明确的意见。
- 与你的同事们交流。如果你对特性、项目进度或代码整合有疑问，请与你的同事们沟通。负责创造产品的是整个开发团队，并且团队成员需要在全天工作中持续进行交流。

只要 Scrum 团队成员集中在一起，你就能使用物理和视觉的方法让每个人对项目的理解保持一致。这些工具应该让每位团队成员都看到：

- 冲刺的目标；
- 达成冲刺目标所必须的功能；
- 在冲刺中已完成了哪些工作；
- 在冲刺中接下来还要做什么；
- 谁正在进行哪项任务；
- 还剩下哪些工作要做。

要支持这样的低科技沟通，我们只需要很少的几样工具。

- 一两块白板（可移动——配备滚轮或重量较轻）。谈到协作，没什么比一块白板更有效。Scrum 团队借助一块白板展开头脑风暴以寻求解决方案，或是分享各自的想法。

- 大量不同颜色的便利贴（其中一些像海报那么大，用来传达你希望随时可见的关键信息—比如架构、代码标准以及项目完工的定义）。

我比较喜欢的做法是为每位开发人员至少配备一套便携式白板 + 便利贴记事板的组合，并且包含一个轻量级的画架。购置这些工具的成本极低，却能起到绝佳的促进沟通的效果。

- 许多不同颜色的彩色笔。
- （可选）一块冲刺阶段专用的看板（详见第 4 章），用来追踪记录进度。

如果你决定配备一块冲刺阶段专用的看板，请使用便利贴来表示工作单元（Unit of Work，即由特性分解成的不同任务）。对于工作计划，你可将便利贴粘贴到大的平面上（墙壁或许是你的第二块白板）。你也可以使用带卡片的看板。你可以通过很多方式来定制你的看板，比如使用不同颜色的便利贴来代表不同的任务，红色贴纸代表存在障碍的特性，而资源贴纸用来快速了解谁正在进行哪项任务。

信息辐射体（Information Radiator）是向 Scrum 团队以及身处 Scrum 团队办公区中的其他人展示信息的一种工具。信息辐射体可包括显示迭代状态的看板、白板、公告板和燃尽图（Burndown Chart），以及任何与项目、产品和 Scrum 团队相关的其他标记。

一般来说，你可以通过在看板上移动便利贴或卡片来展示状态。每个人都知道如何读懂看板，还知道如何根据看板显示的内容行动。图 5-2 展示了几个例子。在第 10 章中，你会详细了解需要把哪些内容放看板上。

不论你使用哪种工具，请不要花很多时间来追求沟通内容的整洁和美观。过分追求排版和演示的形式（也就是大家通常所说的"华丽"）能给人这样一种印象：我们的工作既简洁又优雅。但工作本身才是真正重要的，所以请将你的精力集中在能支持工作进展的活动上。

发布目标: 目标写在这里 发布日期: 2010 年 3 月 31 日	冲刺目标: 目标写在这里 冲刺评审: 2010 年 2 月 14 日	US = 用户故事

兑现	进行中	验证	完成
			US 任务 任务 任务 任务 任务 任务 任务 任务 任务 任务 任务 任务
		US	US 任务 任务 任务 任务 任务 任务 任务 任务 任务 任务 任务 任务
US 任务 任务 任务 任务 任务 任务 任务 任务	任务 任务 任务 任务 任务		
US 任务 任务 任务 任务 任务 任务 任务 任务			

图 5-2
在敏捷项目中使用的白板和看板

高科技沟通方式

尽管集中办公通常能提升总体效率，但许多 Scrum 团队无法实现集中办公。在有些项目中，团队成员分散在多个办公室中。而在另一些项目中，海外开发团队位于世界各地。即便你的 Scrum 团队无法集中办公，也不要放弃敏捷方法。相反，我们应该尽可能地模拟集中办公。

当 Scrum 团队成员在不同的地点工作时，你必须投入更多的精力建立一个能带来连通感的工作环境。要想成功跨越距离和时区，你需要更加先进的沟通机制。

别做白费功夫的事

在过去，制造过程往往需要把部分已完成的项目运送到另一个地点继续完成。在这种情况下，第二个地点的车间管理人员需要看到第一个地点工厂墙壁上的看板。

于是人们发明了电子看板软件来解决这个问题，有趣的是，这软件看上去就像一块普通的看板，且它也总被当成普通的看板来用。不要去修改已经很好用的东西。

在决定选择哪类高科技沟通工具前，你得先考虑到面对面讨论的机会变少的问题。你可以使用的工具如下。

- **视频会议和网络摄像头**。这些工具能够营造一种集中办公的氛围。
- **即时消息软件**。虽然即时消息软件无法传递非语言的沟通信息，但它是实时、便捷且易于使用的。多位成员还能在同一个会话中交谈并共享文件。
- **基于网络的桌面共享**。共享你的桌面能让你突出展示的问题并及时更新问题，这对于开发团队而言效果尤为突出。直接看到问题总比在电话里讲出来的效果要好。
- **协作网站**。这类网站能让你共享简单的文档，让每位成员获得最新信息，也能提供一块虚拟白板用来进行头脑风暴。

你可以使用协作网站发布展示冲刺状态的文档。当管理层要求更新项目状态时，你可以直接邀请他们访问协作网站。通过每天更新这些文档，你为管理层提供的信息会比他们在传统项目管理周期中获得的信息的质量更好。请不要为管理层提供单独的状态报告；这些报告重复了冲刺燃尽图中的信息，并且无助于项目产出。

选择工具

正如我们在本章中一直提到的，最适合用在敏捷项目中的是低科技工具，尤其是在刚开始 Scrum 团队逐步适应这种流程的过程中。在接下来的小节中，我们将讨论选择敏捷工具时需考虑的几个要点：选择某种工具的目的以及组织和兼容性的限制。

选择工具的目的

在你选择敏捷工具时，你需要提出的首要问题就是："我选择这种工具的目的是什么？"工具应当用来解决具体的问题，并且能对敏捷过程提供支持，因为敏捷过程关注的重点是如何把项目工作向前推进。

首先，请不要选择任何复杂度超出你需求的工具。有些工具相当复杂，需要你在用它来提高工作效率之前投入精力去学习它的用法。如果你已处于集中办公的Scrum 团队，那么，敏捷实践的培训和采用都已是一个不小的挑战，更何况还要加入一套复杂的工具。而如果你的 Scrum 团队成员不是集中办公，那么，引入新的工具将会变得更加困难。

你能在市面上找到许多专注于敏捷方法的网站、软件和其他工具。其中很多资源都很有用，但你不应该在实施敏捷方法的初期就购买昂贵的敏捷工具。这种投资是不必要的，并且会给敏捷方法的使用带来更高的复杂度。在你完成前几次迭代并调整了你的方法之后，Scrum 团队将开始找出可以改善或需要变更的步骤。这些改进之一可能是对增加或替换工具的需求。当一项需求从 Scrum 团队内部自然地出现时，采购必要的工具就更加容易获得组织的支持，这是因为这种需求跟某个实际的项目问题是紧密关联的。

组织与兼容性限制

除了前一节中提到的对工具的初步考虑之外，你选择的工具必须能在你的组织内部正常运作。除非你所使用的全部是非电子化的工具，否则你将需要考虑到组织层面的关于硬件、软件、云计算服务、安全和电话系统的各项政策。

如果你服务于一个分布式组织，那么有些 Scrum 团队可能无法支持复杂的解决方案、使用最新版本的桌面软件或拥有你已经习以为常的稳定的互联网连接。

在其他的组织限制中，预算是在你选择工具时始终需要考虑的因素。有些工具十分昂贵，所以你必须证明某个复杂的工具相对于现有工具（比如说 Microsoft Excel）的重要价值。

第 6 章　将敏捷付诸行动：行为篇

本章内容要点：

▶ 设置敏捷角色；

▶ 在你的组织中创建敏捷价值观；

▶ 转换你所在团队的理念；

▶ 精进重要技能。

在本章中，你将看到根据你所在的组织的需要而转变的行为动力学，以帮助你从敏捷技术所带来的工作效率的优势中受益。你会了解敏捷项目中有哪些不同的角色，以及你能如何改变项目团队对于项目管理的价值观和理念。最后，我们将讨论项目团队磨练关键技能的一些方法，以获得敏捷项目的成功。

建立敏捷角色

在第 4 章中，我介绍了 Scrum，这是当今应用最为广泛的敏捷方法之一。Scrum 框架以一种特别简练的方式定义了常见的敏捷角色。在本书中，我都使用 Scrum 术语来描述敏捷角色。这些角色是：

➤ 开发团队成员；

➤ 产品负责人；

➤ Scrum 主管。

"Scrum"一词源于英式橄榄球运动。在橄榄球比赛中，球员们可以互相紧密靠拢组成争球姿势（称为 Scrums）以获得对球的控制权。敏捷项目与橄榄球比赛一样，团队成员必须紧密合作才可获得成功。《哈佛商业评论》在《新产品开发的新游戏》一文中最早使用了橄榄球争球的比喻，这就是本书中所讨论的 Scrum 开发方法的早期概念框架。

开发团队、产品负责人和 Scrum 主管共同组成了 Scrum 团队。

开发团队、产品负责人和 Scrum 主管都是 Scrum 框架中的角色。下列角色不是 Scrum 框架中的一部分，但对于敏捷项目而言仍至关重要：

- 干系人；
- 敏捷导师。

Scrum 团队和干系人共同组成了敏捷项目团队。图 6-1 展示了这些角色与团队间的组成关系。本节将详细讨论这些角色。

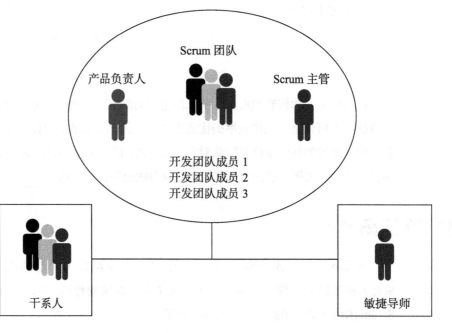

图 6-1
敏捷项
目团队、
Scrum 团
队和开发
团队成员

开发团队

开发团队成员是创建产品的人员。程序员、测试员、设计师、文档工程师以及在产品开发第一线的人员都是开发团队成员。

在敏捷项目中，开发团队能够做到如下。

- **直接负责创建项目的可交付成果。**
- **自组织和自管理。** 开发团队成员确定各自的任务以及完成这些任务的方式。
- **跨职能工作。** 开发团队成员不依赖于单一的技能。他们需要具备项目初期就可派上用场的技能，但他们也愿意学习新技能，并将他们所了解的东西教给其他的开发团队成员。
- **在理想情况下，在项目工期内专注于一个项目。**
- **在理想情况下，集中办公。** 团队应该在同一间办公室的同一个区域一起工作。

如何成为一名优秀的敏捷团队成员？请阅读表 6-1 了解团队职责和与之相匹配的人员的特质。

表 6-1　优秀的敏捷团队成员特质

职责	一名优秀的敏捷团队成员
创建产品	享受创建产品的过程 至少擅长创建产品所必需的工作中的一种
自组织和自管理	充分展现出主动性和独立性 了解如何努力迈过障碍，并达成目标
跨职能工作	有好奇心 愿意为他/她的专长以外的领域作出贡献 喜爱学习新技能 热衷于分享知识
专注且集中办公	是组织的一部分，该组织能够理解专注且集中办公的团队所带来效率和效益上的提升

Scrum 团队的另外两位成员是产品负责人和 Scrum 主管，他们在创建产品的过程中为开发团队的工作提供支持。下一节将介绍产品负责人如何帮助开发团队确保

他们理解即将创建的产品。

产品负责人

产品负责人（在非 Scrum 环境中有时也称作客户代表）负责处理客户、业务干系人和开发团队间的认知差距。产品负责人是产品本身以及处理客户需求和优先级的专家。产品负责人是 Scrum 团队的一员，每天与开发团队协同工作来协助明确需求。

产品负责人需要决定产品包含哪些功能和不包含哪些功能。同时，产品负责人还负责决定产品发布的内容和时间。因此你会发现需要一个机智聪明的人来担任这一职务。

在敏捷项目中，产品负责人需要：

- 设定项目的战略和方向，并设定长期和短期目标；
- 提供或有权获得产品专业知识；
- 理解客户和其他业务干系人的需求，并将其传达给开发团队；
- 对产品需求进行收集、管理以及优先级排序；
- 对产品预算和盈利能力负责；
- 决定已完成功能的发布日期；
- 与开发团队每日协作，回答问题并做出决策；
- 接受或拒绝冲刺阶段完成的工作；
- 每轮冲刺结束时，在开发团队演示成果之前介绍 Scrum 团队的这些成果。

如何成为一名优秀的产品负责人？优秀的产品负责人能深入理解客户的需求。产品负责人能通过干系人收集需求，而他们自身对产品也非常了解。他们能够自信地为产品特性划定优先级。

优秀的产品负责人能与业务干系人群体、Scrum 主管和开发团队形成良好的互动关系。他们很务实，同时也能根据实际情况做出取舍。他们处事果断，会认真提出他们的需求。他们很有耐心，特别是在回答问题时。

表6-2列举了产品负责人的职责，以及与之相匹配的人员特质。

表 6-2　优秀的产品负责人特质

职责	一名优秀的产品负责人
提供项目的战略和方向	构想完成后的产品 深入理解公司战略
提供产品专业知识	过去曾参与类似产品的项目工作 了解该产品使用者的需求
了解客户和其他干系人的需求	了解相关的业务流程 创建可靠的用户参与和反馈渠道 与业务干系人保持良好的协作关系
对产品需求进行管理和优先级排序	专注于效率 保持灵活性 处事果断 把干系人的反馈转化为有价值的、以客户为中心的产品特性 擅长为具有经济价值的特性、高风险特性，以及战略体系的改进进行优先级排序
对预算和盈利能力负责	了解哪些产品特性能带来最佳的投资回报率 有效地管理预算
决定产品发布日期	根据时间表理解业务需求
与开发团队通力协作	与开发团队协作来了解其开发能力 与开发人员保持良好的协作关系 熟练地介绍产品特性 每天随时愿意回答问题或做出澄清
接受或拒绝工作成果	了解需求并确保已完成的特性正常运行
在每次冲刺完成时展示已完成的工作成果	在开发团队演示冲刺中已完成的能够正常运行的功能前，清楚地介绍本次冲刺的工作成果

　　产品负责人在整个项目中担负着与业务相关的重要责任。产品负责人专注于产品本身以及预算，而 Scrum 主管能为开发团队扫清前行的障碍，使整个团队尽可能高效地工作。

Scrum 主管

Scrum 主管（在非 Scrum 环境中有时也被称作项目引导员）负责为开发团队提供支持，扫清组织层面的障碍，并保证所有流程始终秉持敏捷原则。

Scrum 主管与项目经理的职责不同。使用传统项目方法的团队是为项目经理工作的。而 Scrum 主管是仆人式领导者，能为团队提供支持，从而让团队功能完备并高效运作。Scrum 主管角色是一种促成者的角色，而不是问责者的角色。你可以在第 14 章中了解有关仆人式领导者的更多内容。

在敏捷项目中，Scrum 主管需要：

- 作为敏捷流程的教练，帮助项目团队和组织遵循 Scrum 价值观和实践；
- 以被动和主动的方式帮助扫清项目的障碍，并保护开发团队免受外部干扰；
- 促进干系人和 Scrum 团队的紧密协作；
- 促进 Scrum 团队内部建立共识；
- 保护 Scrum 团队免受组织层面的干扰。

Scrum 主管职责中最重要的部分之一是扫除障碍，并防止开发团队的工作受到干扰。真正擅长这些工作的 Scrum 主管不论对项目还是团队而言，都是无价的。

产品负责人可能从未参与过敏捷项目，但 Scrum 主管则很可能拥有相关经验。因此，Scrum 主管能指导新的产品负责人和开发团队，并尽一切所能帮助他们成功。

如何成为一名优秀的 Scrum 主管？Scrum 主管不需要具备项目经理的工作经验。Scrum 主管是敏捷流程的专家，能够指导他人。Scrum 主管还必须与产品负责人和干系人群体通力协作。

引导技能可以消除团队在协同工作时产生的分歧，确保 Scrum 团队中的每位成员都能在正确的时间专注于正确的工作优先级。

Scrum 主管具备较强的沟通能力，并拥有足够的组织影响力，他们能够争取创造合适的环境，能够保护团队不受干扰，还能够扫清障碍，以确保迈向成功的条件的创造。Scrum 主管是优秀的引导者和聆听者。他们能够在相互冲突的意见中寻求协商解决的方法，并能帮助团队自我克服困难。让我们在表 6-3 中回顾一下 Scrum 主管的职责和与之匹配的人员特质。

表 6-3　优秀的 Scrum 主管的特质

职责	一名优秀的 Scrum 主管
秉承 Scrum 的价值观和实践	是 Scrum 流程的专家 对敏捷技术充满热情
扫清障碍，防范干扰	拥有组织影响力，可以迅速解决问题 善于表达、讲究策略、专业 是优秀的沟通者和聆听者 坚定秉持开发团队的需求，只专注于项目和当前冲刺的工作
促进外部干系人和 Scrum 团队的紧密协作	能从全局角度审视项目的需求 能避免拉帮结派，帮助打破群组孤立
引导建立共识	了解如何帮助团队达成一致意见的方法
仆人式领导者	不需要或不想要掌权成为老板 确保开发团队的所有成员都获得必要的信息以完成工作、使用工具和追踪进度 真正渴望帮助 Scrum 团队

Scrum 团队的成员（开发团队、产品负责人和 Scrum 主管）每天都在项目中通力协作。

正如我在本章较早前的内容中提到的，项目团队由 Scrum 团队和干系人共同组成。有时干系人可能不会像 Scrum 团队那样积极参与项目，但他们仍对项目有着显著的影响，并能带来许多有价值的贡献。

取得共识：举手表决

团队共同达成决议是团队协作的一部分工作内容。Scrum 主管的重要职责之一就是帮助团队达成共识。我们都曾在团队中工作，每件事情都会遇到难以达成共识的情况，从一项任务要多久时间完成，到去哪儿吃午饭。举手表决是一种快速且非正式的方式，用这种方式来了解团队成员是否同意某个想法，这有点像石头剪刀布。

在数到三的时候，每个人竖起手指，手指的数量代表对所讨论的想法的赞同度：

5 根手指：我特别喜欢这个点子；

4 根手指：我想它是个不错的主意；

3 根手指：我可以支持这个想法；

2 根手指：我保留意见，让我们来讨论；

1 根手指：我反对这个想法。

如果有几个人竖起三根、四根、或五根手指，而其他人只竖起一根或两根手指的话，需要大家讨论这个想法。你需要了解为什么支持该想法的人觉得它能行，而反对该想法的人有哪些保留意见。你要设法让所有的团队成员至少竖起三根手指——他们不需要爱上这想法，但他们需要支持它。Scrum 主管建立共识的技能对于完成这项任务而言至关重要。

你也可以只要求团队成员竖起大拇指，来快速获得大家对某项决议的共识度：拇指朝上代表支持，拇指朝下代表不支持，而拇指朝两侧代表拿不定主意。这比举手表决更快，更适合回答是或否的问题。

干系人

干系人是指与项目存在利益关系的任何人。他们并非最终对这个产品负责，但他们会提出见解，并且项目的成果会对他们产生影响。干系人群体是多样化的，可以包含来自不同部门、甚至不同公司的人员。

在敏捷项目中，干系人：

- 包括客户；
- 可能包括技术人员，例如基础架构师或系统管理员；
- 可能包括法律部门、客户经理、销售人员、市场营销专家和客户服务代表；
- 可能包括除产品负责人以外的产品专家。

干系人对于产品及其用法能够提出关键的见解。干系人在冲刺中能与产品负责人紧密协作，并且会在每次冲刺结束时的冲刺评审中提供与产品相关的反馈。

对于不同的项目和组织，干系人和他们所扮演的角色也会有所不同。几乎所有的敏捷项目都有来自 Scrum 团队之外的干系人。

有的项目还会指派敏捷导师，尤其对于刚接触敏捷过程的项目团队所参与的项目。

敏捷导师

不论在哪个领域，当你要发展新的专业才能时，有导师指导总是件很棒的事。敏捷导师（有时也被称为敏捷教练）拥有实施敏捷项目的经验，并能将此经验与项目团队分享。对于新组建的项目团队，以及想要拥有更高级别项目工作能力的项目团队，敏捷导师能为他们提供宝贵的反馈和建议。

在敏捷项目中，敏捷导师：

- 以导师的角色服务于 Scrum 团队，但并不是团队的一部分；
- 往往是组织以外的人员，他们能提供客观的指导，而无需考虑个人和政治因素；
- 是敏捷方法的专家，在实施敏捷技术和运作不同规模的敏捷项目上拥有丰富的经验。

你可以把敏捷导师想成是高尔夫球教练。大多数人聘请高尔夫球教练，不是因为他们不知道怎么打高尔夫球，而是因为高尔夫球教练能够客观地观察到他们在比赛中从未注意到的细节。打高尔夫球跟实施敏捷技术是一样的，一些小的细节所带来的结果差异是非常巨大的。

建立新的价值观

许多组织都在墙壁上张贴其核心价值观。不过在这里，我想谈谈这样一种价值观：它是一种能体现每天通力协作、相互支持以及尽己所能实现 Scrum 团队承诺的方式。

除了敏捷宣言提出的价值观外，Scrum 团队的五大核心价值观是：

- 承诺；
- 专注；
- 开放；
- 尊重；
- 勇气。

在后续小节中将详细地说明这些价值观。

承诺

承诺意味着参与和投入。在敏捷项目中，Scrum 团队承诺要达成特定的目标。组织对 Scrum 团队实现其承诺充满自信，并会调动其积极性来实现每个目标。

带有自组织理念的敏捷过程能为团队成员带来实现承诺所需要的一切权力。当然，承诺需要自觉地努力。请考虑到以下几点。

- Scrum 团队必须在做出承诺时面对现实，冲刺阶段尤为如此。不论从逻辑上还是心理上，把新特性加入到冲刺中，会比从冲刺中撤出无法实现的特性更加容易。

- **整个 Scrum 团队必须对目标作出承诺。** 这包括团队内部对可实现的目标达成共识。一旦 Scrum 团队同意实现某个目标，该团队必须尽其所能达成该目标。

- **Scrum 团队是务实的，必须确保每次冲刺都具有实实在在的价值。** 实现目标与完成目标范围中的每一项是不同的。举个例子，冲刺目标定为"确保一款产品能执行某个特定的操作"会比目标定为"本次冲刺将完成七项需求"要好得多。高效的 Scrum 团队专注于目标，并在如何达成目标上保持灵活性。

- **Scrum 团队愿意对结果负责。** Scrum 团队有权力掌管整个项目。作为 Scrum 团队的成员，你需要对如何安排你一天的行程、每天的工作以及项目成果负责。

始终如一地兑现承诺对于将敏捷方法用于长期规划而言至关重要。在第 13 章里，你将了解如何使用绩效来准确地确定项目进度和预算。

专注

日常工作中处处存在干扰。组织中有许多人想要占用你的时间来让他们的工作更轻松。而干扰因素带来的代价却十分高昂。来自 Basex 咨询公司的乔纳森·斯皮拉（Jonathan Spira）最近发表了一份题为《不专注的代价：干扰因素如何影响知识工作者的工作效率》（*The Cost of Not Paying Attention: How Interruptions Impact Knowledge Worker Productivity*）的报告。他的报告详细介绍了美国企业是怎样在一年时间里由于工作场所的干扰因素而损失了将近 6 000 亿美元。

Scrum 团队成员能通过坚持营造适合专注的环境，来改变这种异常的状态。为了减少干扰因素并提高工作效率，Scrum 团队成员需要做到如下。

- **在空间上与公司的干扰源分隔开。** 为确保高效工作，我个人最喜欢在公司核心办公室之外找一个地点供 Scrum 团队办公。有时距离就是抵御干扰最好的方式。

- **确保你不把时间浪费在与冲刺目标无关的活动上。** 如果有人试图用"必须完成"的工作来干扰你为冲刺目标所付出的努力，请向他说明你的工作优先级。

你可以问个问题："这个要求会如何让冲刺目标向前推进？"这个简单的问题就能把许多工作从待办事项列表中去掉。

- **要搞清楚需要做什么，并且只做需要做的事**。开发团队决定执行实现冲刺目标所必须进行的任务。如果你是一位开发团队成员，那么请用这项权力来让你专注于手头最要紧的任务。
- **平衡专注工作的时间和与 Scrum 团队其他成员交流的时间**。弗兰西斯科•塞里洛（Francesco Cirillo）的"番茄工作法"（Pomodoro Technique）能帮你平衡专注工作的时间和与团队协作的时间。这种方法把工作分割成长度为 25 分钟的时间块，两个时间块之间休息一次。我经常建议为开发团队成员提供降噪耳机，佩戴降噪耳机意味着"请勿打扰"。我也建议团队成员达成一项共识，就是所有 Scrum 团队成员都留出一定的工作时间来进行团队协作。
- **检查你是否保持专注**。如果你不确定是否仍保持专注（这在有的时候很难确定），请回到最基本的问题上："我做的工作是否与达成总体目标和近期目标（比如完成当前的任务）一致？"

正如你所看到的，对任务的专注度并非无关紧要。在前期多花一些气力来营造一个无干扰的环境，对团队的成功很有帮助。

开放

敏捷团队中没有秘密可言。只有在团队完全掌握所有事实的情况下，团队才能够为项目的成果负起责任。信息就是力量，要确保每个人都能访问必要的信息并做出正确的决策，公开透明的态度非常重要。要充分利用开放的力量，你可以做到如下。

- **确保团队中的每位成员都能访问相同的信息**。大到项目的愿景，小到任务状态的细节，只要是团队关注的信息，都必须存放在公共区域中。使用集中式信息库作为信息的单一来源，并把所有状态（燃尽图、障碍清单等）和信息存放到这里，这样可以避免出现"状态报告"的干扰因素。我经常把信息库的链接发给项目干系人，然后告诉他们"点击这个链接就能看到我手头上的所有信息。要获得最新消息，没有比这更快的方法了"。
- **保持并鼓励他人采取开放的态度**。团队成员必须随时能够开放地探讨问题和有改进的机会，不论问题是他们正在处理的，还是他们在团队中的别处看到的。开放需要团队成员间的互信，而互信需要时间来建立。

- **阻止谣言来化解内部政治。** 如果有人开始向你谈论另一名团队成员做了或是没做什么，请让他/她向能解决此类问题的人求助。千万别散播谣言。
- **始终保持对他人的尊重。** 开放绝不是破坏或是刻薄的借口。尊重是营造开放的团队环境的关键。

没有妥善解决的小问题，往往会成为今后的危机。开放的环境能让你从整个团队的贡献中受益，还能确保你的开发工作重心始终放在真正优先的项目任务上。

尊重

团队中的每个人都能作出重要的贡献。你的背景、教育经历和工作经验都会给团队带来独特的影响。分享你的独特性，同时寻找和欣赏他人的共性。当你做到下面几点时，你便促进了"尊重"的工作氛围。

- **推崇开放。** 尊重与开放是互不可分的。不尊重的开放会导致怨恨，而尊重的开放会产生信任。
- **鼓励积极的工作环境。** 快乐的人更倾向于对他人友善。积极性得到鼓励后，尊重也会随之而来。
- **找出差异。** 别只是容忍差异；试着找出它们。最佳的解决方案来自不同的意见，这些意见往往都经过考量并且已被适当地提出过质疑。
- **用同等尊重的态度对待团队中的每位成员。** 不论团队成员的角色、工作经验或直接贡献如何，所有人都应给予同样的尊重。鼓励每个人都能尽其所能做到最好。

尊重是一张安全网，它能让创新不断苗壮成长。如果团队成员在提出大量想法时感觉舒适自在，那么最终的解决方案将在多个方面获得改善，而如果缺少了尊重的团队环境，这些改善的方式是绝不可能考虑到的。请用尊重激发您的团队优势。

勇气

我们都经历过恐惧。无论是让团队成员去解释我们不懂的东西，或是面对老板，我们都有一些事情是不想去做的。接纳敏捷技术对于许多组织来说都是一种改变。除了承诺、专注、开放和尊重外，要成功地做出改变，就必须在面对阻力时拿出勇气。以下几点是培养勇气的小贴士。

- **认识到在过去没问题的流程在现在不一定行得通**。有时你需要提醒他人了解这一事实。如果你想要成功地运用敏捷技术，你每天的工作流程需要发生改变才能获得成效。
- **准备好突破现状**。现状会阻挡前进的步伐。有些人拥有既得利益，他们不会想要改变自己的工作方式。
- **用尊重迎接质疑**。组织内的资深成员可能尤为抗拒变革，他们通常是工作方式旧规则的缔造者。而你现在正在挑战这些规则。用尊重的态度提醒这些成员，只有忠实地遵循敏捷 12 原则，才能真正获得敏捷技术所带来的好处。请他们试着改变。
- **接纳其他价值观**。有勇气作出承诺，并能坚定地坚持这些承诺；有勇气保持专注并向干扰者说"不"；有勇气保持开放并承认工作总有机会得到改进；还要有勇气尊重并包容他人的意见，即便他们质疑你的观点。

当你用更先进的方法替换组织中已过时的流程时，请做好被质疑的准备。请接受这一质疑。为了最终的成果，这些都是值得的。

改变团队理念

敏捷开发团队的运作方式与使用瀑布式开发方法的团队不同。开发团队成员必须根据每天的工作优先级改变他们的角色，安排自己的工作，并用全新的思维思考项目工作，最终实现他们的承诺。

要成为成功的敏捷项目的一部分，开发团队应当具备如下特质。

- **跨职能工作**。为了创建产品而完成不同类型任务的意愿和能力。
- **自组织**。确定如何着手进行产品开发工作的能力和职责。
- **自管理**。保持工作正常运作的能力和职责。
- **控制团队规模**。确保开发团队成员人数在 5 人到 9 人之间。
- **行为成熟**。工作积极性高，并对结果负责。

以下各节将更详细地介绍这些特质。

跨职能工作

在传统项目中，经验丰富的团队成员通常被要求只发挥单一的技能。举个例子，微软技术平台（.NET）程序员只做 .NET 的工作，而测试员只做质量保证的工作。具有互补技能的团队成员通常被认为属于不同的小组，比如编程小组或测试小组。

敏捷方法把创建产品的人员汇集成一个有着凝聚力的小组——开发团队。敏捷开发团队的成员应尽量避免出现头衔和受限的角色。开发团队成员可以凭借某项技能来开始项目运行，但在整个项目中需要学习如何执行许多不同的工作来帮助创建产品。

跨职能工作可让开发团队的效率更高。比如，我们假设一次每日例会决定测试是完成某项需求最高优先级的任务。一名程序员能帮助进行测试并快速完成这项任务。当开发团队跨职能工作时，他们集中投入大量的人力来实现产品特性，即让尽可能多的成员尽快完成某个特定的需求。

跨职能工作还能帮助消除单点故障。对于传统项目，每个人都知道如何完成一项工作。当团队成员生病、休假或离职时，可能没有其他人能胜任他 / 她的工作。而该成员之前做的任务可能会延误。相比之下，跨职能工作的敏捷开发团队成员有能力完成多种工作。当某位成员无法工作时，另一位成员能接替他完成任务。

跨职能工作鼓励每位团队成员做到如下。

- **把他 / 她能做的工作的条条框框都放到一边**。敏捷团队中不存在头衔一说。技能和为项目作贡献的能力才是关键。想象你是一名特种部队队员——你在不同领域的知识储备非常充分，能用来处置所发生的任何情况。
- **努力拓展技能**。不要只在你了解的领域内工作。试着在每次冲刺时学到一些新东西。通过某些技术，比如结对编程（两名开发者为同一个项目编写代码）或跟随其他开发者学习，能帮助你快速学会新技能并提高产品的整体质量。
- **当他人遇到障碍时快速伸出援手**。帮助别人解决现实工作中的问题是学习新技能的绝佳方式。
- **保持灵活性**。愿意保持灵活性有助于平衡工作量，让团队更容易实现其冲刺目标。

采用跨职能工作的方式，你无需等待某位关键人员执行某项任务。一位积极性很高的开发团队成员，即便他的经验没那么丰富，今天也能处理一部分功能开发的工作。这位开发团队成员会不断地学习和提高，而工作流程也将持续保持平衡。

跨职能工作所带来的另一大回报，就是开发团队能够更快地完成工作。冲刺评审结束后往往都是庆祝的时间。大家可以一起看个电影，或是去海滩、保龄球馆放松一下，还能早点回家休息。

自组织

敏捷技术能使自组织型开发团队充分利用团队成员的多样化的知识和经验。

如果你读过第 2 章的内容，你或许会记得敏捷原则的第 11 条：最好的架构、需求和设计出自于自组织团队。

自组织是敏捷框架的重要组成部分。为什么呢？一句话，就是主人翁意识。自组织型团队不必遵守来自他人的指令；他们拥有已开发的解决方案，并能在团队成员参与度和解决方案质量上发挥极大优势。

对于使用传统的"指挥与控制"项目管理模式的开发团队而言，在起步阶段，自组织可能需要额外的努力。敏捷项目没有项目经理来告诉开发团队该做什么。相反地，自组织型开发团队会做到如下。

- ✔ **承诺实现自己的冲刺目标**。在每个冲刺阶段的开始，开发团队会与产品负责人协作，并根据项目优先级确定此次冲刺能达成的目标。
- ✔ **确定他们的任务**。开发团队确定达成每个冲刺目标所需完成的任务。开发团队协同工作，共同谋划由谁接任哪项任务，如何完成工作，以及如何应对风险和问题。
- ✔ **估算需求和相关任务所必需的工作量**。开发团队最了解创建特定的产品特性需要多大的工作量。
- ✔ **专注于沟通**。成功的敏捷开发团队需要通过建立清晰明确的态度、面对面的沟通以及对非语言交流、参与和聆听的敏感度来磨炼他们的沟通技巧。

　　沟通的关键是清晰明了。对于复杂的话题来说，要避免单向的、有潜在歧义的沟通模式，比如电子邮件。面对面交流能消除误解和不满。如果细节需要留存，你可以稍后用一封简短的电子邮件做总结。

- **合作**。从一支多元化的 Scrum 团队获取意见和建议通常都能改进产品，但这需要强大的合作技能。合作是敏捷团队高效工作的基础。

    任何成功的项目都不会是一座孤岛。合作技能会帮助 Scrum 团队成员承担想法带来的风险，并为项目存在的问题带来创新的解决方案。安全舒适的工作环境是敏捷项目成功的基石。

- **共识决策**。要实现生产力的最大化，整个开发团队必须对项目工作的理解完全一致，并始终致力于完成手头上的工作目标。虽然 Scrum 主管常常在建立共识时发挥着积极作用，但最终还是由开发团队负责达成一致意见并做出决定。

- **积极参与**。自组织可能会出现成员不积极的问题。所有开发团队成员都必须积极参与到项目中。没有人会告诉开发团队该做些什么才能创造出这个产品。开发团队的成员需要自己告诉自己，要做什么，什么时候做，还有怎么做。

在我做敏捷教练时，我听到新组建的开发团队成员问了这样的问题："那么我现在该做什么？"优秀的 Scrum 主管会反问开发者，要达成冲刺目标，他 / 她需要做什么；或是问问开发团队的其他成员有什么建议。用问题来回答问题，是引导开发团队迈向自组织的较实用的方式。

作为自组织型开发团队的一员在承担起责任的同时也会收获回报。自组织为开发团队带来取得成功所需要的自由空间。自组织增加了主人翁意识，能够产出更优质的产品，从而能帮助开发团队获得更多的成就感。

自管理

自管理与自组织关系密切。敏捷开发团队对他们的工作拥有高度控制权，这种控制权与职责相辅相成，确保了项目的成功。要成功实现自管理，开发团队需要做到如下。

- **允许领导权交换更替**。在敏捷项目中，开发团队中的每位成员都有机会带领团队。对于不同的任务，自然会有不同的领导者产生。领导权将根据专业技能知识和此前的经验，在整个团队中不断转变。

- **依靠敏捷流程和工具来管理项目工作**。敏捷方法旨在使自管理更容易实现。使用敏捷方法后，会议有了明确的目的和时限，工件可以公开信息但只依赖最少的人力投入来创建和维护。充分利用这些过程能让开发团队把大多数时间投入在创建产品上。

✔ **定期以清晰易懂的方式报告进展**。每位开发团队成员都有责任准确地更新每日工作状态。幸运的是，敏捷项目中的进展报告是一项快速的任务。在第 9 章中，你了解了燃尽图能提供进展状态，并且每天只需要几分钟时间来更新。始终保持最新且真实的状态，能让规划和问题管理更加轻松。

✔ **管理开发团队内部的问题**。项目中可能出现许多障碍：开发遇到的挑战和人际交往问题就是其中的两个例子。对于大多数问题来说，开发团队遇到的第一个问题往往来自开发团队自己。

✔ **创建团队协议**。开发团队有时会编写一份团队协议，这份文档概述了每位团队成员承诺将要达成的期望成果。

✔ **检查与调整**。找出最适合你的团队开展工作的方法。不同的团队采取的最佳做法是不同的。有些团队早点上班效果好，而有些团队晚些上班效果好。开发团队负责审查其自身的绩效，并识别继续使用的技术和需要变更的技术。

✔ **积极参与**。与自组织一样，只有当开发团队成员积极参与并致力于引导项目的方向时，自管理才能得以实现。

很自然地，开发团队对于自组织和自管理需负起主要责任。但 Scrum 主管能通过多种方式为开发团队提供协助。当开发团队成员找寻特定的方向时，Scrum 主管能提醒他们——他们拥有决定做什么和怎么做的权力。如果开发团队以外有人试图发号施令、强加任务，或是决定要如何创建产品，Scrum 主管能够进行干预。Scrum 主管能够成为开发团队自组织和自管理的强大盟友。

控制团队规模

我们有意让敏捷开发团队保持小型化。小型的开发团队有着足够的灵活性。当开发团队的规模逐渐扩大，与策划任务流程和沟通流程相关联的开销也会随之增加。

理想的敏捷开发团队拥有 7 名成员，人数上下浮动不超过两人。保持 5 人到 9 人的开发团队规模能帮助团队提高凝聚力，并且可以避免产生小团体或"竖井"（Silo）的情况。

限制开发团队规模能够：

> ↳ 鼓励发展多样化的技能；
>
> ↳ 促进良好的团队沟通；
>
> ↳ 确保团队齐心协力；
>
> ↳ 促进联合代码所有权、跨职能工作以及面对面沟通。

当您拥有一支小型的开发团队时，相应的项目范围也会受到类似规模的限制，并且项目重点更加突出。开发团队成员在全天工作中都会保持密切联络，因为任务、问题以及同行评审会在团队成员之间来回地出现。这种凝聚力能确保始终如一的参与度，能加强沟通，还能降低项目风险。

当你手头上有一个大型项目，并且有一支同样大型的开发团队时，请把项目工作分解给多个 Scrum 团队来完成。要了解将敏捷项目推广到整个企业的更多内容，请阅读第 13 章。

行为成熟

作为跨职能工作、自组织和自管理型开发团队的一员，你需要的是责任感和成熟度。传统项目中自上而下的管理方法，无法一直培养出承担项目和项目成果的责任所必需的成熟度。即使是经验丰富的开发团队成员，也可能需要调整自己的行为来适应在敏捷项目中做决策。

要想调整行为模式并增加自身的成熟度，开发团队可以这样做。

> ↳ **积极主动**。主动出击，而非等待他人告诉你该做什么。只做必要的工作来帮助实现承诺和目标；
>
> ↳ **同甘共苦**。在敏捷项目中，成功与失败都属于项目团队。如果出现问题，请共同承担，而不是相互指责。当你成功时，要认识到团队的努力是成功的必要条件；
>
> ↳ **信任做出正确决策的能力**。开发团队能对产品开发做出成熟的、负责任的以及合理的决定。这需要一定程度的信任，因为团队成员已逐渐习惯于拥有更多的项目控制权。

行为的成熟度不意味着敏捷项目团队就是完美的。相反地，他们负责实现自己承诺的范围，并且为履行这些承诺而承担起责任。错误总会发生。如果没发生，你就不会将自己推到舒适区域之外。一支成熟的开发团队能诚恳地指出错误，公开承担责任，并且持续地从他们所犯的错误中进行学习和改进。

第三部分

敏捷工作

由第五波（www.5thwave.com）的里奇·坦南特（Rich Tennant）绘制

"在写下愿景声明之前，我想澄清我们将要
表述的比喻。上次我们用了运动做比喻，这
次我们用烹饪来做比喻如何？诸如'半生不
熟''烧焦''炖煮中'此类。"

让一切变得更简单！

你的项目团队已经准备好了，你的工具也已经到位，每个人都对即将在敏捷环境中开展的工作感到兴奋。你甚至在心里已经有了一个试点项目。

在接下来的几章，我将展示敏捷项目工作的具体细节。为了使本节和书中其余部分保持一致，我将大量使用在前面第4章所介绍的敏捷框架中的术语。

使用价值路线图——敏捷项目的可视化概述——我向你介绍更多的敏捷流程、工件和事件。你将看到如何结合产品愿景快速启动一个敏捷项目，并发现如何定义和估算产品需求；你将了解在 Scrum 团队中典型的一天的生活；你将看到在有规律的迭代中如何创建可工作的产品特性，以及在项目全程中如何显示工作进展；你也将看到敏捷项目团队如何不断检查他们的工作和流程，并且进行调整以持续改进；最后，你将了解如何向产品用户发布产品特性。

第7章　定义产品愿景和产品路线图

本章内容要点：

▶ 计划敏捷项目；

▶ 建立产品愿景；

▶ 创建产品特性和产品路线图。

　　首先，让我们来纠正一个对敏捷项目的误解。如果你认为敏捷项目不需要做项目计划的话，那么请立刻打消这个念头。我们不仅需要为整个项目制订计划，还需要为每次发布、每个冲刺和每天的工作制订计划。做好计划是敏捷项目成功的基础。

　　如果你是一位项目经理，你或许会在项目初期做大量的计划工作。你也许经常听到这样一句话"先计划好工作，然后按照计划来工作"，这其实就是非敏捷项目管理方法的真实写照。

　　与传统项目所不同的是，敏捷项目的计划工作贯穿整个项目的始终。在活动开始前的最后时刻做计划，这时你会对这项活动的认知最为深刻。这种计划方式叫作"准时制计划"或者"情境了解策略"（在第3章中有介绍），它是敏捷项目成功的关键。

　　19世纪德国陆军元帅、军事战略家赫尔穆特·冯·毛奇（Helmuth von Moltke）曾说过："作战很难按计划进行。"他所指的就是在战争最激烈的阶段——就好比在项目最忙的时期——计划总是在变。当你在为特定任务编制计划时，敏捷所关注的准时制计划将能够帮助你在实践中随机应变。

本章将介绍准时制计划如何与敏捷相辅相成。你还将了解敏捷项目计划中的前两步：制定产品愿景和产品路线图。

敏捷项目中的计划

在敏捷项目的不同时间点都需要计划，最好的方法是结合价值路线图来开展计划工作。

图 7-1 展示了项目的整体路线图。

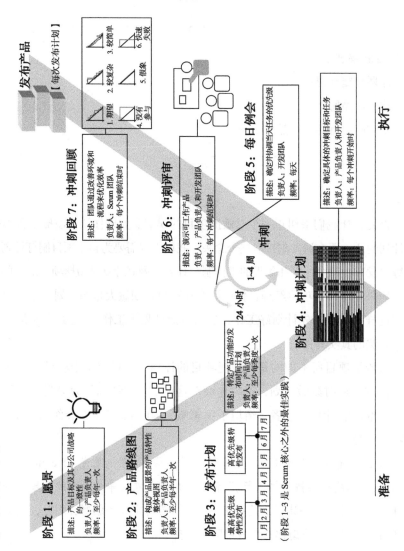

图 7-1
用价值路线图来做敏捷计划

价值路线图有以下 7 个阶段。

- **阶段 1：产品负责人确定产品愿景**（Product Vision）。产品愿景是项目的目标，它定义了你的产品是什么，产品如何支持你的公司或者组织的战略，谁会使用这个产品和为什么人们要使用这个产品。对于长期项目来说，每年要重新审视一下产品愿景。

- **阶段 2：产品负责人创建产品路线图**（Product Roadmap）。产品路线图是产品需求的总体描述，它为这些需求的开发设立了一个宽松的时间框架。通过识别产品需求，划分优先级和粗略估算这些需求所需要的工作量，能让你确定需求的核心内容和识别需求差异。在开发团队的支持下，你可以每半年修改一次产品路线图。

- **阶段 3：产品负责人创建发布计划**（Release Plan）。发布计划明确了可工作软件的总体发布时间表。版本发布是一个可以让 Scrum 团队行动起来的中期目标。一个敏捷项目中包含多次发布，发布的顺序是按照特性的优先级来排序的。应该在每个发布的启动阶段就做好发布计划。在第 8 章中，你可以找到更多关于发布计划的信息。

- **阶段 4：产品负责人、Scrum 主管和开发团队一起为冲刺（也被称为迭代）做计划，然后着手在每个冲刺中实现这些产品功能**。在每个冲刺的开始阶段召开冲刺计划会议，在会议中，Scrum 团队确定冲刺目标，列出能够在冲刺中完成的并且支持项目总体目标的需求，同时大致介绍如何完成这些需求。在第 8 章中，你可以了解更多有关冲刺计划的信息。

- **阶段 5：在每个冲刺过程中，开发团队通过每日例会**（Daily Scrum Meeting）**来协商当天工作的重点**。团队成员在每日例会中分享昨天完成了哪些任务、今天准备要完成哪些任务以及各自遇到了什么障碍。通过会议，开发团队可以快速上报开发中遇到的问题。在第 9 章中，你可以了解关于每日例会的更多内容。

- **阶段 6：Scrum 团队进行冲刺评审**（Sprint Review）。在每个冲刺结束时的评审会议中，Scrum 团队会向产品干系人来演示可工作的产品。你可以在第 10 章中了解如何进行冲刺评审。

➤ **阶段 7：Scrum 团队进行冲刺回顾（Sprint Retrospective）**。在冲刺回顾会议里，
Scrum 团队会讨论这个冲刺的表现，并为下一个冲刺做好改进计划。和冲刺评
审类似，冲刺回顾在每个冲刺结束时进行。你可以在第 10 章中了解如何进行
冲刺回顾。

价值路线图中的每个阶段都是可以重复的，而且每个阶段都包含了计划这项活
动。和敏捷开发一样，敏捷计划也是反复进行的。

正如你在本章中和本书其他部分中看到的，敏捷项目中的不同团队（开发团
队、Scrum 团队和项目团队）有着不同的角色和责任。图 7-2 展示了这些团队是如
何融合在一起的。

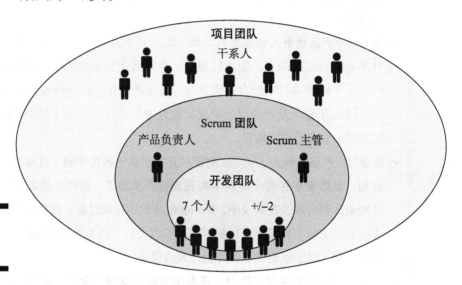

图 7-2
敏捷项目
中的团队

只做必要的计划

在敏捷项目中的每个阶段，你只做必须要做的计划就好。在项目初期，你通过
宽泛的整体计划来定义未来产品的大致轮廓。而在项目后期，你要细化计划并且增
加更多的具体描述来确保当前开发工作的成功。

在开始阶段做粗略的计划，然后在必要的时候再将计划具体化。这种模式既能
够防止你浪费时间去计划那些或许永远不会被实施的低优先级的产品需求，还可以
帮助你在不扰乱开发流程的前提下向项目中添加高价值的需求。

你的具体计划越有准时制的属性，你的计划过程就越有效率。

研究表明，一项应用程序中有 **64%** 的特性很少或者基本不会被用户使用。在敏捷项目的前几个开发周期中，你将优先完成那些客户会使用的、高优先级的特性。通常，你将尽可能早地发布这组产品特性。

检查与调整

准时制计划充分体现了敏捷技术的基本原则：检查并调整。在项目中的每个阶段，你需要察看产品和流程（检查），然后根据需要作出变更（调整）。

敏捷中的计划是一个不断检查和调整的循环过程。请考虑以下几点：

- 产品负责人在冲刺中提供反馈，以此来帮助开发团队改进正在开发的产品；
- 干系人在每个冲刺结束后的评审中为产品未来的改进提出反馈意见；
- Scrum 团队在每个冲刺结束后的回顾中，讨论在本次冲刺中积累的经验教训，并改进开发流程；
- 在新产品发布后，可以根据正在使用这些产品的用户的反馈来进行产品改进。反馈可能是直接的，比如客户联系公司询问产品的相关信息，也可能是间接的，比如潜在客户购买或者不购买产品。

检查与调整是一个非常棒的工具，它能帮你以最有效的方式来交付最合适的产品。

当项目刚开始的时候，你对于正在开发的产品了解有限，所以无法做出详细的计划。敏捷方法论支持你在需要的时候所制订的详细计划，然后你可以立刻根据计划开发你所定义的具体需求。

现在我们已经对敏捷中的计划有了更进一步的了解，可以来看看敏捷项目的第一个阶段：定义产品愿景。

定义产品愿景

敏捷项目的第一个阶段是定义项目的愿景。产品愿景声明（Product Vision Statement）是一个用来表明你的产品是如何支持公司或组织战略的电梯游说或快速总结。愿景声明必须清楚地说明产品的目标。

产品也许是用于推向市场的商业产品或者是一套用于支持组织日常运营的内部解决方案。举例来说，假定你所在的公司是 XYZ 银行，你需要开发一个移动银行应用。

这个移动银行应用支持公司的什么战略？如何来支持公司的战略？你的愿景声明清晰简明地将产品和业务战略联系在一起。

图 7-3 展示了愿景声明——价值路线图中的第一个阶段是如何与敏捷项目中的其他阶段和活动联系起来的。

**图 7-3
作为价值
路线图
一部分的
产品愿景
声明**

> 描述：产品目标及其与公司战略的
> 　　　 一致性
> 负责人：产品负责人
> 频率：至少每年一次

在项目过程中，产品负责人负责了解产品及其目标和需求，因此尽管其他人也会给出意见，但是最终还是产品负责人来创建愿景声明。确定的愿景声明就成了一盏指路明灯。开发团队、Scrum 主管和干系人在整个项目中将参考这个"我们要完成什么"的声明。

创建产品愿景声明有如下 4 个步骤：

（1）**设定产品目标；**
（2）**创建愿景声明的草案；**
（3）**与产品和项目干系人确认愿景声明，并根据反馈进行修改；**
（4）**最终确定愿景声明。**

敏捷方法对愿景声明的形式并没有硬性的规定。但不管怎样，要确保项目中的任何人，包括从开发团队到 CEO，都应该能够理解这个声明。愿景声明本身需要聚焦、清晰、非技术性，并且尽量简明扼要。愿景声明也应该是明确的，要避免成为一个营销口号。

第 1 步：设定产品目标

在编写你的愿景声明之前，你必须理解并且能够传达产品目标。你需要明确以下几点。

- ✔ **产品关键目标**。正在开发的这个产品将如何为公司带来利益？关键目标包含了为公司特定部门带来利益，比如客户服务部门、市场营销部门，或者为公司整体带来利益。这个产品支持公司的哪个特定战略？
- ✔ **客户**。谁会使用这个产品？这个问题或许不止有一种回答。
- ✔ **需求**。客户为什么需要这个产品？对于客户来说，哪个特性最为关键？
- ✔ **竞争**。这个产品和类似的产品相比较，如何？
- ✔ **主要差异**。与当前主流产品或竞争对手的产品相比，该产品有何差异？

第 2 步：创建愿景声明的草案

在你深入理解了产品的目标之后，就可以创建你的愿景声明的第一版草案了。

你可以找到很多产品愿景声明的模板。杰弗里·摩尔（Jeffery More）的著作《跨越鸿沟》（*Crossing the Chasm*，哈珀柯林斯出版社出版）为定义产品总体愿景提供了一个很好的指导，它重点告诉大家如何在新技术的弄潮儿与大多数追随者之间架起一座桥梁。

推出任何新产品都是一种赌博。用户会不会喜欢这个产品？市场会不会接受这个产品？开发这个产品会不会有足够的投资回报？在《跨越鸿沟》这本书中，摩尔描述了当早期用户被愿景驱动的时候，大多数其他用户却对这种愿景持怀疑态度，他们对于产品质量、产品维护和耐用性等实际问题更感兴趣。

投资回报率（ROI），是指公司从支出中获得的收益。ROI 可以是定量的，比如在投资一个新的网站之后，ABC 产品通过在线销售程序额外赚取的钱。ROI 也可以是无形的，比如 XYZ 银行客户使用了这家银行的新版移动应用之后满意度有所提高。

你通过创建愿景声明来传递你的产品质量、维护需求和耐用性方面的信息。

摩尔的产品愿景模板是实用的。在图 7-4 中，我扩展了这个模板，让它更明确地把产品和公司战略联系起来。如果你使用这个模板作为你的产品愿景声明，那么无论是在你的产品推向市场之时，还是当它成为主流产品的那一刻，这份声明都一定经得起时间的考验。

図 7-4
摩尔的愿景声明模版的扩展

产品的愿景声明	
为了：_____	（目标客户）
谁：_____	（需要）
这个：_____	（产品名字）
是一个：_____	（产品分类）
它：_____	（产品的好处，购买理由）
不同于：_____	（竞争者）
我们的产品：_____	（差异 / 价值主张）

使用现在时对产品愿景声明进行描述将给人一种产品已经存在的感觉，这会使得产品愿景声明更具有说服力，同时还会让读者产生正在使用这款产品的感觉。

我扩展了摩尔的模板，以下是一份移动银行应用的愿景声明：

为了：XYZ 银行客户；

谁：想要随时随地访问银行的在线功能；

这个：XYZ 银行的 MyXYZ 移动银行应用；

是一个：能够下载并在智能手机和平板电脑上使用的移动应用；

它：能让银行客户全天 24 小时的办理安全的、按需的银行业务；

不同于：在银行柜台进行的传统的银行业务或者通过你家里或者公司电脑上的在线银行业务；

我们的产品：能够让用户在任何移动服务商信号覆盖的地方，一天 24 小时实时地访问他们的资金账户；

Platinum Edge 附加扩展：该产品支持我们公司的战略，随时随地为用户提供快速、便捷的银行服务。

正如你看到的，愿景声明确定了产品开发在将来完成之后的状态。

在你的愿景声明中，应避免出现类似"让客户开心"或者"卖出更多产品"这样的笼统描述，同时注意不要出现"使用 Java 9.x 版本，用 4 个模块创建程序……"这种技术细节。若在项目初期就定义具体的技术细节，也许以后会限制你的工作。

以下是从一些愿景声明中摘录的内容，请特别注意避免这类错误：

- 使用 MyXYZ 应用后确保新增更多的客户；
- 在 12 月份之前让我们的客户满意；
- 修复所有的程序错误，提高产品质量；
- 用 Java 创建新应用；
- 6 个月内打败 Widget 公司。

第 3 步：确认与修改愿景声明

在你起草好愿景声明后，可以使用下面的质量检查清单来审核。

- 愿景声明是否清晰，是否切中要点，是否面向内部听众？
- 声明是否有力说明了产品是如何满足客户需求的？
- 愿景是否描述了最理想情况下的成果？
- 业务目标是否足够具体且可以实现？
- 愿景声明中所传递的价值是否和企业的战略及目标相一致？
- 项目的愿景声明是否令人信服？

这些判断题将帮你判定你的愿景声明是否严密。如果有任何"否"的回答，就要修改愿景声明。

当所有的回答都是"是"的时候，请继续与如下这些角色一起审核声明。

- **项目干系人**。干系人将能够确认愿景声明，包括该产品所有应该实现的成果。
- **你的开发团队**。因为开发团队是最终实现产品的人，所以他们必须理解产品需要实现的是什么。
- **Scrum 主管**。对产品充分的理解有助于 Scrum 主管排除障碍，并且确保开发团队在项目的后续阶段沿着正确的道路前进。
- **敏捷导师**。如果你有敏捷导师的话，和他分享愿景声明。敏捷导师独立于组织之外，能够提供客观的观点。

向其他人了解一下，他们是否觉得愿景声明清晰且传递了你需要表达的信息。

请继续审核并修改愿景声明，直到项目干系人、开发团队和 Scrum 主管都完全理解它为止。

在这个阶段，你或许还没有开发团队或者 Scrum 主管。在你成立了 Scrum 团队之后，请记得和他们一起审核愿景声明。

第 4 步：最终确定愿景声明

在你完成愿景声明的修改之后，请确保你的开发团队、Scrum 主管和干系人拿到了愿景声明的最终版本。你甚至可以把它打印出来，贴在 Scrum 团队工作区的墙上。在整个项目周期中，你都要参考这个愿景声明。

如果你的项目会持续一年以上，你或许需要重新查看一下愿景声明。我一般每年都会对产品愿景声明进行审核并修改，从而确保产品符合市场现状并且支持公司需求的变化。

产品负责人对产品愿景声明负责，他负责准备愿景声明以及和组织内外的沟通。产品愿景为干系人设定了期望值，同时帮助开发团队始终专注于目标的达成。

恭喜你。你刚刚已经完成了你的敏捷项目中的第一个阶段。现在可以创建产品路线图了。

创建产品路线图

产品路线图是产品需求的总体视图，在价值路线图中处于第二个阶段（参见图 7-5），它是产品需求的概览，也是是计划和组织开发过程的有力工具。你可以使用产品路线图来对需求进行分类、排定优先级，然后确定发布时间表。

阶段 2：产品路线图

图 7-5
作为价值
路线图一
部分的产
品路线图

| 描述：构成产品愿景的产品特性整体图 |
| 负责人：产品负责人 |
| 频率：至少每半年一次 |

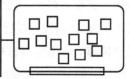

和产品愿景描述一样，产品负责人在开发团队的帮助下创建产品路线图。与创

建愿景描述相比，开发团队的参与程度更大。

请记住，你会在整个项目的过程中不断完善需求，优化工作量估算。在创建产品路线图阶段，粗略的需求、估算和时间表是没有问题的。

为了创建产品路线图，你可以：

（1）识别产品需求并且把它们加到路线图中；

（2）将产品需求按逻辑分组；

（3）大致估算实现需求所需的工作量，并且对产品需求进行优先级排序；

（4）设想一下路线图上各个分组的大致时间框架。

正因为优先级是可以变化的，所以你的产品路线图在项目过程中也需要更新。我喜欢至少每半年更新两次产品路线图。

产品路线图可以通过便利贴的形式贴在白板上，这样只需要移动白板上的便利贴，就可以很方便地更新产品路线图。

你使用产品路线图来计划发布，这是价值路线图中的第 3 阶段。发布是指你发布给客户的一组有用的产品功能，从而获得实际反馈并产生投资回报。

下一节将详细介绍创建具体产品路线图的步骤。

第 1 步：识别产品需求

创建产品路线图的第一步是识别或者定义你产品中的不同需求。

分解需求

在项目中，你将使用被称作分解的过程来把那些需求拆分成更小和更易于管理的部件。你可以把需求拆分成以下从大到小的规模。

- **主题**。它是一个按特性组成的逻辑分组，它也是最高层次的需求。你可以把特性分组归类成你的产品路线图中的主题。
- **特性**。它是产品的高层次的组成部分。描述了一旦特性开发完成后，客户将得到的

新功能。在你的产品路线图中，你会使用到特性。

- **史诗故事**。它是一种支持某个特性并包含多个活动的庞大需求。在你能够开始创建产品需求之前，你需要把史诗拆分。你可以在第 8 章找到如何使用史诗来做发布计划。
- **用户故事**。它是一个包含了单一行为的需

求，并且这个行为小到可以立即着手实现。在第8章你将了解如何定义用户故事及如何在发布和冲刺阶段使用它们。

- ✔ **任务**。它是开发某个需求所需要采取的行动。你在冲刺计划中把用户故事拆分成不同的任务。你可以在第8章找到关于任务和冲刺计划的知识。

请记住，每项需求可能并不需要完成上述全部规模所定义的内容。举例来说，你可以在用户故事层面创建一项具体的需求，而不需要考虑主题或者史诗级别的定义。你或许在史诗故事层面创建了一项需求，但是这可能优先级比较低。由于准时制计划的缘故，在你完成所有高优先级需求的开发之前，你或许不需要花时间去分解低优先级的史诗故事。

当你创建了你的产品路线图之后，你有可能将从大的、高层次的需求着手开始。在你的产品路线图上的需求最可能出现的两个不同的级别：主题和特性。主题是最高层级的特性和需求的逻辑分组。特性描述的是一旦产品特性开发完成，客户将得到的新功能。

产品负责人可以通过与干系人和开发团队一起工作来明确产品的主题和特性。安排一个需求收集会议能帮助明确产品的主题和特性，让干系人和开发团队在会议上写下他们能想到的尽可能多的需求。

当你开始创建主题和特性级别需求的时候，可以把那些需求写在索引卡片或者便利贴上。通过使用可以在不同分类间来回移动的实体卡片，可以使需求的组织和优先级的安排变得很容易。

当你在创建产品路线图的时候，你确认的产品特性就开始构成了你的产品待办列表——不考虑细节层级的完整产品范围列表。一旦你确认了你的第一项需求，你就开启了你的产品待办列表。

第2步：整理产品特性

在你确认了你的产品需求特性之后，你和开发团队一起按共性和逻辑把这些需求分成特定的主题。和创建需求一样，你可以通过干系人会议来对需求进行分组。你可以按照使用流程、技术类似性或者业务需求给特性分组。

以下是在对需求进行分组时需要考虑的问题。

- 客户将会如何使用我们的产品？
- 如果我们提供这个需求，客户还需要做些什么？他们可能还希望做些什么？
- 开发团队能不能识别技术上的相似性和依赖性？

　　用这些问题的答案来确定你的主题，然后根据这些主题把特性进行分组。举例来说，在移动银行应用中，主题可能是：

- 账户信息；
- 交易；
- 客户服务功能；
- 移动功能。

　　图 7-6 展示了按主题分组的特性。

　　如果你在用便利贴，你可以像图 7-7 的例子那样把你的特性分组贴在白板上。

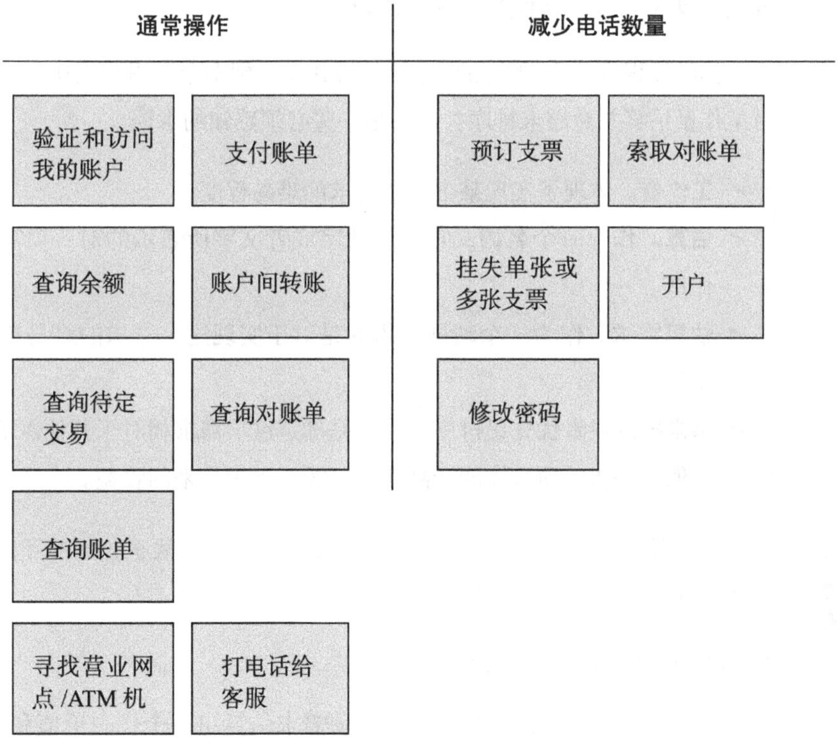

通常操作		减少电话数量	
验证和访问我的账户	支付账单	预订支票	索取对账单
查询余额	账户间转账	挂失单张或多张支票	开户
查询待定交易	查询对账单	修改密码	
查询账单			
寻找营业网点/ATM 机	打电话给客服		

图 7-6
根据主题分组的特性

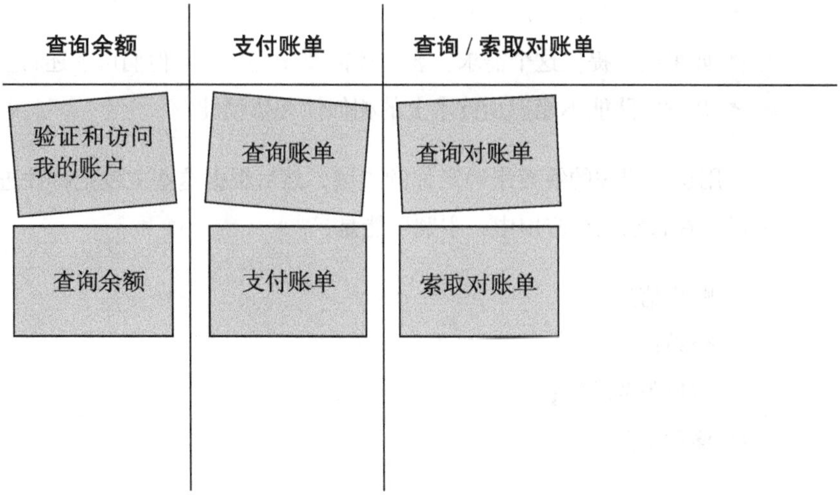

查询余额	支付账单	查询/索取对账单
验证和访问我的账户	查询账单	查询对账单
查询余额	支付账单	索取对账单

图 7-7
白板上的
需求类别

第 3 步：产品特性的估算和排序

你已经识别了你的产品需求并已将其安排到多个逻辑分组中。接下来，你要进行工作量估算并对需求排序。以下是一些必须熟知的术语。

- ✔ **工作量**。体现了实现某个具体需求的难易程度。
- ✔ **估算**。作为一个名词，它是用数字或者文字所表示的对一项需求所估算的工作量。
- ✔ **估算需求**。作为一个动词，指的是对于实现这个需求的难易程度给出一个初步想法。
- ✔ **需求排序或者优先级排序**。指的是确定这项需求相对于其他需求的价值。
- ✔ **价值**。是指一项具体的产品需求可能为组织带来的收益。

对于任何级别的需求，从主题和特性到单个用户故事，你都可以使用这里所介绍的估算和优先级排序技术。

给需求价值和工作量打分

为了对需求排序，你必须先为每项需求估算出一个代表价值和工作量的分数。同时，你还要知道需求之间的任何依赖关系。依赖关系指的是一项需求，是另一项需求的紧前工作。举例来说，你将开发一个需要使用用户名和密码登录的应用，而创建密码将依赖于创建用户名这项需求，因为你通常需要用户名来设置密码。

为需求的价值和工作量估算或者评分是对需求排序的第一步，也是关键的一步。

你可以安排两组不同的人来为你的需求评分：

- 在干系人的支持下，产品负责人决定需求对于客户和业务的价值；
- 由开发团队决定创建每项需求所需要的工作量。

Scrum 团队经常使用斐波那契数列来为需求评分。斐波那契数列像这样递增：

1，2，3，5，8，13，21，34，55，89，144，等等。

从第 3 个数字开始，每个数字都是它的前两个数字之和。

斐波那契数列是以意大利数学家李奥纳多·斐波那契（Leonardo Fibonacci）的名字来命名的，他在 1202 年的著作《算盘全书》（*Liber Abaci*）中描述了这个数列。

当你在创建产品路线图时，你的需求是在特性级别的，对应的工作量评分大部分在 55 到 144 之间。然后当你确定发布计划时，特性被分解为分数不超过 13 到 34 的史诗故事。在你在冲刺中启动计划之后，你的用户故事的工作量分数应该在 1 到 8 之间。

把需求拆分成小块的概念叫作分解。

分数的高低是相对的。选择一项被项目团队认为价值和工作量比较小的需求来评分，然后以这项需求作为标杆，再判断其他需求与这项标杆需求在价值和难易程度的差距，进而给出对其他需求的评分。

你也许会用两项标杆需求，一项是价值的，另一项是工作量的。归根结底，要使用相对分数而不是绝对分数。接下来要介绍的是计算相对优先级的公式。

计算相对优先级

为你的需求的价值和工作量评分之后，你可以计算每条需求的相对优先级。相对优先级可以帮助你理解一项需求相对于另一项需求的优先程度。一旦你知道了需求的相对优先级，你可以在产品路线图上给它们排序。

用下面的公式计算相对优先级：

相对优先级 = 价值 / 工作量

举例来说，如果你有一项价值是 89、工作量是 55 的需求，那么相对优先级就是 1.62（89/55=1.62），你可以保留 2 位小数。

使用这个公式，你可以得到如下结果：

- 一项高价值、低工作量的需求会有一个高的相对优先级。举例来说，如果价值是 144，工作量是 3，相对优先级就是 48；
- 一项低价值、高工作量需求的优先级是相对比较低的。举例来说，如果价值是 2，工作量是 89，那么相对优先级是 0.0224；
- 这个公式通常会产生带小数的结果，如果你愿意，可以四舍五入到最接近的整数。

相对优先级只是一个帮助产品负责人决策和排定需求优先级的工具。它不是一个你必须遵守的数学概念。要确保工具能帮助你而不是阻碍你。

记录每一项需求的相对优先级，这样你就可以同时检查所有的需求并给他们安排优先级。

需求优先级排序

为了决定你的需求的总体优先级，请回答下面的问题：

- 需求的相对优先级是什么？
- 需求的先决条件是什么？
- 哪些需求可以合并成一个可靠的发布？

利用这些问题的答案，你可以在产品路线图中先安排最高优先级的需求。需求优先级安排好之后，你就会得到类似图 7-8 这样的路线图。

图 7-8
带有需求
优先级的
产品路线
图

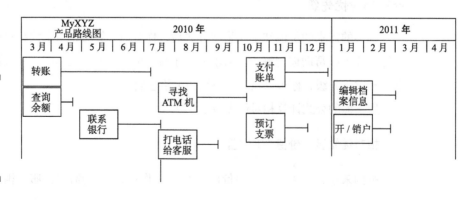

确定了优先级的用户故事列表被称为产品待办列表（Product Backlog）。产品待办列表是一份重要的敏捷文档，也是敏捷术语中所说的工件。在整个项目过程中都会用到这份待办列表。

有了产品待办列表，你就可以向产品路线图中添加发布目标了。

第 4 步：决定大致的时间框架

当你第一次创建产品路线图的时候，你的产品发布的时间框架是比较笼统的。对于最初的路线图，你需要为你的项目选择一个合理的时间增量，比如一定的天数、周数、月数、季度数，甚至更大的增量。根据需求和优先级这两项，可以把需求加到每一段时间增量中。

创建一个产品路线图看上去可能要做很多工作，但是当你掌握了技巧之后，就可以在短时间内创建完成。一些 Scrum 团队可以在短短一天时间内创建产品愿景、产品路线图、发布计划并准备开始冲刺！你只需要收集好足够的第一个冲刺的需求就可以开始编写产品代码。你可以随着项目的进行确定其他的需求。

保存你的工作成果

现在你可以用白板和便利贴来做路线图计划。在你的第一个完整的产品路线图草案完成后，无论如何，请注意保存产品路线图，尤其是当你需要和远程干系人或者开发团队成员分享路线图的时候。你可以给你的便利贴和白板拍一张照片，或者把计划信息输入到电子文档中并保存下来。

随着优先级的变化，你将在项目过程中更新产品路线图。就当前而言，第一个发布的内容要足够清晰，这是你在这个阶段需要考虑的全部内容。

第 8 章　计划发布与冲刺

本章内容要点：

▶　分解需求并创建用户故事；

▶　创建产品待办列表、发布计划和冲刺待办列表；

▶　计划敏捷冲刺。

　　当你创建了敏捷项目的产品路线图（见第 7 章）后，就可以开始详细制定产品细节了。在这一章，你将了解如何将你的需求分解到更细化的层级，如何优化你的产品待办列表，如何创建发布计划，以及如何构建冲刺待办列表。首先，你将看到如何将产品路线图中较大的需求分解为较小的、更易于管理的用户故事层级的需求。

　　把需求分割成小块的概念被称为分解。

细化需求和估算

　　在敏捷项目初期，你通常会有非常大的需求。随着项目的推进，以及开发这些需求的工作逐渐临近，你将需要把它们分解为更小的部分。

　　用户故事是一种清晰、有效的定义产品需求的形式。对发布计划和冲刺计划来说，用户故事和它的"同辈"——史诗故事，都是尺度合适的需求。在本节中，你将了解如何创建用户故事，如何为用户故事排优先级，以及如何估算用户故事所需的工作量。

什么是用户故事

用户故事是指一种对某个产品需求的简单描述，具体来说就是需求是什么、为谁完成。你的用户故事至少要包括以下内容：

- **标题**：<用户故事的名称>；
- **作为** <用户 或 角色>；
- **我想** <采取这样的行动>；
- **以便** <我获得这样的益处>。

用户故事也会包括以下的确认步骤；这些步骤是为了检验用户故事的工作需求是否正确。

- **当我** <采取行动>时，将产生 <这一行为的描述>。

用户故事还可能包括以下内容。

- **用户故事编码**。可以区分不同用户故事的编码。
- **用户故事价值和工作量估算**。价值就是在创建产品时，一个用户故事会给组织带来哪些好处。工作量是指创建这个用户故事的难易程度。你将会在本章的后半段了解如何评估用户故事的价值和工作量。
- **提出该用户故事的人员名字**。项目团队中的任何成员都能创建用户故事。

敏捷技术鼓励成员使用低科技工具，所以试着为你的用户故事使用索引卡片或便利贴。即使你最终还是想使用电子工具，但先熟悉创建用户故事的过程也是个不错的主意。当你知道如何创建用户故事后，就可以考虑使用复杂的电子工具了。

敏捷项目管理方法鼓励团队使用科技含量低的工具，但是敏捷方法也鼓励 Scrum 团队去发现在各种场景下最适合每个团队使用的工具。有许多电子的用户故事工具可供选择。有些要收费，有些则免费。有些很简单，只用来做用户故事；而有些很复杂，并且整合了其他产品文档。对我而言，我更喜欢索引卡片，但这种方法并不适合所有人。你应该为你的 Scrum 团队和项目选择最适合的工具。

图 8-1 展示了一张典型的用户故事卡片的正面和背面。正面填写了用户故事的主要描述。背面展示了在开发团队创建需求后，你应如何确认需求工作是否运作正常。

标题	账户间转账
作为	卡洛儿（Carol）
我想	查看我的账户里的金额，并在不同账户间转账
以便	我能完成转账，然后查看相关账户里新的余额

詹妮弗（Jennifer）

价值	创建者	估算

标题	
作为	＜用户／角色＞
我想	＜采取行动＞
以便	＜获益＞

价值	创建者	估算

图 8-1
用户故事
卡片示例

产品负责人负责收集和管理用户故事。但开发团队和干系人也会参与创建和分解用户故事。

值得一提的是，用户故事不是描述产品需求的唯一方式。在没有限定任何框架的情况下，你也能轻松地列出一系列需求。然而，用户故事的形式简单、紧凑，其中包括很多有用的信息。因此，我发现这是一种非常有效的方式，它可以精准地传达产品需求到底是什么。

当开放团队开始创建并测试需求时，用户故事形式的一大好处便体现出来。开发团队成员会明确地知道他们为谁去创建产品需求，需求应该做什么，以及怎样仔细检查需求是否达到其目的。

在本章乃至整本书中，我都会使用用户故事作为需求的示例。请记住，我所描述的任何使用用户故事的方法，都能用来处理更为普遍的需求。

创建用户故事的步骤

当你创建用户故事时，请遵循以下步骤：

（1）识别项目干系人；

（2）识别谁将使用该产品；

（3）和干系人协作，写下产品将需要达成的需求，并用我在本章前半部分所提到的格式去创建你的用户故事。

在后续小节中，你将了解如何使用这 3 个步骤。

敏捷具有迭代性。不要花太多时间去确认你的产品可能遇到的每个需求。因为你总能在项目后期增加需求。最好的变更往往到项目后期才出现，因为那时你已非常了解产品和客户。

识别项目干系人

你可能对于"谁是你的干系人"非常清楚——他们就是参与到产品及其创造过程或受其影响的人。

当你创建产品愿景和产品路线图时，你也会和干系人合作。

请确保干系人能够帮助你创建需求。干系人可能包括以下人员。

- 定期与客户互动的人，比如客服代表或银行网点工作人员。
- 与你的产品的客户互动的不同领域的业务专家。比如，在第 7 章中曾提到过的 XYZ 银行，可能会有一名经理负责支票账户，另一名经理负责储蓄账户，而第三名经理负责在线账单支付服务。如果你正在创建一款移动银行的应用，那么这些人都将是项目干系人。
- 你的产品的用户，如果他们愿意的话。
- 你正在创建的产品类型的专家。例如，创建过移动应用的开发者、懂得如何开展移动营销活动的市场经理，以及移动界面方面的用户体验专家，都可能为 XYZ 银行的移动银行业务提供帮助。
- 技术型干系人，他们负责的系统可能需要和你的产品有交互。

识别客户

当考虑到即将使用你的产品的客户时，给他们分配角色通常会有帮助，比如一名销售或一名客服代表的角色。

所有类型的开发团队通常都会为可能使用某款产品的用户特征而创建人物角色（Persona）。把人物角色想象成一本书或一部电影中的一位人物。你可以给这个人物角色加上他自己的背景：名字、年龄、性别、职业、爱好、厌恶的事物和需求。利用人物角色能帮你准确理解你的产品需要具备哪些功能。

你也可以根据那些特定的职业代表来设定一些人物角色，比如在特定人群中的人或某种类型的用户。例如，30 岁左右、经常出差的女性市场营销总监。

当创建人物角色时，请时刻记得在你的产品愿景声明中描述的客户。你可以在第 7 章找到更多关于愿景声明的内容。

假设你是前面提到的 XYZ 银行移动业务项目的产品负责人，你负责的部门需要在接下来六个月时间里将产品推向市场。你对于使用这款应用的用户有如下想法。

- 客户（使用该应用的终端用户）可能希望快速获得账户余额与近期交易的最新信息。
- 客户可能即将购买一件大宗商品，他们想确认余额是否足够。
- 客户的 ATM 卡可能刚刚在操作时被拒绝了，但他们不知道为什么，他们想查看最近的交易了解是否存在欺诈行为。
- 客户可能刚刚发现忘记支付信用卡账单，而且如果今天不还款就会被罚款。

对于这款应用，你设定的人物角色会是谁呢？这里举几个例子。

- 人物角色 #1：詹森（Jason）是一名经常出差且精通技术的年轻主管。当他有空时，他希望能更快地处理私事。他谨慎地投资了高收益的证券组合。他的可用现金保持在较低的水平。
- 人物角色 #2：卡洛儿（Carol）拥有一家小公司，当客户想要出售自家房屋时，为他们提供中介服务。她去逛寄售中心，寻找想为客户购买的沙发椅。
- 人物角色 #3：尼克（Nick）是一名申请了助学贷款并兼职打工的学生，由于钱对他来说非常重要，所以很多事情他都很在意。而他刚刚丢失了他的支票本。

你的产品干系人能帮你创建人物角色。请找出谁是你产品日常业务的专家。这些干系人将非常了解你的潜在客户。

确定产品需求和创建用户故事

当你识别了不同的客户后，就能开始确定产品需求，并为角色创建用户故事。创建用户故事的一个好方法是召集你的干系人共同参与创建用户故事。

让干系人使用用户故事的形式，尽可能多地写下他们能想到的需求。对于前一节的项目和角色而言，一个用户故事可以是：

- 卡片正面：
  - **标题**：查询银行账户余额；
  - **作为**一名忙碌、技术精通、来回奔波的 XYZ 银行客户（詹森）；
  - **我想**在我的智能手机上查看账户余额；
  - **以便**我可以看到我的支票账户还有多少钱。
- 卡片背面：
  - **当我**登录 XYZ 银行移动应用时，我的支票账户余额显示在页面顶部；
  - **当我**有消费或存入款发生之后，再登录 XYZ 银行移动应用，我的支票账户余额能显示收支状况。

在图 8-2 你可以看到卡片格式的用户故事示例：

```
标题   账户间转账
作为   卡洛儿
我想   在不同账户间转账
以便   我能完成转账，然后查看相关账户
       里新的余额
                詹妮弗
价值         创建者          估算
```

```
标题   冻结支票账户
作为   尼克
我想   输入支票账号去冻结遗失或被偷窃
       的支票账户
以便   我能看到支票账户已被冻结的确认
       信息
                卡洛琳
价值         创建者          估算
```

图 8-2
用户故事
示例

请确保将新的用户故事持续增加到产品待办列表。当你需要计划你的冲刺时，时刻保持更新你的产品待办列表，能帮你得到优先级最高的用户故事。

在敏捷项目的整个过程中，你都将创建新的用户故事。而在一次冲刺中，你还会分解现有的大型需求，直到它们能够彻底地被管理。

分解需求

在敏捷项目的整个过程中，你会把需求进行多次细化。例如：

- 当你创建产品路线图时（见第 7 章），你创建出了特性（即在你开发新特性后你的客户将拥有的能力）以及主题（即特性的逻辑组合）。尽管特性被有意地放大，而在 Platinum Edge 公司，我们要求产品路线图级别的特性不能超过 144 个故事点；

- 当你计划发布时，你会将这些特征分解为更简明的用户故事。计划发布级别的用户故事可以是史诗型的（包含多个行动的大型的用户故事），或者是包含单一行动的单个用户故事。对我们的客户而言，计划发布级别的用户故事不应超过 34 个故事点。你可以在本章中的后续内容中了解到更多有关发布的信息；

- 当你计划冲刺时，你可以更进一步分解用户故事。你也可以确定冲刺阶段与每个用户故事相关联的个人任务。对我们的客户而言，冲刺级别的用户故事应该不超过 8 个故事点。

一个故事点就代表每项需求的价值和工作量的相关分数。Scrum 团队经常为他们的故事点使用斐波那契数列，该数列从第 3 个数开始，每个数都等于它前面两个数之和。你可以在第 7 章中了解有关故事点和斐波那契数列的更多内容。

要分解需求，你将需要思考如何将需求分解为单个行动。表 8-1 显示了一项从主题级别分解为用户故事级别的需求。

表 8-1 分解一项需求

需求级别	需求
主题	使用移动应用查看账户数据
特性	查看账户余额 查看最近的取款或购买清单 查看最近的存款清单 查看近期自动账单支付 查看我的账户提醒
史诗故事—— 从"查看账户余额"里分解	查看支票账户余额 查看储蓄账户余额 查看投资账户余额 查看退休账户余额
用户故事—— 从"查看支票账户余额"里分解	登录移动账户 安全地登录移动账户 查看我的账户清单 选择并查看我的支票账户 查看取款后的账户余额变化 查看消费后的账户余额变化 查看一天结束时的账户余额 查看可用的账户余额 查看移动应用导航项目 更改账户视图 注销移动应用

估算扑克

当你细化你的需求时，你还需要提升你的估算能力。让我们来点有趣的吧！

估算用户故事最流行的方法之一是玩估算扑克（Estimation Poker）游戏，（有时也称为"计划扑克"（Planning Poker)，这种游戏能够确定用户故事的大小，还能与开发团队成员达成共识。

Scrum 主管能帮助协调估算工作，并且产品负责人能提供特性的相关信息，而开发团队负责估算用户故事所需要的工作量级别。归根结底，开发团队必须努力创建这些故事所描述的特性。

用户故事与INVEST方法

你也许会问，用户故事必须被分解到何种程度才行？比尔·韦克（Bill Wake）在他的博客（XP 123.com）里介绍了能确保用户故事质量的INVEST方法。我非常喜欢他的方法，所以把它写在这里。

实施这个方法时，用户故事应该是：

- **独立的**（Independent）。在绝大多数情况下，一则故事所描述的特性不依赖其他故事；
- **可协商的**（Negotiable）。不需要太过详尽，为细节留出讨论和补充的余地；
- **有价值的**（Valuable）。故事是为了给客户展现产品价值。故事描述的是特性，而不是一个单线程的从开工到结束的用户任务。故事用的是客户的语言，并且解释起来简单明了。使用该产品或系统的人群都能理解这则故事；

- **可估算的**（Estimable）。故事是描述性的、准确的以及简练的，以便于开发者能够大体估算创建用户故事中的功能所必需的工作量；
- **小型的**（Small）。计划和精确估算较小的用户故事会更加轻松。优秀的经验法则告诉我们，一个用户故事所占用开发团队一名成员的时间，不应超过冲刺阶段时长的一半；
- **可测试的**（Testable）。你可以轻松验证用户故事，并且能得到明确的结果。

要玩估算扑克，你得需要一副如图 8-3 展示的扑克牌。你可以在我的网站（http：//www.platinumedge.com/estimationpoker）里购得，或者你可以用索引卡片和马克笔自己制作。扑克牌上的数字来自斐波纳契数列。

图 8-3
一副估算
扑克牌

只有研发团队才需要玩估算扑克。Scrum 主管和产品负责人不会得到这副牌，也不会进行估算。但 Scrum 主管可以扮演引导者的角色，而产品负责人将阅读用户故事并按需要提供用户故事的细节。

估算扑克游戏规则如下：

（1）给开发团队的每位成员都提供一副估算扑克牌；

（2）从一则简单的用户故事开始，参与者对于该故事做出一个所有人都同意的估算——这称作一个故事点。这个用户故事将成为基准故事；

（3）产品负责人向参与者读一则高优先级的用户故事；

（4）每位参与者选出一张与他／她对这则用户故事所需工作量估算一致的扑克牌，并将牌面朝下放在桌子上。参与者们应当把用户故事和其他已估算的用户故事作对比（第一次的时候，参与者们只将用户故事与基准故事作对比）。并确保其他参与者看不见你的扑克牌；

（5）所有参与者都选好扑克牌后，同时把牌翻过来；

（6）如果参与者选择了不同的故事分数：

    ① 讨论的时间到了。给出最高分和最低分的参与者谈一下他们的假设，以及为什么他们认为对这则用户故事的估算分数应当更高或更低。参与者把其他的用户故事工作量与基准故事作对比。如果有必要的话，产品负责人可以提供有关这则故事的更多信息；

    ② 当所有人都对假设达成一致意见并进行了必要的澄清后，参与者要重新评估他们的估算并将他们新选的扑克牌放在桌上；

    ③ 如果参与者给出的故事分数仍然不一致，他们将重复这个过程，通常最多重复 3 次；

    ④ 如果参与者对估算的工作量不能达成一致意见，那么 Scrum 主管将帮助开发团队确定一个大家都能同意的分数，或者确定这个用户故事需要更多细节，又或是需要进一步分解。

（7）参与者对每个用户故事重复执行步骤 3 到步骤 6。

当你创建估算时，应当考虑到完工定义的每个部分——已开发、已集成、已测试和已归档。

你可以在任何时间点开始玩估算扑克——但是一定要在产品路线图开发过程中，以及在发布与冲刺单元里深入分解用户故事的时候。经过练习，开发团队会进入到计划的节奏里并且更善于进行快速估算。

一般来讲，开发团队会花费整个项目十分之一的时间进行项目的估算和再估算。让你的估算扑克游戏变得有趣！吃点零食，来点幽默感，还有保持轻松的氛围，这样能让估算任务加快完成。

相似估算

虽然估算扑克行之有效，但如果你有许多用户故事，该怎么办呢？打个比方，你用玩估算扑克的方式来估算 500 个用户故事，这可能会耗费太长时间。你需要找到一种方法，这种方法仅针对那些你需要讨论并取得共识的用户故事。

当你有大量的用户故事时，很可能其中的许多故事非常相似，并且只需要相似的工作量来完成。一种确定适合讨论的用户故事的方法就是使用相似估算（Affinity Estimating）。在相似估算中，你能快速地将用户故事进行分类，然后再对这些故事类别进行估算。

 当你根据相似性来估算时，请把用户故事写在索引卡或便利贴上。这些不同类型的用户故事卡片能够将用户故事快速分类。

相似估算是一项充满速度与激情的活动——开发团队可以请 Scrum 主管来帮助协调进行相似估算。请按以下步骤进行相似估算。

（1）开发团队对以下每一类别共同确定一则单一的用户故事，每一类别所花时间不超过一分钟：

①非常小型的用户故事；

②小型的用户故事；

③中等的用户故事；

④大型的用户故事；

⑤非常大型的用户故事；

⑥过大而无法纳入冲刺的史诗故事。

这些用户故事的大小与 T 恤的尺寸分类类似，都遵循斐波那契数列，如图 8-4 所示。你可以在第 7 章了解斐波纳契数列。

（2）开发团队将所有剩下的故事归入步骤 1 中列出的类别里，每个用户故事所花时间不超过 30 秒。

如果你的用户故事使用的是索引卡或便利贴，你可以直接把这些卡片分别放入桌上或白板上的不同类别中。如果你把所有的用户故事分给每位开发团队成员，并让每位成员对一组故事进行分类，那么这一步的速度会大大加快！

大小	分数
非常小型（XS）	1 分
小型（S）	2 分
中等（M）	3 分
大型（L）	5 分
非常大型（XL）	8 分

图 8-4 与 T 恤尺寸相对应的故事大小以及对应的斐波那契数列

（3）开发团队评审并调整用户故事的位置，每 100 个用户故事最多花 60 分钟时间。整个开发团队必须对用户故事的大小分类达成共识。

（4）产品负责人对用户故事的分类进行评审。

（5）当团队的实际估算值与产品负责人的期望估算值相差超过了一个尺寸时，他们会讨论这则用户故事。开发团队会决定是否调整这则用户故事的大小。

需要注意的是，产品负责人和开发团队完成待定项的讨论后，开发团队对用户故事的大小有最终决定权。

相同大小类别的用户故事会得到相同的分数。你可以玩一轮估算扑克去复查一小部分用户故事，但不需要把时间浪费在对每个用户故事不必要的讨论上。

对于任何级别的需求，从主题和特性到单个用户故事，你都可以使用本章中提到的评估和划分优先级的技术。

发布计划

在敏捷术语中，发布是指你发布出来用于生产的一组可用的产品特性。发布不需要包含所有在路线图中列出的功能，但至少要包含最小可上市的特性集（Minimal Marketable Features），这是你在市场中进行有效部署和推广的规模最小的一组产品特性。你早期的发布将会排除你在产品路线图阶段创建的许多中低优先级的需求。

当计划一次发布时，你会确定下一组最小可上市特性集，并确认团队能够行动起来将最迫切的产品推出的日期。在创建愿景宣言和产品路线图时，产品负责人负责确定发布目标和发布日期。而开发团队会在 Scrum 主管的引导下促进这一过程的实现。

发布计划是价值路线图的第 3 阶段（参阅第 7 章的图 7-1 来查看整个路线图）。图 8-5 展示了发布计划是怎样融入敏捷项目的。

阶段 3：发布计划

最高优先级特性发布		高优先级特性发布	描述：特定产品功能的发布时间计划

| 1 月 | 2 月 | 3 月 | 4 月 | 5 月 | 6 月 | 7 月 |

负责人：产品负责人
频率：至少每季度一次

图 8-5
作为价值路线图一部分的发布计划

（阶段 1-3 是 Scrum 核心之外的最佳实践）

发布计划包括完成两项关键活动。

- **修订产品待办列表**。在第 7 章，我曾提到过，产品待办列表是你目前项目里所有已知用户故事的一个综合列表，不论它们是否属于目前的发布。请记住，你的用户故事列表在整个项目进行中很可能发生变化。
- **发布计划**。包含发布目标、发布目标日期以及支持发布目标的产品待办列表的优先级排序。发布计划为团队提供了可完成的适中的目标。

在计划发布的过程中，请不要创建新的、单独的待办列表。这样做不仅没有必要，还会降低产品负责人的灵活性。基于发布目标对现有产品代办列表进行优先级排序是必要的，这样能让产品负责人对他 / 她在冲刺计划过程中承诺范围时，获得最新的信息。

产品待办列表以及发布计划是产品负责人与团队之间最重要的沟通渠道。后续小节将描述如何完成产品待办列表和发布计划。

完成产品待办列表

如第 7 章所述，产品路线图包含了主题、史诗故事以及一些暂定的发布时间表。产品路线图上的这些需求就是产品待办列表的雏形。

产品待办列表是与项目相关的所有用户故事的列表。产品负责人负责通过不断添加用户故事和为用户故事排定优先级来创建和维护产品待办列表。Scrum 团队会在发布计划阶段和整个项目中使用该待办列表。

图 8-6 展示了产品待办列表的一个示例。当创建你的产品待办列表时，你至少

应当确保：

✔ 包含对你的需求的描述；

✔ 按优先级对用户故事进行排序。你可以在第 7 章中找到确定优先级的方法；

✔ 添加工作量估算。

ID	故事	类型	状态	价值
121	作为一名管理员，我想把账户与档案连接到一起，这样客户就能访问新账户	特性	未开始	5
113	作为一名客户，我想查看我的账户余额，这样我就能知道目前每个账户里还剩多少钱	特性	未开始	3
403	作为一名客户，我想在我每个活动账户间转账，这样我就能调整每个账户的余额	特性	未开始	1
97	作为一名网站访客，我想与银行联系，这样我就能提出疑问并报告问题	特性	未开始	2
68	作为一名网站访客，我想找到银行地址，这样我就能享受银行的服务	特性	未开始	8

图 8-6
产品待办
列表示例

在第 2 章，我解释了敏捷项目里的文档应该如何保持精简，应仅包含创建产品所绝对必需的信息。让你的产品待办列表格式简单明了，这样你就会省下时间在整个项目里不断更新它。

Scrum 团队视产品待办列表为项目需求的主要来源。如果出现了一项需求，它就会体现在产品待办列表中。你的产品待办列表中的用户故事会在整个项目过程中以多种方式发生变化。例如，当团队完成了用户故事后，你会在待办列表中把它们标为完成状态。你也会记录所有新的用户故事。此外，你会根据需要不断更新现有用户故事的优先级和工作量分数。

产品待办列表里的故事分数之和——所有用户故事的分数加在一起——就是你当前的产品待办列表估算（Product Backlog Estimate）。每天这个估算值都随着用户故事的完成和新的用户故事的加入而改变。请在第 13 章了解更多关于利用产品待办列表的估算值对项目周期和花费进行预测的信息。

保持你的产品待办列表实时更新，以便你总能精确掌控成本和估算进度。现有的产品待办列表还会帮你灵活地排定新的产品特性与现有的产品特性的优先级，这是敏捷方法所带来的关键的好处。

在有了产品待办列表后，请按下文描述来创建你的第一个发布计划。

创建发布计划

发布计划包含特定的一套特性的发布时间表。产品负责人在每次发布开始时创建发布计划。要创建发布计划，请遵循以下步骤。

（1）建立发布目标。

发布目标是你的发布中的产品特性的总体业务目标。产品负责人和开发团队根据业务优先级、开发团队的开发速度，以及开发团队的能力而创建发布目标。

（2）通过评审产品待办列表和产品路线图，来确定哪一个是支持发布目标的最高优先级的用户故事。

这些用户故事将组成你第一次的发布内容。我倾向于用大约 80% 的用户故事去完成发布，然后用剩下的 20% 去提升实现发布目标的稳定性，同时还能使产品产生令人惊喜的因素。

（3）制定发布日期。

发布日期通常在至少三次冲刺之后，但实际的日期取决于你的具体项目。部分 Scrum 团队会基于功能的完成度来确定，而其他团队也许会定下硬性日期，比如 3 月 31 日或者 9 月 1 日。

部分项目团队会为每次发布增加一个发布冲刺（Release Sprint）来执行那些与产品开发无关但对向客户发布产品仍然有必要的活动。如果你需要一次发布冲刺，那么请确保已经考虑到影响所选日期的因素。你可以在第 11 章找到更多关于发布冲刺的信息。

（4）如果你还没有准备充分，请优化发布目标里的用户故事。

当为你已修订的用户故事更新估算时，请向开发团队咨询。

（5）让开发团队接受首次发布并对这次发布许下承诺。

请确保团队对于发布日期和发布目标已取得共识。

并非所有的敏捷项目都会用到发布计划。部分 Scrum 团队在每次冲刺结束都为用户发布功能。开发团队、产品、组织、客户、干系人以及技术复杂性都可以帮助你决定产品发布的方法。

计划的发布现在已经从设想发展到了更具体的目标。图 8-7 展示了一个典型的发布计划。

发布目标：让客户能访问、查看活动账户，并在这些账户间转账。
发布日期：2013 年 3 月 31 日

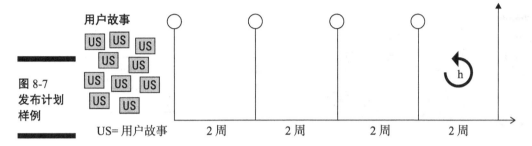

图 8-7
发布计划
样例

US= 用户故事

　　请记住钢笔 – 铅笔法则：你可以确定（用钢笔写）首次发布的计划，但是首次发布以外的任何事都是暂定的（用铅笔写）。换句话说，为每个发布做"实时计划"（见第 7 章）就行了，毕竟事情都在不断变化，何必那么早地深入细节而自寻烦恼？

冲刺计划

　　在敏捷项目中，一个冲刺是指一段确定的迭代时间，在这段时间内，开发团队从开始到结束持续创建特定的一组产品功能。在每次冲刺结束时，开发团队创建的产品应该能正常工作并可以进行演示。

　　一个项目内的所有冲刺应具有相同的时长。保持冲刺时长一致可以帮你衡量开发团队的表现，并能更好地计划每次新的冲刺。

　　冲刺通常持续 1 周、2 周、3 周或 4 周。四周应当是任何冲刺持续的最长时间；更长的迭代会造成变更风险加剧，违背敏捷的初衷。

　　每次冲刺包括下列事项：

- 在冲刺开始时进行冲刺计划；
- 每日例会；
- 开发时间——冲刺的主体；
- 冲刺结束时进行冲刺评审和冲刺回顾。

　　在第 9、10 章，你将看到更多有关每日例会、冲刺开发、冲刺评审和冲刺回顾的内容。在本章中，你将了解如何计划冲刺。

冲刺计划在"价值路线图"的第 4 阶段，如图 8-8 所示。整个 Scrum 团队（产品负责人、Scrum 主管和开发团队）需要协同工作来计划冲刺。

图 8-8
作为价值
路线图一
部分的冲
刺计划

阶段4：冲刺计划

描述：确定具体的冲刺目标和任务
负责人：产品负责人和开发团队
频率：每个冲刺开始时

冲刺待办列表

冲刺待办列表（Sprint Backlog）是与当前冲刺和相关任务关联的用户故事清单。当你计划你的冲刺时，你将：

- 为你的冲刺设立目标；
- 选择支持这些目标的用户故事；
- 将用户故事分解为具体的开发任务；
- 创建一个冲刺待办列表。该冲刺待办列表包括：
  - 冲刺内按优先级排序的用户故事清单；
  - 每个用户故事的相对工作量的估算；
  - 开发每个用户故事的必要任务；
  - 完成每个任务的工作量（以小时计算）。

    在任务层级，你要估算完成每个任务所需的小时数，而不是使用故事点。你的冲刺有具体的时长，也就是固定小时数的工作时间，因此你可以利用每个任务花费的时间去考虑该任务是否适合你的冲刺。开发团队完成每个任务的时间不应该超过一天。
  - 燃尽图，用于显示开发团队已完成的工作状况。

敏捷项目中任务的完成时间不应超过一天，有两个原因：第一个原因涉及基本的心理学——越靠近终点，人们越积极。如果你有一个你知道能很快完成的任务，那么你更有可能按时完成它，并从你的待办列表里把它划掉；第二个原因是时长为一天的任务提供了良好的红色信号旗，以提醒项目可能偏离了航线。如果一名开发团队成员报告，他 / 她在同一个任务上所花的时间超过一天或两天，那么这名团队成员可能遇到了障碍。Scrum 主管应该借此机会调查是什么原因导致他 / 她还没完成工作。(要了解更多关于管理障碍的内容，请阅读第 9 章。)

开发团队需要通力协作去创建和维护冲刺待办列表，并且只有开发团队可以修改冲刺待办列表。冲刺待办列表应该反映冲刺进展的最新状况。图 8-9 展示了一个冲刺待办列表示例。你可以使用这个例子，也可以寻找其他示例，甚至只使用一块白板。

冲刺计划会议

开发团队会在每次冲刺的第一天（通常是周一早上）召开冲刺计划会议。

要召开一次成功的冲刺计划会议，你要确保参会的每个人在整个会议过程中都能够全身心地投入。

你的冲刺计划会议时长是建立在你冲刺时长的基础上的。你每周的冲刺会议不应超过两个小时。这样的时间盒是 Scrum 规则中的一个。图 8-10 展示了这个规则，这对你的会议时长来说是很好的快速参考。

在敏捷项目中，限制会议时间的实践方法有时也称为"时间盒技术"（Timeboxing）。用时间盒技术限制你的会议时间，可以确保开发团队有足够的时间创建产品。

你会把你的冲刺计划会议分成两部分：一部分用来设定冲刺目标以及为冲刺选择用户故事，而另一部分用来将你的用户故事分解为单独的任务。接下来我们会讨论每一部分的细节。

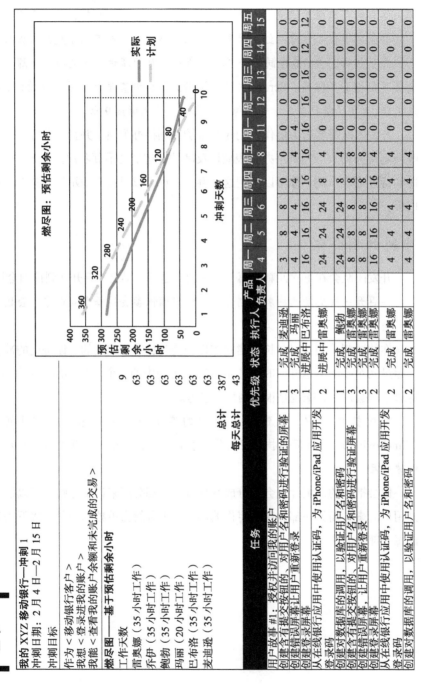

图 8-9
冲刺待办列表示例

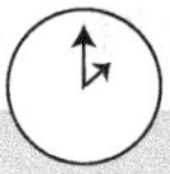

如果我的冲刺 时长为……		我的冲刺计划会议应该 不超过……	
1 星期		2 小时	
2 星期		4 小时	
3 星期		6 小时	
4 星期		8 小时	

图 8-10
冲刺计划
会议与冲
刺时间的
比率

第 1 部分：设置目标和选择用户故事

在你的冲刺计划会议的第一部分，产品负责人和开发团队会在 Scrum 主管的支持下完成下列事项：

（1）讨论并设定冲刺目标；

（2）评审来自产品待办列表中的用于支持冲刺目标的用户故事，并修订它们的相关估算；

（3）确定团队在当前的冲刺中可以作出哪些承诺。

在你的冲刺计划会议开始，产品负责人和开发团队应该为冲刺确定目标。冲刺目标应该是由产品待办列表里最高优先级的用户故事所支持的一种总体描述。对于移动银行应用（参见第 7 章）来说，一个冲刺目标示例是：

作为一名移动银行客户，我想要登录我的账户，以便查看我的账户余额、正在处理的交易以及历史交易记录。

你可以使用冲刺目标来确定纳入这次冲刺的用户故事。你也可以看一下对这些故事的估算，如果有需要就对估算进行变更。在移动银行应用这个示例中，这次冲刺的用户故事可以包括：

- ↳ 登录和访问我的账户；
- ↳ 查看账户余额；
- ↳ 查看处理中的交易；
- ↳ 查看先前的交易。

所有这些都是支持冲刺目标的高优先级的用户故事。

评审用户故事的第二部分是确认对每个用户故事工作量的估算是否正确。如果有必要就调整估算。可以邀请产品负责人一同参与会议，解决任何尚未解决的问题。

最后，当你知道哪些用户故事支持冲刺目标后，开发团队应该同意并确认它可以完成冲刺计划的目标。如果你在先前讨论过的用户故事有任何一个不适合目前的冲刺，请把它们从冲刺中移除并重新放入产品待办列表里。

始终确保每次只计划和处理一次冲刺。请不要把用户故事放在特定的后续冲刺中——这是个容易掉入的小陷阱。举个例子，不要决定用户故事 X 应该进入冲刺 3 或 4。相反地，让产品待办列表里有序的用户故事列表保持实时更新，并且始终专注于开发剩余的高优先级用户故事。请致力于计划当前的冲刺。

当你确定了冲刺的目标和所包含的用户故事，并为之做出承诺后，请继续进行冲刺计划的第二部分。因为你的冲刺计划会议也许会持续几个小时，在两部分会议之间你可能想要休息一下。

第 2 部分：为冲刺待办列表创建任务

在冲刺计划会议的第二部分，Scrum 团队会完成下列事项：

（1）创建与每个用户故事相关联的冲刺待办列表任务。请确保任务围绕着完工定义的每一部分：已开发、已集成、已测试和已归档；

（2）再次检查确认团队可以在冲刺的可用时间内完成的任务；

（3）每名开发团队成员应该选择他／她的首要完成任务。

开发团队成员应该每次只完成一个用户故事的一个任务，以实现蜂群式协作——整个开发团队为一个需求持续工作直到完成。蜂群式协作是在短时间内完成工作的非常有效的方法。

在会议第二部分的一开始，请将用户故事分解成单独的任务，并给每个任务分配数小时的时间。开发团队的目标应当是在不超过一天的时间内完成任务。例如，XYZ 银行移动应用的用户故事可能是：

登录并访问我的账户。

团队将这个用户故事分解成任务，内容如下：

- 为用户名和密码创建身份验证界面，包含"提交"按钮；
- 创建一个提示"错误"的界面，让用户重新输入身份验证信息；
- 创建已登录界面（包括账户清单——将在下个用户故事里完成）；
- 使用网上银行应用的验证代码，为 iPhone/iPad 应用重写代码；
- 为数据库创建调用，用于确认用户名和密码；
- 为移动设备重构代码。

当你知道每个任务将要投入的小时数后，请进行最后一次检查，以确保开发团队的可用工作小时数与总体任务估算是合理匹配的。如果任务超过可用小时数，则你需要将一个或更多的用户故事从冲刺里移除。请和产品负责人讨论哪些任务或用户故事最适合被去掉。

如果在冲刺内有额外时间，开发团队可以选择纳入另一个用户故事。只是要注意避免在冲刺的一开始就过度承诺，尤其是在项目最初的几次冲刺中。

在你知道了冲刺包括哪些任务后，请选择你的首要任务。每名开发团队成员应该选择他 / 她的首要任务去完成。团队成员应该一次只关注一个任务。

当开发团队考虑他们可以在冲刺里完成什么时，请使用以下指导原则来确保他们所承担的工作没有超出自己的能力范围。

- **冲刺 1**：团队认为可完成任务的 25%，包括学习新流程和开始新项目的工作。
- **冲刺 2**：团队认为可完成任务的 50%。
- **冲刺 3**：团队认为可完成任务的 75%。
- **冲刺 4**：及后续冲刺——100%。团队会培养一种节奏感，获得投入敏捷和项目的洞察力，然后团队将会以全速冲刺的方式工作。

团队应当根据任务里开发团队的进展情况，持续评估冲刺待办列表。在冲刺结束时，团队也会对估算的技巧和能力进行评估。此项评估对首次冲刺尤其重要。

对冲刺而言，总共有多少小时的工作时间是可用的？在一周 40 小时内，你可以合理明智地作出假设，对于周期为两周的冲刺，你可用 9 个工作日来完成用户故事的开发。如果你假设每个全职团队成员每周有 35 个小时（每天 7 个生产小时）专注于项目工作，则可用的工作小时数是：

团队成员人数 ×7 小时 ×9 天

为什么是 9 天？第 1 天用半天来做计划，第 10 天用半天进行冲刺评审（干系人评审已完成的工作）和冲刺回顾（团队确定后续冲刺的改进之处），这样会留下 9 天的开发时间。

在冲刺计划结束后，开发团队可以立即着手来创造产品！

Scrum 团队应该确保产品路线图、产品待办列表和冲刺待办列表都处于重要位置并向所有人开放。这样经理和其他相关当事人都能查看产品和进相关展情况，而不会去干扰开发团队。

第 9 章　全天的工作

本章内容要点：
- ▶ 计划每天的工作；
- ▶ 跟踪每天的进展；
- ▶ 开发并测试每天的工作；
- ▶ 结束一天的工作。

今天是星期二，现在是早上 9 点。你们昨天已经完成了冲刺计划，并且已经启动开发工作。在本次冲刺剩下的时间里，你们每天的工作都将按照同样的模式进行。

这一章将介绍如何在每个冲刺的日常工作中使用敏捷原则。你将看到作为一个 Scrum 团队成员每天的工作内容：每日计划、进展跟踪、创建并验证可用的功能、识别并处理工作中的障碍，等等。你还将看到不同的 Scrum 团队成员是如何在冲刺过程中合作完成产品的。

计划一天的工作：每日例会

在敏捷项目中，制订计划会贯穿至整个项目生命周期中——每天都会发生。敏捷开发团队一天的工作从每日例会开始，该会议内容包括标注已完工事项、发现困难或障碍、提出需要 Scrum 主管介入的事项以及计划当天要做的工作。

　　每日例会在价值路线图中处于第 5 个阶段。从图 9-1 中大家可以看出冲刺和每日例会是如何适应敏捷项目的。请注意观察它们是如何被循环执行的。

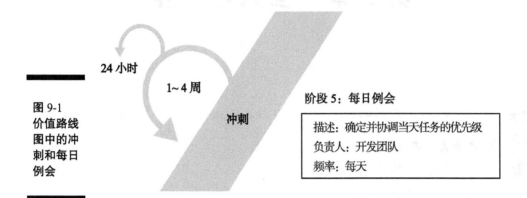

图 9-1
价值路线
图中的冲
刺和每日
例会

24 小时

1~4 周

冲刺

阶段 5：每日例会

描述：确定并协调当天任务的优先级
负责人：开发团队
频率：每天

　　每位开发团队成员在每日例会中都会陈述下列 3 项内容，这些内容能促进团队成员间的合作：

- ✔ 昨天，我完成了【列出完成的工作】；
- ✔ 今天，我准备做【列出要做的任务】；
- ✔ 我遇到的障碍是【如果有的话，列出具体障碍】。

技术支持

　　对于每日例会你可能听到过其他类似的名字，比如每日碰头会（Daily Huddle）或者每日站会（Daily Standup Meeting）。每日例会、每日碰头会和每日站会指的都是同一个意思。

　　Scrum 有一个规则，每日例会时间不能超过 15 分钟。如果超过，将会占用开发团队的工作时间。你可以利用一些小道具来保证会议不会超时，我一般会在会议开始的时候把一个会发声的汉堡状玩具狗（放心，它很干净）随机扔给一个开发团队成员，让他拿着这个玩具做完 3 项陈述然后将玩具传给下一个人。如果有人用时过长，我会把道具换成一包 500 页、重达 5 磅的打印纸，必须用一只手托起，你可以一直说，直到托不动为止。这样的话，要么会议很快结束，要么我们开发团队成员很快练成无敌臂力——按我的经验，一般都是会议很快结束。

为保证每日例会简洁有效，Scrum 团队可以遵循以下准则。

- **任何人都可以参加每日例会，但只有开发团队成员、Scrum 主管和产品负责人可以发言。** 干系人可以在会后跟 Scrum 主管和产品负责人讨论问题，但不能接触开发团队。

- **会议只关注当前的工作。** Scrum 团队应该只讨论已完工和即将开始的任务，或者在这些任务中碰到的问题和障碍。

- **会议是为了促进团队交流合作而不是解决问题。** 开发团队和 Scrum 主管会负责在当天移除障碍。

- **为防止会议变成解决问题的专题会，Scrum 团队可以：**
  - 在白板上创建一个列表来跟踪需要立即处理的问题，会后马上处理它们；
  - 每日例会结束后立刻开一个专题会来解决问题。有些 Scrum 团队每天都召开这个专题会，有些则只根据需要召开。

- **每日例会是为了团队成员个体之间的平等交流合作，而不是所有人向其中一人汇报状态，比如 Scrum 主管或产品负责人。** 项目运行状态会体现在每天结束时的冲刺待办列表中。

- **因为会议非常短，必须准时开始。** Scrum 团队通常会让迟到的人接受一些有趣的惩罚（比如做俯卧撑、捐献团队建设资金或其他整治措施）。

- **Scrum 团队可以要求参会人员站着而不是坐着。** 站着开会能让人更想快一点结束会议并开始一天的工作。

如果你只有 15 分钟，那么每一分钟都会非常重要。Scrum 团队可以大胆地对迟到者进行一些适当的让他不愉快的惩罚。比如，如果一个成员喜欢唱歌就不要惩罚他唱卡拉 OK。我曾经一夜之间就彻底解决了迟到问题——把惩罚从捐献 1 美元的团队建设资金提升到 20 美元。

每日例会对于让团队成员每天集中精力在正确的任务上是十分有效的。因为团队成员是在同伴面前当众作出承诺，所以一般不会推脱责任。每日例会还可以保证 Scrum 主管和团队成员可以快速处理障碍。这个会议非常有用，很多没有使用敏捷的组织有时候也会采用每日例会。

我倾向于开发团队正常上班时间 1 小时后再开每日例会，这样可以给堵车、喝咖啡、看邮件或其他每天开始时的例行工作提供一些缓冲时间。晚点开会还能给开发团队时间来检查前一天晚上开始运行的自动化测试工具所生成的缺陷报告。

每日例会是为了讨论进展，计划当天的工作。其实我们不仅要讨论进展，还需要跟踪进展，下面我们会学习如何在每天的工作中跟踪进展。

跟踪进展

你还需要每天跟踪冲刺的进展。本章讨论了在冲刺中跟踪任务进展的一些方法。

冲刺待办列表和任务板是跟踪进展的两个工具，这两个工具可以让团队能在任何时间对任何人展示冲刺进展。

敏捷宣言认为个体和交互的价值高于流程和工具。要保证你的工具能够支持你的 Scrum 团队而不是妨碍他们，有必要的话就修正或更换你的工具。详情请阅读第 2 章的敏捷宣言部分。

冲刺待办列表

第 8 章我们详细讨论了冲刺待办列表。在冲刺计划阶段，工作重点是把用户故事和任务加到待办列表中去。而冲刺阶段则每天要更新冲刺待办列表并跟踪开发团队的任务进展。图9-2展示了应用示例（XYZ移动银行应用程序）的冲刺待办列表。

冲刺待办列表必须对整个项目团队保持随时可用，这样才能保证任何人可以随时查看冲刺的状态。

注意观察图 9-2 右上角的燃尽图，该图展示了开发团队的进展状态。你可以把燃尽图包含在冲刺待办列表或产品待办列表中（本章重点讨论冲刺待办列表）。图 9-3 展示了燃尽图的详细内容。

燃尽图是将进展和剩余工作情况可视化的有力工具，本图展示了如下信息：

- 第一竖轴——剩余工作小时数（单位：小时）；
- 横轴——已用时间（单位：天）。

図 9-2
冲刺待办列表示例

我的 XYZ 移动银行——冲刺 1
冲刺日期: 2 月 4 日—2 月 15 日

冲刺目标

作为 <移动银行客户 >
我想 <登录进我的账户 >
我能 <查看我的账户余额和未完成的交易 >

燃尽图——基于预估剩余小时

工作天数	9
雷奥娜 (35 小时工作)	63
乔伊 (35 小时工作)	63
鲍勃 (35 小时工作)	63
玛丽 (20 小时工作)	63
巴布洛 (35 小时工作)	63
麦迪逊 (35 小时工作)	63
总计	387
每天总计	43

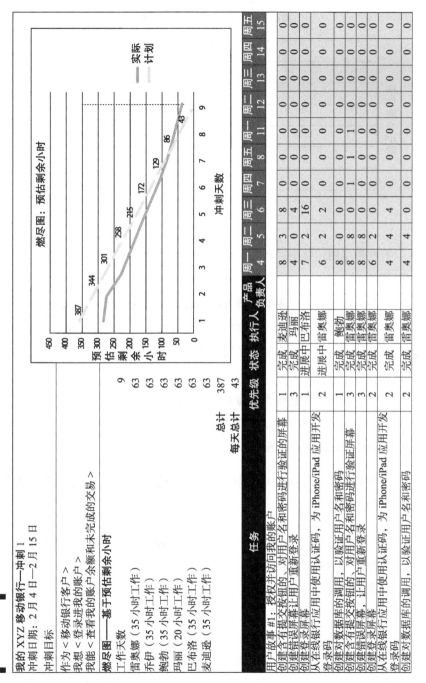

燃尽图: 预估剩余小时

预估剩余小时（纵轴: 450、400、350、300、250、200、150、100、50、0）
数据点: 387、344、301、258、215、172、129、86、43
冲刺天数（横轴: 1~9）
图例: 实际、计划

任务	优先级	状态	执行人	产品负责人	周一 4	周二 5	周三 6	周四 7	周五 8	周一 11	周二 12	周三 13	周四 14	周五 15
用户故事 #1: 授权并访问我的账户														
创建含有提交按钮的、对用户名和密码进行验证的屏幕	1	完成	麦迪逊		8	3	8	0	0	0	0	0	0	0
创建错误屏幕让用户重新登录	3	完成	玛丽		4	4	4	0	0	0	0	0	0	0
创建登录屏幕	1	进展中	巴布洛		7	2	16	0	0	0	0	0	0	0
从在线银行应用中使用认证码，为 iPhone/iPad 应用开发登录密码	2	进展中	雷奥娜		6	2	2	0	0	0	0	0	0	0
创建对数据库的调用的，以验证用户名和密码	1	完成	鲍勃		8	8	0	0	0	0	0	0	0	0
创建含有提交按钮的、对用户名和密码进行验证屏幕	3	完成	雷奥娜		8	8	0	1	0	1	0	0	0	0
创建错误屏幕，让用户重新登录	3	完成	雷奥娜		8	2	0	0	0	0	0	0	0	0
创建登录屏幕	2	完成	雷奥娜		6	4	4	0	0	0	0	0	0	0
从在线银行应用中使用认证码，为 iPhone/iPad 应用开发登录密码	2	完成	雷奥娜		4	4	4	4	0	0	0	0	0	0
创建对数据库的调用，以验证用户名和密码	2	完成	雷奥娜		4	4	0	0	0	0	0	0	0	0

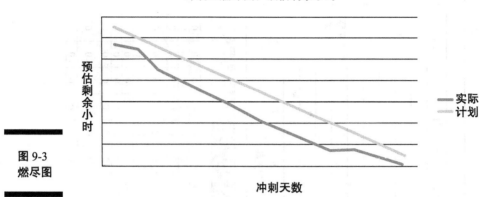

图 9-3
燃尽图

有些燃尽图还有第二竖轴，用以展示剩余故事点，与剩余工作小时数共享同一时间横轴。

燃尽图让所有人一眼就能看出冲刺的状态，进展情况非常清楚。通过比较可用的小时数和实际的剩余工作，你可以随时看出工作是否在按计划进行，状态是否良好。这些信息可以帮助你确定开发团队是否可以完成预定数量的用户故事，并在冲刺早期做出明智的决定。

你可以用电子表格和类似微软 Excel 的软件来创建冲刺待办列表。你还可以下载我的冲刺待办列表模板，里面包含一张燃尽图，下载地址：www.dummies.com/go/agileprojectmanagementfd。

图 9-4 展示了几种不同情况的冲刺中的燃尽图示例。通过这些图表你可以判断出工作的进展状况。

（1）**符合预期**。该图展示了一个正常冲刺的状况。随着开发团队完成任务、深挖出一些细节或者发现一些开始没有考虑到的工作，剩余工作小时数会相应增减。尽管剩余工作量偶尔会增加，但基本是可控的，团队会全力以赴在冲刺结束前完成所有的用户故事。

（2）**较复杂**。在这种冲刺里，实际的工作量增长到开发团队认为不可能全部完成。团队能够在早期发现这个情况，并与产品负责人协商从冲刺中移除部分用户故事，从而仍然可以完成冲刺目标。冲刺中范围变更的关键是：它们是由开发团队发起的，而不是其他人。

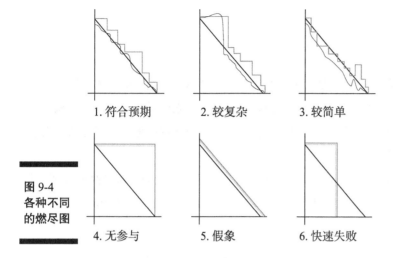

**图 9-4
各种不同
的燃尽图**

1. 符合预期　　2. 较复杂　　3. 较简单

4. 无参与　　　5. 假象　　　6. 快速失败

（3）**较简单**。在这种冲刺中，开发团队提前完成了一些关键的用户故事并与产品负责人协商为冲刺加入新的用户故事。

（4）**无参与**。燃尽图里有一条直线意味着团队要么没有更新燃尽图，要么当天没有任何进展。不管是哪种情况，都预示着将来可能会出现问题。就像心电图一样，冲刺燃尽图中出现一条水平直线绝不会是好事。

（5）**假象**。这种燃尽图模式在新的敏捷团队中很常见，他们向管理层汇报的工作用时是管理层所期待的工作用时，而不是真正的工作用时。这种情况下，团队成员会把对工作用时的估算修改为和剩余的可用时间一样。这种模式的出现一般意味着工作环境让人有恐惧感，领导层的管理风格带有胁迫性。

（6）**快速失败**。敏捷的一大好处就是能够快速验证项目是否有进展。这种模式展示的是一个团队没有积极参与或毫无进展的例子。产品负责人在冲刺过程中为了减少损失而决定结束冲刺。只有产品负责人可以提前结束一个冲刺。

冲刺待办列表可以帮助你在整个冲刺过程中跟踪进展。你还可以参考以前的冲刺待办列表来比较多个冲刺之间的进展状况。每个冲刺你都会对流程做一些调整（更多内容请参考第 7 章中检查并调整的概念）。通过持续的检查并调整来不断改进项目运行。之前的冲刺待办列表应该保留。关于检查并调整的更多内容请参考第 10 章。

另一种跟踪冲刺进展的方法是使用任务板。请继续阅读以了解如何创建并使用任务板。

任务板

虽然使用冲刺待办列表是一种很好的跟踪并展示项目进展的方式，但它可能是电子版的，这样的话就不能保证任何想看到它的人能立即看到。所以一些 Scrum 团队除了冲刺待办列表之外还会使用任务板。任务板快速便捷地展示了当前冲刺过程中开发团队正在做的和已经完成的任务。

我很喜欢任务板，因为你无法否定它所展示的项目状态。跟产品路线图一样，在一块白板上贴几个便利贴就可以做成一个任务板。任务板至少由下面 4 列组成（从左到右）。

- **待办项**（To Do）。最左边一列是剩下的需要完成的用户故事或任务。
- **进行中**（In Progress）。将开发团队正在开发的用户故事和任务放在此列。进行中的用户故事只能有一两个，如果有更多，那就意味着要么团队成员不是按照跨职能方式工作，要么就是在囤积他们想要做的任务。这样在冲刺结束的时候，会出现很多可能只完成了一半的用户故事，而不是更多的 100% 完工的用户故事。
- **待验收**（Accept）。开发团队完成一个用户故事后把它放到待验收列，该列中的用户故事都是已经准备好被产品负责人检查的，产品负责人检查后要么验收该用户故事，要么对它提出反馈意见。
- **已完工**（Done）。产品负责人审核完一个用户故事，并确认它已经完成后，会将该用户故事放到此列。

控制你进行中的任务数量，一次只选一个任务，把其他任务留在待办列表里。理想状况下，开发团队每次只开始一个用户故事的工作，全力投入在这个用户故事上并尽快完成它。

因为任务板是真实存在的物体——在整个项目运行中，直到项目完成，大家都可以实际地移动一张用户故事卡——相对于电子文档，它可以极大地提高开发团队的参与度。只需要将任务板放到每个人都能看到的 Scrum 团队的工作区域，就能起到鼓励大家积极思考并行动的目的。

只有产品负责人被允许可以将用户故事放到已完工数列，以避免对用户故事状态的误解。

图 9-5 展示了一个典型的任务板。你可以从任务板中清晰地看到目前的工作进程。

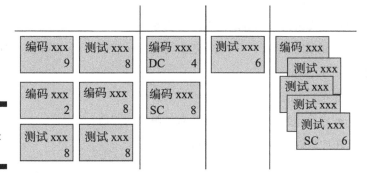

图 9-5
任务板示例

任务板跟看板很类似，看板发源自日本，原意是视觉信号（更多关于看板的内容请参考第 4 章）。看板由丰田公司发明，是精益生产流程的一部分。

敏捷项目的日常工作肯定不只是包含计划和跟踪进展。接下来，你将了解一天中的主要工作，无论你是哪个角色——开发团队成员、产品负责人还是 Scrum 主管。

有些开发团队只在任务板上报告进展状态，并让 Scrum 主管把这些状态录入到冲刺待办列表中。这个流程能帮助 Scrum 主管了解冲刺的趋势和潜在的问题。

冲刺中的敏捷角色

每个 Scrum 团队成员每天在冲刺中都有特定的角色和责任。开发团队每天的重点是产出可交付的功能，产品负责人重点是为将来的冲刺准备产品待办列表并在第一时间为开发团队澄清各种问题，而 Scrum 主管则是敏捷教练，移除障碍以保证开发团队的生产效率最大化并保护开发团队不受外部因素的影响。

在冲刺中，每个 Scrum 团队成员根据其任务描述开展工作。如果你是开发团队成员，在冲刺中你还需要完成以下任务：

- 选择需求最高的任务并尽快完成；
- 对某个用户故事不清楚的时候，要求产品负责人澄清；
- 跟开发团队其他成员合作设计某个特定的用户故事，如有需要则寻求他人帮助，其他成员需要的时候你也要帮助他们；
- 组织同行评审彼此的工作；
- 根据冲刺需要接受你正常角色以外的任务；
- 根据确认的完工定义，开发出完整的功能（将在下一节讲解"创建可交付功能"）；
- 每天报告你的进展；
- 向 Scrum 主管报告任何你自己无法有效解决的障碍；
- 完成你在冲刺计划时承诺的冲刺目标。

产品负责人在冲刺中要完成以下任务：

- 确保资金到位以保证开发的速度；
- 排定产品功能优先级列表；
- 面对开发团队的产品干系人的代表；
- 向产品干系人汇报项目成本及进度状态；
- 为开发团队详细解释用户故事，以保证团队完全理解用户故事要创建的功能；
- 对任何需求事项提供快速澄清和决定，以保证开发团队的工作持续进行；
- 解决 Scrum 主管上报的业务障碍；
- 对已完成的用户故事里的功能做全面的评审并向开发团队提出反馈意见；
- 根据需要向产品待办列表中添加新的用户故事，并保证新的用户故事支持产品愿景、发布目标或冲刺目标；
- 展望下一个冲刺，并为下一个冲刺的冲刺计划会议准备好详尽的用户故事。

非语言交流包含非常多的信息，如 Scrum 主管能够通过读懂肢体语言识别 Scrum 团队中没有讲出来的言外之音，必会收益良多。

如果你是 Scrum 主管，在冲刺中你需要做以下事项：

- 必要时，对产品负责人、开发团队和组织进行培训，以保证敏捷价值的实现和敏捷实践的顺利开展；

➤ 保护开发团队不受外界干扰；

➤ 移除障碍，解决战术性的短期问题和潜在的战略性的长期问题；

➤ 促进 Scrum 团队内达成共识；

➤ 和那些与 Scrum 团队一起工作的干系人建立紧密的合作关系。

我经常跟 Scrum 主管说："不要一个人去吃饭，要持续不断地与他人建立关系。"说不定什么时候，你在项目中就会需要别人帮忙。

如你所了解到的，每个 Scrum 团队成员在冲刺内都有特定的工作。接下来你将了解产品负责人和团队是如何合作完成产品的。

创建可交付功能

冲刺中日常工作的目标是以可交付的形式创建产品的可交付功能。

在一个单独的冲刺中，一个产品的增值或可交付功能的含义是根据完工定义——已开发、已集成、已测试和已归档之后的可使用的产品，并且是可以发布的产品的功能。冲刺结束后，开发团队可以选择发布或不发布产品——发布时间要根据发布计划确定。项目可能需要多轮冲刺才能使产品包含足够的市场价值的功能，形成一个可以推向市场的版本。

使用用户故事有助于对可交付功能的思考。一个用户故事从一张写在卡片上的需求开始，随着开发团队不断完成功能开发，每个用户故事都会变成一个用户可以执行的动作。可交付功能等同于完成的用户故事。

为了创建可交付功能，开发团队和产品负责人需要参与以下三种主要的活动：

➤ 细化；

➤ 开发；

➤ 验证。

在冲刺中，以上三种活动可以随时发生。下面你马上要学习每个活动的细节，记住，它们之间没有严格的先后次序。

细化

在敏捷项目中，细化是确定一个产品特性细节的过程。任何时候，每当开发团队处理一个新的用户故事，细化过程都会确保任何关于该用户故事的问题得到回答，从而确保开发过程顺利进行。

产品负责人和开发团队一起细化用户故事，但开发团队对最后的设计有最终决定权。如果开发团队需要对需求进一步澄清，产品负责人要能够随时提供咨询。

合作设计是敏捷能够成功的重要原因。要注意那些倾向于独立进行用户故事细化的开发团队成员，如果该成员把他自己与团队隔离开来，也许 Scrum 主管要花点时间对他进行敏捷价值和实践的相关培训。

开发

在产品开发过程中，大部分活动必然是由开发团队完成。产品负责人继续与开发团队一起工作，根据需要澄清和验收已开发的功能。Scrum 主管重点是保护团队不受外部干扰并移除开发团队碰到的障碍。

为保证敏捷实践的顺利开展，要做到以下内容。

- **让开发团队成员结对完成任务**。这样做可以提高工作质量，并且利于技能共享。
- **遵循开发团队商定好的设计标准**。如果不能遵循，重新评估这些标准并改进。
- **在开发前先建立自动化测试**。在下一节和第 15 章你可以了解更多关于自动化测试的内容。
- **如果在开发过程中出现新的、可有可无的功能需求，把它们加到产品待办列表中**。避免开发这次冲刺之外的新功能。
- **集成当天已完成编码的变更，一次一个集合**。对已完成编码的变更进行测试，以保证变更 100% 的正确。至少每天集成变更一次，也有些团队会每天集成多次。
- **进行代码评审以保证遵循代码开发标准**。识别需要修正的地方，把这些修正作为任务加入到冲刺待办列表中。
- **在工作进行过程中，同步创建技术文档**。不要等到当前冲刺结束，甚至发布前的那次冲刺结束才写文档。

持续集成是指在软件开发中对每一次代码构建都做集成和全面的测试。持续集成能帮助识别能够引发灾难的一些问题。

验证

在冲刺中验证完成的工作有三部分：自动化测试、同行评审和产品负责人评审。

自动化测试

自动化测试是指用计算机程序来为你的代码做大部分的测试。有了自动化测试，开发团队可以快速开发并测试代码，这对敏捷项目是一个非常大的好处。

通常敏捷项目团队白天编码，晚上执行自动化测试。早上项目团队可以评审测试程序生成的错误报告，在每日例会中报告发现的问题并在白天的工作中立即修正那些问题。

自动化测试可以包含如下。

- **单元测试**。测试源代码的最小组成部分——组件层次。
- **系统测试**。与整个系统一起测试该代码。
- **静态测试**。静态测试会基于开发团队已经一致认可的规则和最佳实践来检测产品代码是否符合标准。

同行评审

同行评审就是指开发团队成员评审其他人的代码。如果山姆写了程序 A，琼写了程序 B，那么山姆可以评审琼的代码，反之亦然。客观的同行评审有助于确保代码质量。

开发团队可以在开发过程中进行同行评审。集中办公使同行评审变得很简单——你可以找挨着你的人，让他快速看一下你刚刚完成的工作。开发团队还可以在工作日中为同行评审特意留出时间。自我管理的团队应该自己决定哪种方式最适合他们团队。

产品负责人评审

当开发团队开发并测试完一个用户故事后，就把该故事移到任务板上的待验收列。然后产品负责人评审其功能并根据用户故事的验收标准验证它是否符合用户故事的目标。产品负责人每天都会验证用户故事。

如在第 8 章中讨论过的，每张用户故事卡的背面有验证步骤，这些步骤让产品负责人能评审并确认代码是否工作良好而且符合用户故事要求。图 9-6 展示了一个用户故事卡的验证步骤的示例。

当我做这个：	会发生：
当我打开账户页面	我能够看到我的可用账户余额
当我选择转账	我能够选择转出的账户和金额
当我提交转账申请	我能收到账户资金已经被转移的确认信息

图 9-6
用户故事
验证

最后，产品负责人应该通过执行一些检查来验证用户故事是否符合完工定义。当一个用户故事符合完工定义的时候，产品负责人将更新任务板——把用户故事从待验收列移到已完工列。

当产品负责人和开发团队一起为产品创建可交付功能的时候，Scrum 主管会帮助 Scrum 团队识别并清除过程中出现的障碍。

识别障碍

管理并帮助团队移除识别出的障碍是 Scrum 主管的主要工作。任何阻碍团队成员全力工作的事情都是障碍。

虽然每日例会是开发团队识别障碍的最好时机，但开发团队还是可以在一天中的任何时候向 Scrum 主管报告问题。

下面是关于障碍的一些例子。

✔ 项目内部，战术性问题，比如：

- 一个经理想安排一名团队成员去做一个高优先级的销售报表；
- 开发团队需要更多的硬件或软件以改进流程；
- 一名开发团队成员不理解一个用户故事并宣称产品负责人没空帮忙解决。

✔ 组织性障碍，比如：

- 彻底抵制敏捷技术，特别是当公司已经为建立和维护过去使的流程付出大量的人力物力的情况下；

- 管理者们可能没有工作在第一线。而技术、开发实践和项目管理实践都是不断发展的；

- 其他部门可能对 Scrum 的要求和使用敏捷技术的开发步伐不是很熟悉；

- 组织可能对敏捷项目团队推行一些不合理的政策。集中化工具，预算限制以及与敏捷流程不一致的标准化流程，这些都可能对敏捷团队造成障碍。

Scrum 主管最重要的特质就是在组织层面的影响力，这种影响力使 Scrum 主管能够有能力进行一些极为困难的交谈，使一些或大或小的、有助于 Scrum 团队成功的变化得以实现。

除了创建可交付功能这个主要任务之外，在敏捷项目每天的工作中还有很多其他事情，这些事情中的很大一部分就落在了 Scrum 主管身上。

表 9-1 展示了潜在的障碍和 Scrum 主管可以用来移除障碍的行动方案。

表 9-1　常见障碍和解决方案

障碍	解决方案
开发团队需要不同系列移动设备的模拟软件，以便对用户界面和代码进行测试	做一些调研来评估软件的花费，跟产品负责人做总结并与其讨论资金问题。通过采购流程购买，并把软件交付给开发团队
管理层希望借用一位开发团队成员来做几个报表，但所有的开发团队成员都已经满负荷	告诉想要借人的经理，那位团队成员的工作已经被排满，而且整个项目期间都不会有空。如果你有可能解决这个问题，你可以向那位经理提议解决问题的变通方法。你还可以说明为何不能让这位成员离开项目组（哪怕只是半天）的理由
某开发团队成员无法继续开发某个用户故事，因为他不能完全理解这个故事，而且产品负责人因为个人有急事不在办公室	与开发团队一起研究，在等待解决方案期间是否有可以同时开展的工作，或者帮助找到另一个可以解决该问题的人。如果都行不通，可以让开发团队看一下接下来要做的任务（与暂停的用户故事无关），启动这些任务，以保持生产效率

（续表）

障碍	解决方案
一个用户故事变得很复杂，现在看来已经无法在本冲刺内完成	让开发团队与产品负责人合作把该用户故事拆分，从而确保一些可以展示的价值在当前冲刺内完成，而剩下的内容放回到产品待办列表中。这么做的目地是保证冲刺顺利结束（哪怕只是一个很小的用户故事），而不是结束的时候还有未完成的用户故事

到目前为止，你已经了解了 Scrum 团队是如何开始并进行一天的工作的。Scrum 团队每天还会对一些任务进行总结。下一部分将讲解如何结束冲刺中一天的工作。

结束一天的工作

每天结束的时候，开发团队会通过更新冲刺待办列表来报告任务进展——哪些任务完成了，新开始的任务还剩多少小时的工作量。有些 Scrum 团队所用的软件还可以根据冲刺待办列表的内容自动更新冲刺燃尽图。

要根据正在进行中的任务的剩余工作量来更新冲刺待办列表。如果可能，不要花时间跟踪已经用了多少小时在什么任务上。跟踪已用时间经常用来检测最初的预测是否准确，而这在可以自我修正的敏捷模型中是没有必要的。

产品负责人也应该把任务板上通过验收的用户故事挪到已完工列中。

Scrum 主管可以在第二天的每日例会前评审冲刺待办列表，以发现任何可能的风险。

Scrum 团队每天按照这样的周期进行工作，直到冲刺结束，然后就要进行冲刺评审和冲刺回顾了。

第 10 章　展示工作和集成反馈

本章内容要点：

▶　展示工作并收集反馈；

▶　评审冲刺并改进流程。

冲刺结束的时候，有两个重要的会议：冲刺评审和冲刺回顾。在冲刺评审中，Scrum 团队有机会展示他们辛勤工作的成果，产品负责人会把在该冲刺中完成的用户故事向干系人展示。在冲刺回顾中，开发团队、产品负责人和 Scrum 主管会评审这个冲刺的进展状况并决定是否需要在下个冲刺中进行调整。

这两个会议的基础是在第 7 章中介绍过的敏捷概念中的检查与调整。

在本章中，你将了解如何组织冲刺评审和冲刺回顾。

冲刺评审

冲刺评审是在冲刺中展示并评审开发团队完成的用户故事的一个会议，任何对在冲刺中完成的工作感兴趣的人都可以参加，这意味着所有干系人都有机会了解产品的进展并提出反馈意见。

冲刺评审位于价值路线图中的第 6 阶段。图 10-1 展示了冲刺评审在敏捷项目中的定位。

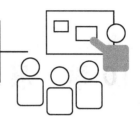

阶段 6：冲刺评审

描述：演示可工作产品
负责人：产品负责人和开发团队
频率：每个冲刺结束时

图 10-1
价值路线
图中的冲
刺评审

下面的章节中将会为你展示：进行冲刺评审会议要做的准备工作，如何组织冲刺评审会议，以及收集反馈的重要性。

准备演示

冲刺评审这个名词听上去可能很正式，但本质上敏捷中的展示是非正式的。冲刺评审展示的准备工作应该很快，最多几分钟。会议需要准备和组织，但不需要很多华丽的包装，相反，冲刺评审的重点是演示开发团队已完成的可用产品的功能。

如果冲刺评审中你展示的工作过分注重形式，请问下自己是不是没有用足够的时间来做真正有价值的功能开发工作？如果是的话，请尽快回到价值核心的路线上——创造可用的产品。

产品负责人和开发团队需要参与冲刺评审的准备，产品负责人需要知道该冲刺完成了哪些用户故事，开发团队需要为要展示的已完成、可交付的功能做准备。

在一次冲刺中，可交付功能（Shippable Functionality）的意思是产品负责人已验证的可工作并且符合冲刺级别完工定义的产品。实际的发布时间根据商定好的发布计划来实施，可能在一段时间之后。请参考第9章以了解更多可交付功能的信息。

开发团队在冲刺评审中演示的代码必须是符合完工定义的，这意味着代码必须是经过充分的：

- 开发；
- 测试；
- 集成；
- 归档。

随着用户故事在冲刺中不断地被开发完成，产品负责人和开发团队应该及时检测代码是否符合这些完工标准。这种在冲刺中的持续检测降低了冲刺结束时的风险，并帮助团队将为冲刺评审准备所花的时间降到最低。

当你了解已完成的用户故事，并且为展示这些用户故事的功能做好了准备，你就可以信心十足地召开冲刺评审会议了。

冲刺评审会议

冲刺评审会议中有两项内容：展示 Scrum 团队已完成的工作和干系人对这些工作提出的反馈意见。图 10-2 展示了 Scrum 团队在各个循环阶段收到的有关产品的反馈。

这个反馈循环在整个项目周期中会按以下方式不断重复。

- ✔ 每天，开发团队成员在高度协作的环境中一起工作，这种环境有利于通过同行评审和非正式的沟通来进行反馈。
- ✔ 整个冲刺过程中，每当开发团队完成一项需求，产品负责人会评审可工作的功能是否可接受，并对其提出反馈意见。
- ✔ 冲刺结束时，项目干系人在冲刺评审会议中对完成的功能提出反馈意见。
- ✔ 对每次发布，使用该产品的客户会针对新增的可用功能提出反馈意见。

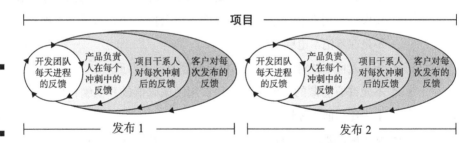

图 10-2
敏捷项目
反馈循环

冲刺评审通常安排在冲刺最后一天的晚些时候进行，一般是周五。Scrum 的规则之一是冲刺中每周用于评审会议的时间不能超过 1 小时——图 10-3 展示了一个快速参考表。

如果我的冲刺时长为……	我的冲刺评审会议应该不超过……
1 周	1 小时
2 周	2 小时
3 周	3 小时
4 周	4 小时

图 10-3
冲刺评审与冲刺时长的比率

下面是一些冲刺评审会议的指导方针。

- 不要使用 PowerPoint 幻灯片！如果你需要展示已经完成的用户故事列表，参考冲刺待办列表即可。
- 整个 Scrum 团队都应该参加会议。
- 对会议感兴趣的其他任何人也可以参加，项目干系人、暑期实习生甚至是 CEO，理论上都可以参加评审会议。
- 产品负责人介绍发布目标、冲刺目标和新增的功能。
- 开发团队演示冲刺中完成的内容，通常会展示新的功能或基础架构。
- 演示的环境应该尽可能与计划中的生产环境一致。比如，你正在开发一款移动应用，请在智能手机上（或许还可以投影到显示器上）展示它的特性，而不是在笔记本电脑上展示。
- 干系人可以针对演示的产品提出问题及反馈意见。
- 不允许有隐藏的作弊功能，比如用硬编码值或其他编程捷径来使应用程序看上去比当前实际情况更成熟。
- 基于刚刚展示的特性和产品待办列表中新增加的条目，产品负责人可以在当前冲刺会议中带领大家讨论下一步的工作计划。

评审会议开始前，产品负责人应该已经看过每个将要展示的用户故事的功能，并且同意它们已经完成。

冲刺评审会议对开发团队而言非常有价值，它为开发团队带来直接展示他们工作成果的机会，并让干系人认可开发团队的努力。该会议对开发团队的士气的提升也很有帮助，有助于激励团队不断尝试生产出更多高质量的产品。冲刺评审会议甚至能营造出 Scrum 团队之间一定程度的友好竞争气氛，使每位成员更加专心地工作。

有时候，良性竞争会导致开发人员开发出最酷的代码或者超出用户故事中需求范围的代码——这个问题被称作镀金。敏捷的原则之一是只做用户故事中要求的来通过验收测试。开发团队成员基于热情而做出的超出需求范围的工作是有风险的，其本质上是浪费了应该花在创造有用的产品功能上的时间。产品负责人应该努力避免镀金的发生。

接下来，你将了解在冲刺评审会议中如何记录并利用干系人的反馈。

在评审会议中收集反馈

请用非正式的方式收集冲刺评审反馈，产品负责人或 Scrum 主管可以代表团队记笔记，因为团队成员通常会参与展示和随后的讨论。

请记住我在这本书中所用的示例项目：一款 XYZ 银行的移动应用。干系人可能对他们看到的 XYZ 银行移动应用的功能作出如下反馈。

- "可以考虑让用户基于你展示的结果保存他们的偏好设置，这有助于提高个性化体验。"
- "根据我的观察，你们或许可以重复利用一下去年 ABC 项目开发的代码模型，该项目做了类似的数据操控功能。"
- "我注意到你们的登录做得比较简单，程序会处理特殊字符吗？"

评审会议中可能会出现新的用户故事，这些新的用户故事可能是全新特性，也可能是现有代码上的变更。

在最开始几轮的冲刺评审中，Scrum 主管可能需要提醒干系人敏捷实践的相关事项，有些人一听到"演示"这个词就会立马期待华丽的幻灯片和打印材料，Scrum 主管有责任去应对干系人的这些期望，并给他们介绍敏捷价值观和相关实践。

产品负责人需要把新的用户故事加到产品待办列表中并排定优先级，产品负责人还要把计划在当前冲刺完成但没有完成的用户故事放回冲刺待办列表中，并根据最新的优先级对这些用户故事重新排序。

产品负责人要及时完成产品待办列表的更新，为下一次冲刺计划会议做准备。

冲刺评审结束后，就可以开始冲刺回顾了。冲刺评审和冲刺回顾中间最好有段休息时间。Scrum 团队参加回顾会议时应该已经为检查流程做好了准备，并且对如何调整流程已经有了一些想法。

冲刺回顾

冲刺回顾是一项会议，在该会议上 Scrum 主管、产品负责人和开发团队讨论当前冲刺的进行状况和如何在下个冲刺中改进。

如果 Scrum 团队同意，其他干系人也可以参加该会议，如果 Scrum 团队定期与外部干系人交互，那这些干系人的意见就会很有价值。

冲刺回顾的目标是持续改进流程。根据每个团队的需要改进和定制流程，以提高士气，提高效率，提高工作产出速率。有关速率的详细信息请参考第 13 章。

冲刺回顾的结果可能只对你的 Scrum 团队适用。比如，我以前一起工作过的一个团队愿意每天早点开始工作并早点下班，这样他们就可以跟家人一起度过夏日的午后时光。而同一组织内的另一个团队觉得他们在晚上工作会更高效，所以他们决定下午才到办公室并一直工作到晚上。结果是两个团队的士气和速率都提高了。

利用冲刺回顾中得到的信息来评审并改进你们的工作流程，以使下个冲刺更加成功。

敏捷方法可以快速发现项目中的问题，冲刺待办列表中的数据能准确展示开发团队哪些方面进度落后。开发团队讨论并协同工作。所有这些工具和实践都能帮助开发团队发现影响效率的因素并加以改善，从而使开发团队在每次冲刺中都有所进步。

接下来的章节中，你将了解如何计划回顾，如何召开冲刺回顾会议，以及如何利用每次冲刺回顾的结果来改进后续的冲刺。

计划回顾

对于首次冲刺回顾，每位 Scrum 团队成员都应该思考一些关键问题并且做好针对这些问题进行讨论的准备。冲刺中哪些事项进行得比较好？哪些需要改变，如何改变?

　　每位 Scrum 团队成员都可以在会议开始前做一些记录,也可以在整个冲刺的工作过程中做记录。Scrum 团队可以记录每日例会中出现的障碍。从第二次冲刺回顾起,你还可以将当前冲刺和之前的冲刺进行比较,这时,在第 9 章中我提到的要保留之前冲刺的冲刺待办列表就能派上用场了。

　　如果 Scrum 团队已经客观且透彻地思考过冲刺中哪些任务进行得比较好,哪些可以改进,他们就可以进行冲刺回顾了,这将是一场非常有帮助的讨论。

冲刺回顾会议

　　冲刺回顾会议是一个以行动为导向的会议,Scrum 团队会在下次冲刺中立即应用在回顾中学到的东西。

　　冲刺回顾会议是一个以行动为导向的会议,而不是辩证会议,如果你听到诸如"因为"之类的词,那么对话正在偏离行动而走向理论了。

　　Scrum 的规则之一是冲刺中每周用于回顾会议的时间不能超过 45 分钟——图 10-4 展示了一个快速参考表。

如果我的冲刺 时长为……	我的冲刺回顾会议应该 不超过……
1 周	45 分钟
2 周	1.5 小时
3 周	2.25 小时
4 周	3 小时

**图 10-4
冲刺回顾
与冲刺时
长的比率**

　　冲刺回顾应该包含 3 个主要问题:

- ✔ 冲刺中哪些任务进行的比较好?
- ✔ 我们想做哪些改变?
- ✔ 我们如何实施这些改变?

　　下面列出的话题也应进行开放讨论。

- **成果**。比较计划的工作量和开发团队实际完成的工作量。评审冲刺燃尽图（参考第 9 章）和燃尽图中展示的开发团队的具体工作状况。
- **人员**。讨论团队构成和团队共识。
- **关系**。讨论交流、合作和结对工作。
- **流程**。仔细检查这些流程——寻求支持、开发和代码评审。
- **工具**。不同的工具是怎样为 Scrum 团队工作的？思考一下这些工件——电子工具、通信工具和技术工具。
- **生产力**。团队怎样才能提高生产力并在下个冲刺中完成更多的工作。

　　有组织地进行这些讨论效果会更好。在埃丝特·德比（Esther Derby）和戴安娜·拉尔森（Diana Larsen）所编著的《敏捷回顾：使团队更强大》（*Agile Retrospectives：Making Good TeamsGreat*）中，有一个非常好的针对冲刺评审的会议议程，它能让团队将注意力集中在讨论上，从而实现真正的提高。

　　（1）**准备目标**。预先建立回顾的目标，有助于让 Scrum 团队能够在会议中专注于提出适当的反馈。在后续冲刺中，你也许希望回顾会议可以只关注一两个特定领域的改进。

　　（2）**收集数据**。讨论上个冲刺中做得好的和需要改进的具体事项，建立冲刺的总体状况视图，并考虑用白板记录与会者的意见。

　　（3）**产生顿悟**。根据你刚刚收集到的信息提供如何在下个冲刺中提升方案。

　　（4）**决定做啥**。团队集体决定使用哪个方案，并确定可以实施的具体行动，用以把想法变成现实。

　　（5）**结束回顾**。重申下个冲刺的行动计划，感谢做出贡献的人，并思考如何让下个回顾会议开得更好。

　　对于部分 Scrum 团队来说，一开始可能很难开口讨论，Scrum 主管可以提出具体的问题来引发讨论。参与回顾会议需要多练习，最重要的是要鼓励 Scrum 团队对冲刺负责——真正地走向自管理。

　　而其他一些 Scrum 团队则会在回顾会议中发生一些争论和讨论，当 Scrum 主管发现很难应付这些讨论时，会让会议按时结束，但这个必须要做到。

　　必须确保从冲刺回顾中得出的结论在整个项目过程中被用以检查并调整当前的

项目状态。

检查与调整

　　冲刺回顾是你把检查与调整的想法付诸实施的最佳时机之一。在回顾中，你会碰到一些挑战并想到解决方案，会后不要把这些方案束之高阁，而是要把改进作为你每天工作的一部分。

　　你可以非正式地记录改进建议，有些 Scrum 团队把回顾会议上确定要实施的行动发布在团队共享区，以保证它们高度的可见性和列表上行动的实施。

　　在后续的回顾会议上，请务必就对之前冲刺的评估进行评审，并确保把提出的改进意见落到实处，这非常重要。

第11章 为发布做准备

本章内容要点：

▶ 让你的产品做好发布的准备；

▶ 让你的组织做好发布的准备；

▶ 确保市场环境适合发布。

发布新的产品特性给客户会遇到一系列特定的挑战。对于产品发布环节，开发团队有一些不同于在常规冲刺中编码之类的特殊任务，产品的发起组织也需要为产品的后续支持做好准备，同时你也希望你的客户能够正确地使用发布的产品。

本章介绍了如何管理产品发布之前的最后一次冲刺。你还可以学习到如何让你的组织和市场做好产品发布的准备。

准备部署产品：发布冲刺

在你演示产品之前，常规开发冲刺中的所有工作应该是完整的，包括测试和技术文档。开发冲刺的成品是一个可工作软件。

然而，往往有一些和创造产品特性无关的任务是开发团队在开发冲刺中无法完成的，这甚至可能会带来不可接受的负担。为了适应发布前的活动并且确保发布能顺利进行，Scrum团队经常在发布产品之前安排一次发布冲刺，也是最后一次冲刺。

理解文档的作用

你在常规冲刺中创建的技术文档和你在发布冲刺中创建的用户文档有什么区别呢？

你的技术文档应该仅包含没有任何修饰、刚好够的信息来告诉开发团队——也许是未来的开发团队——如何创建和更新产品。如果在冲刺的最后一天，整个开发团队中了彩票，集体退休去哥斯达黎加度假的话，那么新的开发团队应该能够通过阅读技术文档轻松地完成上一个团队丢下的开发工作。

你的用户文档告诉客户如何使用你的产品。你或许要针对每一类客户设计不同的用户文档。举例来说，移动银行应用也许需要一个面向银行客户的常见问题解答（FAQs）列表。还是这个应用，也许需要一个特性可以允许营销经理上传广告信息——你也希望确保这些经理拥有这个上传特性的说明书。因为你的产品将在每个冲刺过程中有所变化，所以往往到最后一刻来创建你的用户文档更有效。

发布冲刺包含为了把一个可工作软件变成产品所需要做的任何事情。发布冲刺中的冲刺待办项包括：

- 为最新版本的产品创建用户文档；
- 性能测试、负载测试、安全测试和任何其他可以确保软件投产后正常运行的检查；
- 和企业级系统的整合，这项测试也许要花几天到几周的时间；
- 完成发布前必须执行的一些强制性的组织或监管程序；
- 准备发布记录——关于产品变更的最终记录；
- 准备部署打包，使所有包含产品特性的代码可以同时迁移到生产环境中；
- 将代码部署到生产环境中。

发布冲刺和开发冲刺最大的区别在于以下几点。

- 你并不开发任何来自产品待办列表的需求。
- 根据需要，发布冲刺和常规开发冲刺的时间可能不同。
- 发布冲刺与开发冲刺的完工定义不同。在开发冲刺中，"完成"意味着实现了一个包含用户故事需求的可工作软件的开发；在发布冲刺中，它的定义是完成了发布所需要完成的所有任务。

✔ 发布冲刺包括了在开发冲刺中无法进行的测试和审批工作，比如性能测试、负载测试、安全测试、焦点小组和法律审查。

敏捷开发团队会创建两种完工定义：一个是针对冲刺的，一个是针对发布的。

表 11-1 展示了开发冲刺和发布冲刺之间的比较。对于冲刺中关键要素的具体描述，请参阅第 8 章至第 10 章。

表 11-1 开发冲刺要素和发布冲刺要素的对比

要素	是否在开发冲刺中使用	是否在发布冲刺中使用
冲刺计划	是	是
产品待办列表	是	否
冲刺待办列表	是	是
	对于开发冲刺来说，冲刺待办列表包含了用户故事和为实现每一个用户故事所需要完成的任务。使用故事点（看第 7 章和第 8 章）来相对地估算用户故事工作量	在发布冲刺中，你不再需要使用用户故事的格式来填写需求。取而代之，你将仅仅创建一个发布所需要的任务列表。你也不需要使用故事点，只要添加估算每个任务所需花费的小时数即可
燃尽图	是	是
每日例会	是	是
		邀请 Scrum 团队之外的和产品发布相关的干系人，如企业构建经理或者其他配置管理人员
每日活动	日常任务在开发冲刺中，你的日常任务的关注点是创建可交付的代码	在发布冲刺中，你的日常任务的关注点是为软件的对外发布做准备
当日汇报	是	是
冲刺评审	是	是
		一些组织在冲刺评审会议上决定是否批准产品上市
冲刺回顾	是	是

发布冲刺不应该成为开发团队在开发冲刺中没有完成的任务的缓冲区。你也许对开发团队有时候希望将一些任务推迟到发布冲刺的这种情况并不感到陌生。可以通过在开发冲刺中为需求设立适当的完工定义来避免这种情况的发生，完工定义应覆盖测试、集成和归档工作。

在进行发布冲刺的时候，你也需要让你的组织做好产品发布的准备。下一节，我们将讨论如何让公司或者组织的干系人做好产品部署的准备。

让组织为产品部署做准备

一个产品发布通常会影响公司或者组织内的多个部门。为了让组织为新产品发布做好准备，产品负责人和 Scrum 主管需要为发布冲刺准备一个冲刺待办列表或者一个带有目标和任务的列表。关于如何创建冲刺待办列表，请参考第 9 章。

发布冲刺待办列表不仅包含开发团队的活动，还需要列出由组织内部、Scrum团队之外的其他部门为准备产品部署而进行的活动。这些部门也许包括以下。

- **市场部**。是否有和新产品相关的市场活动需要和产品发布同步推出？
- **销售部**。是否有需要了解产品的特定客户？新产品的销量是否会增加？
- **生产部**。产品是不是实体物品，比如盒装的光盘软件？
- **产品支持部**。客户服务小组是否准备好了用来回答有关新产品问题的信息？万一客户在产品刚推出的阶段遇到的问题变多，他们是不是有足够的人手去应付？
- **法务部**。产品是否符合法律标准，包括定价、许可证和公开发布的正确措词？

当然，对于不同的组织，各个部门为产品推出需要做的准备和需要完成的特定任务不尽相同。但是成功发布的关键在于，产品负责人和 Scrum 主管是否能找到正确的人，并且确保那些人清楚地理解他们为产品发布需要做什么准备。

与开发冲刺一样，在发布冲刺中，你可以有效地利用每日例会、评审会议以及和参与准备产品部署工作的各部门同事进行的回顾会议。你甚至可以使用我在第 9 章所描述的任务板。

在你的发布冲刺中，你还需要在你的计划中增添额外的一组——产品客户。下面的部分要讨论如何为你的产品做好市场准备。

让市场为产品部署做准备

产品负责人的责任是和其他部门一起工作来保证市场——包括现有客户和潜在客户——为了即将到来的新产品做好准备。市场部或者销售团队或许会领导这项工作，但是他们依赖于产品负责人来告知他们发布日期和发布中所包含的特性。

有一些软件产品只是提供给内部员工使用。对于一个仅仅在你公司内部发布的软件应用来说，你在这部分读到的内容可能看上去有点小题大做。然而，其中很多步骤对于推广内部应用，仍然具有指导意义。让客户为新产品做好准备，不管对内部客户还是外部客户，都是产品成功的一个关键部分。

为了帮助客户为产品发布做好准备，产品负责人可能要和不同的团队一起工作来保证下面几点。

- **营销支持**。无论你是推出全新产品还是现有产品的新特性，市场部都需要借助新的产品功能作为亮点来推广产品和组织。
- **客户测试**。如果有可能的话，和焦点小组一起从进行了产品测试的客户那里拿到真实的反馈。你的市场部团队可以把这些反馈转换成推广产品的依据。
- **营销物料**。一个组织的营销团队要负责准备推广计划、广告计划以及实体包装。媒体材料比如新闻稿和信息分析材料，都需要准备好，就像准备市场材料和销售材料那样。
- **支持渠道**。保证当客户遇到产品有关的问题时，他们能够了解此时可以利用的支持渠道。

站在客户的角度来检查发布冲刺待办列表上的任务。在你创建用户故事的时候做下换位思考，是否有一些关于产品的内容是客户可能需要知道的？请更新发布检查表中对于客户有价值的检查项。你可以在第8章中找到关于换位思考的更多信息。

对于整个项目团队来说，产品发布是一段很忙的时间，它伴随着很多活动的开展。请使用敏捷原则。

终于，你所期待的那一天来了——产品发布日。无论你一路走来承担了什么角色，这一天的成功离不开你的付出。是时候庆祝一下了！

第四部分

敏捷管理

由第五波（www.5thwave.com）的里奇·坦南特（Rich Tennant）绘制

让一切变得更简单！

在接下来的几章，我将讲解如何使用敏捷过程来管理大多数项目都具有的不同的责任领域，如范围、采购、时间、成本、团队动态、沟通、质量和风险等。

你将会理解传统项目管理与敏捷方法在每个项目管理领域的重要差异，同时你会看到如何将敏捷 12 原则应用于每个领域以及自组织的 Scrum 团队如何使用不同的敏捷工件和事件来成功管理敏捷项目。

第12章 范围与采购管理

本章内容要点：

▶ 发现敏捷项目中范围管理的不同；

▶ 使用敏捷过程管理范围和范围变更；

▶ 了解敏捷过程带给项目采购的不同方法；

▶ 管理敏捷项目中的采购。

　　每个项目都需要进行范围管理。为了开发一个产品，你必须理解基本的产品需求以及为实现这些需求所要做的工作。当新的需求出现时，你应该能够对项目范围的变更进行优先级排序和管理。同时，你还必须确认所完成的产品特性满足了客户的需求。

　　采购也是许多项目的组成部分。如果你需要从组织之外寻求资源来完成项目，就应该知道如何采购商品和服务以及在项目中如何与供应商团队合作。此外，你还应该掌握一些关于创建合同以及成本结构差异的知识。

　　在本章中，你会了解在敏捷项目中如何管理范围，如何利用广受欢迎的敏捷方法来应对已知的变更。你还会看到，在一个敏捷项目中，如何对商品和服务的采购进行产品范围的管理。首先，让我们来回顾一下传统的范围管理。

敏捷项目范围管理的不同之处

范围管理在传统的项目管理活动中占据了很大的比重，"产品范围"（Product Scope）的定义是一个产品包含的全部特性和需求。相应地，"项目范围"（Project Scope）就是指开发一个产品所需要的全部工作。

与许多传统项目不同的是，敏捷项目允许变更项目范围，项目团队可以融入自己的经验和客户反馈，从而开发出更好的产品。提出敏捷宣言和敏捷12原则的方法论者们一致认同项目范围的变更是合理且有益的。敏捷方法能够非常明确地支持变更，并且认为变更将有助于开发出更贴近需求的、有用的产品。

本书第2章详细介绍了敏捷宣言和敏捷12原则（如果还没有阅读，请回到那一章，我在此恭候）。该宣言和12原则回答了"我们有多么敏捷？"这个问题。而你在项目中使用的方法与宣言、12原则的匹配度，将决定这些方法的敏捷程度。

在敏捷12原则中，与项目范围管理密切相关的如下。

第1条 我们最优先考虑的，是通过尽早和持续不断地交付有价值的软件使客户满意。

第2条 即使在开发后期也欢迎需求变更。敏捷过程利用变更为客户创造竞争优势。

第3条 采用较短的项目周期（从几周到几个月），经常地交付可工作软件。

第10条 以简洁为本，它是极力减少未完成工作量的艺术。

敏捷项目范围管理的方法与传统项目范围管理的方法有着本质的区别，具体对比请参考表12-1。

在一个敏捷项目中的任何时间点，任何人包括Scrum团队、干系人或者组织中任何其他有好想法的人都可以提出新的产品需求。产品负责人对这些新需求的重要性和优先级进行评估，并将这些新需求加入产品待办列表中。

在传统项目管理中，有一个术语用于描述项目初始定义阶段之后的需求变更：范围蔓延（Scope Creep）。由于瀑布模型无法积极地支持项目中期的变更，因此一旦发生范围变更，项目进度和预算将会受到很大的影响（如想了解更多关于瀑布模型方法论的介绍，请参考第1章）。即使和一个经验丰富的项目经理谈起"范围蔓延"，他/她都会不寒而栗。

在每次冲刺开始的计划阶段，敏捷团队可以根据产品待办列表的优先级来判断一项新需求是否应该纳入这次冲刺。较低优先级的需求将被留在产品待办列表中，将来再作考虑。在第 8 章中，你可以了解到如何规划项目中的冲刺。

下一节将讨论敏捷项目中如何管理范围。

表 12-1　传统项目与敏捷项目范围管理对比

传统项目范围管理方法	敏捷项目范围管理方法
项目团队试图在项目初期确定并整理出完整的范围，而此时团队对产品知之甚少	在项目初期，你搜集高层级的需求，分解并进一步细化近期需要实现的需求。在整个项目过程中，随着团队对客户需求和项目实际情况认知的提升，需求会逐步集中和完善
组织将需求定义阶段之后的范围变更完全视为负面	在项目进行中，组织认为变更是一种积极的完善产品的方式 项目后期的变更往往是最有价值的变更，因为此刻你对产品的理解最深
当干系人确定需求之后，项目经理严格控制并抵制变更	变更管理是敏捷过程固有的一个部分 每次冲刺期，你可以重新评估范围，并有机会纳入新的需求 产品负责人对新需求的重要性和优先级进行评估，并将它们加入产品待办列表中
变更成本随时间不断增加，同时实施变更的能力下降	项目所需的资源和进度在项目初期是固定的 具有高优先级的新特性并不一定会对整体预算和进度产生影响，它们只是会排挤最低优先级的特性 迭代式开发允许每个新冲刺期的变更产生
项目普遍存在范围膨胀（Scope Bloat），即由于担心中期变更而纳入一些不必要的产品特性	你确定范围的依据是产品特性对项目愿景、发布目标和冲刺目标的直接支持程度 开发团队优先实现最有价值的特性，并确保包含这些特性的产品尽快交付 价值相对较低的特性或许永远不被实现

如何在敏捷项目中管理范围

欢迎范围变更，有助于创造出可能最好的产品。但是，接受变更意味着你必须全面了解当前的范围，并且知道当变更出现时如何处理。幸运的是，敏捷项目有明确的方法来管理现有需求和新增需求。

- **产品负责人**。确保项目团队所有其他成员——Scrum 团队和项目干系人——清晰地理解现有的项目范围、项目愿景、当前的发布目标和当前的冲刺目标。
- **产品负责人**。根据产品愿景、发布、冲刺目标和现有需求来决定新需求的价值和优先级。
- **开发团队**。根据优先级顺序来实现产品需求，以便优先发布产品最重要的部分。

在下面几节中，你将了解在敏捷项目的不同环节如何理解并传达需求。你会看到当新需求出现时如何评估其优先级。你还将发现如何使用产品待办列表和其他敏捷工件来管理范围。

理解项目范围

在敏捷项目的每个阶段，Scrum 团队管理项目范围的方式有所不同。使用图 12-1 所示的价值路线图，是一种了解敏捷项目中范围管理的好方法。

价值路线图中各阶段的定义如下。

- **阶段 1——愿景**。产品愿景声明是确立项目范围的第一步。产品负责人须确保项目团队所有成员熟悉并能正确诠释产品愿景声明。
- **阶段 2——产品路线图**。在编制产品路线图时，产品负责人参照愿景声明并确保产品特性与其一致。当新的特性需求成型后，产品负责人需要理解这些特性，并将这些特性对应的范围清晰地传达给开发团队和干系人。
- **阶段 3——发布计划**。在发布计划阶段，产品负责人需要决定发布的目标，并据此选择相关的范围。
- **阶段 4——冲刺计划**。在冲刺计划中，产品负责人需要确保 Scrum 团队理解发布的目标并据此制订出每次冲刺的目标。产品负责人仅选择支持冲刺目标的范围，同时确保开发团队理解本次冲刺所选择的每个用户故事的范围。
- **阶段 5——每日例会**。每日例会可能触发未来冲刺的范围变更。在 15 分钟的会议时间里，开发团队将聚焦于 3 件事情：前一天已完成的工作、当天的工作范围和可能遇到的障碍。当然，团队经常会从这 3 个主题中挖掘出可能的范围变更。

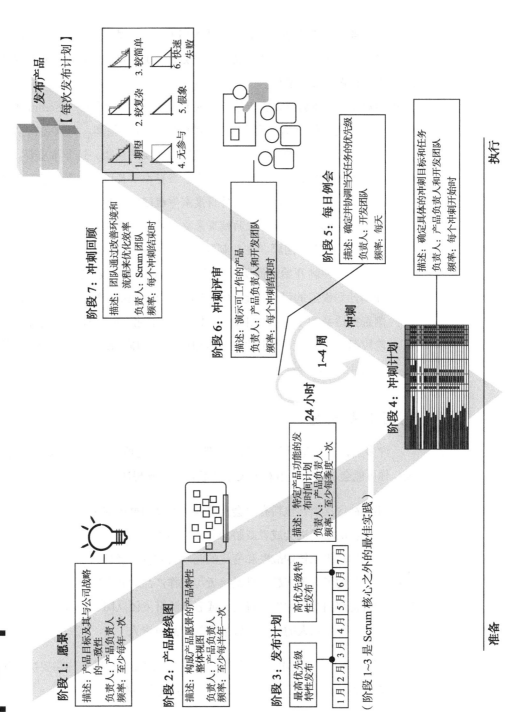

图 12-1
价值路线

当议题超过每日例会允许的时间和形式，需要更进一步的讨论时，Scrum 团队可以决定举行专题会议。在这类会议上，团队成员可以详细讨论包括潜在变更在内的任何事项。

- **阶段 6——冲刺评审。** 产品负责人通过重申冲刺范围——Scrum 团队的冲刺目标和已完成的范围来确定每次冲刺评审会议的基调。尤其是在第一次冲刺评审时，所有参会的干系人应该对范围有正确的期望，这非常重要。

冲刺评审可以激发团队的灵感。当整个项目团队相聚一堂，与可工作的产品互动时，他们或许会从新的角度来审视这个产品，并提出改进建议。产品负责人将根据冲刺评审会议的结果来更新产品待办列表。

- **阶段 7——冲刺回顾。** 在冲刺回顾中，Scrum 团队可以对冲刺成果进行讨论，确认其与冲刺开始他们所承诺的目标是否一致。如果开发团队没有能够达到冲刺计划确定的目标，他们将需要优化计划和工作流程，从而确保为每次冲刺选择适量的工作。如果开发团队实现了他们的目标，他们可以在冲刺回顾阶段提出办法，为将来的冲刺增加更多的范围。Scrum 团队的目标就是要随着每次冲刺不断提高生产效率。

范围变更概述

许多人，甚至是组织之外的人都可以对敏捷项目提出关于新的产品特性的建议。你可能会从如下渠道获得关于产品特性的新想法：

- 用户社区反馈，包括有机会预览这个产品的群体或个人；
- 预见新的市场机会或者威胁的业务干系人；
- 深刻理解组织长期战略和变化的高管层和资深经理；
- 对产品的了解越来越多且最接近可工作产品的开发团队；
- 和其他部门合作中发现机会，或者清除开发团队障碍的 Scrum 主管；
- 对产品和干系人的需求了解最多的产品负责人。

在敏捷项目中，你将会收到关于产品改进的建议，随后你需要决定哪些是有效的，并管理相关的变更。继续往下看，你会找到答案。

管理范围变更

当你收到新的需求，可以使用下列步骤来评估其优先级，然后更新产品待办列表。

除非开发团队要求，否则不要为进行中的冲刺增加新的需求。

（1）**通过询问关于需求的一些关键问题，来评估新需求是否属于项目、发布或者冲刺中的一部分：**

a. 新的需求是否与产品愿景声明相符？

- 如果是，将这项需求添加到产品待办列表和产品路线图中；
- 如果不是，说明这项需求不属于本项目的范围，或许可以将其备选为一个单独的项目。

b. 新的需求是否与当前的发布目标相符？

- 如果是，这项需求可以作为当前发布计划的备选需求；
- 如果不是，将这项需求留在产品待办列表中，由后续版本实现。

c. 新的需求是否与当前冲刺目标相符？

- 如果是，且冲刺尚未启动，那么这项需求可以加入当前冲刺待办列表中；
- 如果不是，将这项需求留在产品待办列表，由后续冲刺处理。

（2）**评估新需求所需要的工作量。** 开发团队负责此项工作。第 7 章中有关于如何评估需求的介绍。

（3）**将这项需求和产品待办列表上的其他需求进行优先级比较，并根据优先级顺序，将其加入产品待办列表。** 请参考如下流程：

- 产品负责人最清楚产品的业务需求以及新需求相对于其他需求的重要性。如果对需求优先级有疑问，产品负责人也可以寻求项目干系人的意见；
- 开发团队对一个新需求的优先级也可能会有技术上的见解。比如，如果 A 需求和 B 需求有相同的业务价值，但是你必须先完成 B 需求以确保 A 需求可行，那么开发团队将需要提醒产品负责人；
- 虽然开发团队和项目干系人能够提供协助对需求进行优先级排序的信息，但是最终还是由产品负责人来确定优先级；
- 将新需求添加到产品待办列表可能意味着其他的需求会在产品待办列表的清单中下移。图 12-2 展示的就是在产品待办列表上添加新需求的过程。

产品待办列表是产品所有已知范围的完整清单，它也是你在敏捷项目中管理范围变更的最重要的工具。

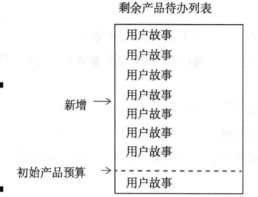

剩余产品待办列表

实时更新产品待办列表将有助于你快速评估新需求的优先级和添加新需求。有一份当前的产品待办列表在手，你将始终清楚项目中还没有完成的范围。第 7 章有更多关于需求优先级排序的信息。

敏捷工件在范围管理中的角色

从愿景声明到冲刺计划，敏捷项目管理中的所有工件都会支持你的范围管理工作。当一些特性移动到优先级列表的顶部，你可以逐步分解需求。表 12-2 揭示了每个工件包括产品待办列表在持续进行的范围优化中所承担的角色。

表 12-2　敏捷工件在范围管理中的角色

工件	确立范围时的角色	范围变更时的角色
愿景声明：产品最终目标的定义。第 7 章有更多关于愿景声明的介绍	以愿景声明为基准，判断哪些特性应纳入当前项目的范围	当有人提出了新的需求，那些需求必须与项目愿景声明相符
产品路线图：构成产品愿景的产品特性的整体视图。第 7 章有更多关于产品路线图的介绍	产品范围是产品路线图的组成部分。这种特性级的需求有助于业务会谈中阐述实现产品愿景的意义	当新需求出现时，请及时更新产品路线图。它形象地展示了新需求在项目中被采纳的过程

（续表）

工件	确立范围时的角色	范围变更时的角色
发布计划：一个易达到的中期目标，包含最小的可上市的特性集。第 8 章有更多关于发布计划的介绍	发布计划包含了当前发布的范围。你或许希望按主题（需求的逻辑分组）来规划你的发布	将属于当前发布的新特性加入到发布计划中。如果新的用户故事并不属于当前发布，那么就可以将其留在产品待办列表中，后续发布处理
产品待办列表：关于所有产品的已知需求的完整清单。第 7 章和第 8 章有更多关于产品待办列表的介绍	如果一个需求在范围中，它就会被登记在产品待办列表中	产品待办列表包含了所有的范围变更。在产品待办列表上，新的、高优先级的特性会使得那些原本优先级相对较低的特性的排序继续降低
冲刺待办列表：当前冲刺范围内的用户故事和工作任务。第 8 章有更多关于冲刺待办列表的介绍	冲刺待办列表包含了当前冲刺范围内的用户故事	冲刺待办列表确定了冲刺所认可的范围。当开发团队在冲刺计划会议上承诺了冲刺目标后，只有他们才可以修改冲刺待办列表

敏捷项目采购管理的不同之处

采购是敏捷项目管理中的另一部分，即管理为交付产品范围所需要的服务或商品的采购。与范围类似，采购也是项目投资的组成部分。

第 2 章解释了为什么敏捷宣言视客户合作高于合同谈判。这为敏捷项目的采购关系定下了重要的基调。

视客户合作高于合同谈判的观点并不意味着敏捷项目没有合同，毕竟对于商务关系的构建和维护来说，合同和谈判至关重要。事实上，敏捷宣言提出买卖双方应该合作创造产品，并且认为双方关系的重要性远高于对未尽事项的争论，以及对一些最终对客户或许没有意义的合同条款的核实。

敏捷 12 原则全部适用于敏捷项目中的采购。然而，在保证敏捷项目所需的商品和服务方面，以下 6 条原则看起来作用尤为突出：

第 2 条　即使在开发后期也欢迎需求变更。敏捷过程利用变更为客户创造竞争优势。

第 3 条　采用较短的项目周期（从几周到几个月），经常地交付可工作软件。

第 4 条　业务人员和开发人员必须在整个项目期间每天一起工作。

第 5 条　围绕富有进取心的个体而创建项目。提供他们所需的环境和支持，信任他们所开展的工作。

第 10 条　以简洁为本，它是极力减少未完成工作量的艺术。

第 11 条　最好的架构、需求和设计出自于自组织团队。

表 12-3　传统采购管理与敏捷项目采购管理的对比

采用传统方法的采购管理	采用敏捷方法的采购管理
项目经理和组织对采购过程负责	自管理开发团队在确定采购清单的过程中扮演更重要的角色
与服务供应商签订的合同常常要求提供确定的需求、详实的文档、全方位的项目计划和基于瀑布型生命周期的其他传统的可交付成果	敏捷项目的合同关注每次冲刺结束后对可工作产品功能的评估，而不会依赖那些对交付高质量产品可能并没有贡献的固定的交付成果和文档
买卖双方间的合同谈判有时极具挑战性。谈判活动常常是很紧张的，甚至在项目启动前就可以损害买卖双方间的关系	从采购过程开始起，敏捷项目团队就专注于维持买卖双方间积极的合作关系
因为新的供应商必须设法理解上一家供应商大量尚未完工的工作，所以在项目启动后更换供应商会消耗大量成本和时间	供应商在每次冲刺结束后提供完整的、可工作的功能。如果供应商在项目中期变更，新的供应商可以立即为下一次冲刺开发需求，从而避免了漫长且昂贵的过渡过程

瀑布型和敏捷型项目团队都非常关注供应商的成功。传统的项目方法专注于他们在履约和依照清单核对文档和可交付成果来定义成功方面的职责。与此不同，敏捷项目方法则专注于他们在最终结果和通过可工作的产品来定义成功方面的职责。

下一节将介绍如何在敏捷项目中管理采购。

如何在敏捷项目中管理采购

本节重点关注敏捷项目团队如何完成采购的全过程，即从定义需求到选择供应商、再到与供应商合作订立合同以及最后在买卖双方项目结束时终止合同。

定义需求和选择供应商

在敏捷项目中，当开发团队决定需要一种工具或其他公司提供的服务来创造产品时，采购工作开始启动。

敏捷项目开发团队具有自管理和自组织的特点，并且由他们来做出有助于开发产出最大化的决策。自管理适用于包括采购在内的所有项目管理领域。在第 6 章和第 14 章可以找到关于自管理团队的更多信息。

开发团队有很多机会来考虑外部的商品和服务。

- **产品愿景阶段**。开发团队可能开始考虑有助于实现产品目标所必备的工具和技能。在此阶段，可能只是谨慎地研究需求，而不启动采购过程。
- **产品路线图阶段**。开发团队开始考虑需要创造的特定的特性，并可能知道一些创造产品所必备的商品和服务。
- **发布计划**。开发团队对于产品了解得更多，并且可以识别那些有助于达成发布目标的特定的商品或服务。
- **冲刺计划**。开发团队处于开发的第一线，可能会识别一些对本次冲刺而言很迫切的需求。
- **每日例会**。开发团队的成员提出遇到的阻碍。对商品或者服务的采购可能会帮助团队移除这些障碍。
- **全天工作**。开发团队的成员在共同合作中相互沟通。某些具体的需求可能从开发团队成员之间的谈话中产生。
- **冲刺评审**。项目干系人可能会为了那些需要采购商品或服务的后续冲刺而识别新的需求。
- **冲刺回顾**。开发团队可能会讨论某种特定的工具或服务本能如何对过去的冲刺产生作用，同时对后续的冲刺提出采购建议。

有时你会在你的组织内部找到项目所需的商品或服务。在着手购买商品或者与供应商合作前，Scrum 主管要确定是否可以从内部获得工具，或者有可以满足开发团队所需服务的技术人员。如果内部资源或者人员能够满足开发团队的需求，Scrum 团队便可以借此节约成本。

当开发团队确定他们需要某种商品或者服务时，开发团队和 Scrum 主管与产品负责人一起寻求所需资金。产品负责人对项目的预算负责，因此也对所有的项目采购负最终责任。

当采购商品时，开发团队或许需要在决定采购前比较工具和供应商。当采购商品时，一旦你选择了采购的对象和渠道，那这个过程通常就径直朝前：购买、收货，然后结束采购。

相对于采购商品而言，采购服务的过程通常周期更长且更为复杂。对于如何选择一家服务供应商，敏捷项目所特有的考虑包括：

- 供应商是否可以适应敏捷项目环境，如果适应，供应商有多少敏捷项目经验；
- 供应商是否可以与开发团队一起现场办公；
- 供应商和 Scrum 团队间是否有可能建立积极合作的关系。

你所供职的组织或者公司可能会受制于与供应商选择相关的法律法规。比如参与政府工作的公司，经常为一项成本超过特定金额的工作征集多家公司的建议书和投标书。虽然你的表兄弟或者你的大学朋友可能是完成这项工作最有资质的人选，但如果你不遵守相关的法律，你就可能会惹上麻烦。假如你对如何简化复杂的流程心怀疑虑，请与你们公司的法务部门进行核实。

在你选择一家服务供应商后，你需要订立一份合同以便供应商可以开始工作。下一节将介绍合同如何在敏捷项目中发挥作用。

采购服务的合同和成本方法

在开发团队和产品负责人已经选择一家供应商后，他们需要一份合同来确保在服务和定价上达成一致。为启动合同过程，你必须知道不同的定价结构和它们如何在敏捷项目中发挥作用。当你理解了这些方法后，你就明白了该如何订立一份合同。

成本结构

当你正在为一项敏捷项目采购服务时，你需要着重了解固定总价项目、固定时间项目与工料项目的区别。在敏捷项目中，每种方法都有其独特的优势。

✔ **固定总价项目**。启动时就有设定的预算。在固定总价项目中,供应商持续开发产品并创造发布,直至供应商已经消耗掉全部预算或者你已经交付了足够的产品特性,以先开发好的特性为准。例如,你有 250 000 美元的预算,并且你的供应商的成本是每周 10 000 美元,那么供应商在项目中的预算将可以持续 25 周。在这 25 周里,供应商会尽可能多地创造和发布可交付的特性。

✔ **固定时间项目**。设有具体的截止期限。例如,你或许需要为下一个销售旺季,为一个特殊的事件,或者为了与另外一种产品同时发布而及时推出产品。在固定时间项目中,你制定成本的依据是供应商团队在项目过程中的成本,以及诸如硬件或者软件这样的额外资源的成本。

✔ **工料项目**。比固定成本或者固定时间项目更具开放性。在工料项目中,你与供应商的合作一直持续到完成足够的产品功能,且不需要考虑整个项目的成本。在工料项目中,只有当你的干系人确认产品已经拥有了足够的特性并宣布项目结束时,你才知道整个项目的成本。例如,你的项目成本为每周 10 000 美元,在 20 周后,你的项目干系人觉得他们拥有了足够的有价值的产品特性,则你的项目成本为 200 000 美元。如果客户在 10 周后就认为他 / 她拥有了足够的价值,那么项目的成本将降低一半,即 100 000 美元。

✔ **天花板项目**。项目的工料具有固定的价格上限。

在敏捷项目中不管使用什么成本方法,请首先集中精力完成价值最高的产品特性。

创建合同

当你知道了项目的成本方法,Scrum 主管需要协助创建一份合同。合同在法律上约束了买卖双方之间关于工作和支付方式的预期。

组织不同,创建合同的负责人也不同。在有些情况下,来自法务部或者采购部的人员起草合同,然后请 Scrum 主管审核。在其他情况下则正好相反:Scrum 主管起草合同,由法务或者采购专家审核。

不管由谁具体创建合同,Scrum 主管通常负责发起合同的订立工作,谈判合同细节,以及引导合同通过所有必须的内部审批。

针对合同的创建和协商,视合作的价值高于谈判的价值的敏捷方法是维持买卖双方间积极关系的关键。在整个合同创建过程中，Scrum 主管与供应商紧密合作，并进行坦诚、频繁地沟通。

低价投标，持续加价：向供应商压价的谬论

试图威逼供应商提供尽可能低的价格的做法往往会造成双输的局面。在经常实行最低价中标的产业领域中，承包商有这样一种说法：低价投标，持续加价。供应商常常在项目的征询方案阶段提供一个较低的价格，然后增加许多项目变更单，当买方发现所支付的资金达到或超过次低报价时，买方决定终止支付。

传统项目管理模式对此难辞其咎，因为在项目的启动阶段，当你对产品还是一无所知时就锁定了范围和价格。后续的项目变更单及其带来的成本增长将不可避免。

对于供应商和买方来讲，更好的合作方式是随着项目展开，共同定义在固定的成本和进度限制内的产品的范围。双方都能够从他们在项目中学习到的知识受益，并且你也可以在项目结束时得到更好的产品。要做一名好的合作者，而不是试图去做一名强硬的谈判者。

不管你的公司或者组织的规模大小，在公司和供应商之间订立一份服务合同都是一个非常好的想法。而倘若跳过合同，则会使得买卖双方陷于对项目预期、未完成工作甚至法律问题的困惑之中。

至少有一点，绝大多数合同都使用法律语言来描述参与方和工作量、预算、成本方法和支付期限。一份针对敏捷项目的合同可能也包括以下内容。

- **供应商将要完成工作的描述。**供应商或许有它自己的产品愿景说明，这也许是描述供应商工作的理想出发点。你可能想要参考下第 7 章中关于产品愿景的叙述。
- **供应商可能使用的敏捷方法，可能包括：**
  - 供应商将要参加的会议，比如每日例会、冲刺规划会议、冲刺评审会议和冲刺回顾会议；
  - 在每次冲刺结束后交付可工作的功能；
  - 完工定义，这个在第 9 章讨论过：根据产品负责人和开发团队间达成的协议完成了开发、测试、集成和归档的工作；
  - 供应商将要提供的工件，比如带有状态燃尽图的冲刺待办列表；

- 供应商计划好将要投入到项目中的人员，比如项目团队；
- 供应商是否将在你的公司现场办公；
- 供应商是与其内部的 Scrum 主管和产品负责人一起工作，还是同你的 Scrum 主管和产品负责人合作；
- 合作结束条件的定义：达到固定的预算或者固定时间，或者足够完整的、可工作的功能。

✓ 如果供应商不使用敏捷方法，则描述供应商及其承担的工作将如何与买方的开发团队和冲刺进行整合。

以上内容不是一个全方位的清单，合同的条款因项目和组织的不同而异。

合同在最终定稿之前可能要经过多轮的审核和更改。每当你打算进行一项变更，请与你的供应商对话，这是一种可以清楚地解释变更并与供应商维持良好关系的方法。如果你通过电子邮件发送了一份更改了的合同，请紧接着打个电话来说明你更改了什么内容以及为什么要更改，回答任何问题并讨论针对后续更改的任何想法。坦诚的讨论有助于将合同制定过程变得更加积极。

在合同的讨论过程中，如果关于供应商服务的任何实质性内容发生了变更，产品负责人或者 Scrum 主管最好与开发团队一起审核这些变更。开发团队尤其需要了解供应商服务、方法和团队人员的任何变化，并对此发表意见。

你的公司和供应商将很可能要求他们各自团队之外的人员来进行审核和批准。审核合同的人员可能包括高级经理或者执行官、采购专家、会计师或者公司的律师。尽管不同的组织所涉及的人员不同，但 Scrum 主管必须确保任何需要审阅合同的人员按要求执行。

既然你对怎样选择一家供应商并订立一份合同的方法有了一些了解，那就可以来看看在不同的公司和组织间的采购有多大差异。

针对采购的组织考虑

你的公司处理采购的方法的不同，将决定你在供应商选择及合同的订立和磋商上的不同。因为采购涉及资金和法律合同，所以购买程序和决策有时会超出项目团队的控制。针对采购活动的考虑包括以下几点。

- ✔ **公司或组织的规模和经验**。一些规模较小的公司和新成立的公司，相关手续可能比较简单，项目经理即可自主决策采购事宜。而规模更大和更知名的公司，其采购管理方面的成本往往较高，有些公司则设有专职的部门，其所属的员工全职处理采购事务。

- ✔ **公司或组织的类型**。有些组织，比如政府机关，需要完成法律要求的采购过程和文件。私人公司比起上市公司或许在采购上有更少的限制，这是因为针对上市公司，相关的法律有着不同的要求。

- ✔ **公司或者组织的文化**。很多组织会让项目团队参与采购决策。然而，情况并非总是这样，项目团队有时会发现他们并没有参与到对与他们合作的商品或服务供应商进行甄选的过程中。有些公司则相当不规范，并不要求有很多的采购记录或过程。还有一些公司则会要求提供对商品或服务的需求的证明文件、卖方提交的正式建议书和采购中每一步的多重审批单。

如果你的敏捷项目所在的组织中有一个独立的采购部门和繁冗的采购流程，你必须平衡好这些过程和敏捷过程的关系。Scrum 主管加强与采购部门员工的紧密合作是一个确保敏捷过程正常推进的好方法。

在第 6 章中，我提到 Scrum 主管要确保组织遵守敏捷实践和原则。在这种角色下，Scrum 主管协助向采购专家解释敏捷方法。Scrum 主管可能会发现将组织需求转化为敏捷过程是值得的。

Scrum 主管要确保采购人员理解为什么合同需要适应变更请求和迭代。Scrum 主管为合同的订立过程打下合作的基础。

如果敏捷项目团队得到来自组织高层的支持，那可能会使将敏捷方法融入到组织的采购过程变得更为容易。

一种能够获得支持以将敏捷方法加入到你的组织采购过程中的好方法，是确保高层了解敏捷方法的好处。更高的产品质量、较低的风险、可控及可预见的项目绩效都可以作为在与供应商合作时推行敏捷方法的有力论据。第 18 章提供了敏捷项目管理关键收益的清单。

在那些采购流程很简单甚至几乎是空白的组织中，敏捷项目面临着不同的挑战，而这种挑战对任何项目或者类似问题都是一样的。Scrum 主管可能会发现自己被迫从零开始，在几乎没有范例或者支持的情况下开始采购活动。

签署合同的人员应该具有为公司做出财务决策的权力，并且他们往往处于领导层。Scrum 主管和产品负责人通常没有这种类型的权利。如有疑问，可以咨询相关人员。请务必找到正确的签署人。

在你选择好一家供应商并且拥有一份签署的合同后，供应商就可以开始工作了。在下一节中，你会了解到和最初的采购过程一样，与供应商合作也有一些敏捷项目独有的考虑。

与供应商合作

你与供应商在敏捷项目中如何合作，一定程度上取决于供应商团队的结构。

在理想的情况下，供应商团队与买方组织充分整合。供应商团队的成员与买方的 Scrum 团队集中办公。只要有必要，供应商团队的成员就可以加入买方开发团队进行工作。

有些开发团队将供应商团队纳入到他们的每日例会中。这有助于掌握供应商每天的工作情况并帮助开发团队与供应商更紧密地合作。你也可以要求供应商加入你的冲刺评审中，以便他们知晓你的项目进展情况。

位置分散的供应商团队也可以被整合起来。如果供应商不能在买方公司现场办公，他仍然可以作为买方 Scrum 团队的一部分。第 14 章有关于敏捷项目中团队活力的更多信息，这些信息适用于内部的 Scrum 团队和供应商团队。

如果供应商不能集中办公，或者供应商承担产品中独立的、单独的一部分，那么供应商可能会有一个单独的 Scrum 团队。供应商的 Scrum 团队按照与买方 Scrum 团队相同的冲刺进度计划工作。请查阅第 13 章，你可以了解如何在项目中与多个 Scrum 团队进行合作。

如果供应商不使用敏捷项目管理过程，那么供应商的团队就独立于买方的 Scrum 团队进行工作，在买方的冲刺之外执行自己的进度计划。供应商的传统项目经理要协助确保其可以在开发团队需要时交付它的服务。如果供应商的进程或者时间表成为开发团队的障碍或者干扰，那么买方的 Scrum 主管可能需要介入。

请查阅第 14 章中关于"管理分散团队的项目"这一部分中关于与非敏捷团队合作的信息。

如果你正在与一家没有采用敏捷流程的供应商合作，那么产品负责人可能会希望将传统团队的可交付成果作为向冲刺中添加相关需求的依赖条件。传统的团队为了跟上敏捷团队的节奏常常疲于奔命。

供应商可能会在一段规定的时间或者项目的生命周期内提供服务，当供应商的工作完成后，买方的 srcum 主管经常要管理所有的收尾工作。

合同收尾

当供应商按照合同要求完工后，买方 Scrum 主管通常需要为履行合同而完成一些最后的工作。

如果项目根据合同正常完成，Scrum 主管或许希望能以书面的形式确认合同的结束。如果是工料项目，那么 Scrum 主管更应该明确地按此执行，从而确保供应商不会继续开发低优先级的需求并为这些需求开出账单。

根据组织结构和合同的成本结构，Scrum 主管可能要负责在工作完成后通知买方公司的会计部门，确保供应商的款项得到妥善的支付。

如果项目在合同结束前终止了，Scrum 主管需要书面通知供应商并附上合同中关于提前终止合同的说明。

请以一份正面的总结来结束雇佣关系。如果供应商干得很好，那么 Scrum 主管可能想在冲刺评审时答谢供应商团队的所有成员。项目中的每位成员都可能会再次合作，一句简单的、真诚的"谢谢"将有助于在以后的项目合作中维持良好的关系。

第 13 章　时间和成本管理

本章内容要点：

▶ 理解敏捷项目时间管理的独到之处；

▶ 探寻如何在敏捷项目中管理时间；

▶ 认识敏捷项目成本管理的不同之处；

▶ 领会敏捷项目如何管理成本。

时间管理和成本管理通常是项目管理体系中关键的两个方面。在这一章，你将领会到敏捷方法在时间和成本管理中的运用。你将发现如何使用 Scrum 团队的开发速度来评估给定项目的时间和成本，以及如何通过加快开发速度来降低项目的时间和成本。

敏捷项目时间管理的不同之处

在项目管理术语中，"时间"一词指的是确保项目及时完成的一系列过程。为了更好地理解敏捷项目时间管理，我们回顾一下第 2 章中我提过的一些敏捷原则。

第 1 条　我们最优先考虑的，是通过尽早和持续不断地交付有价值的软件使客户满意。

第 2 条　即使在开发后期也欢迎需求变更。敏捷过程利用变更为客户创造竞争优势。

第3条 采用较短的项目周期（从几周到几个月），经常地交付可工作软件。

第8条 敏捷过程倡导可持续开发。发起人、开发人员和用户要能够长期维持稳定的开发步伐。

表 13-1 列举了传统项目和敏捷项目中时间管理的一些区别。

表 13-1 传统项目与敏捷项目时间管理方法对比

传统项目时间管理方法	敏捷项目时间管理方法
固定的范围直接决定项目的进度	范围在敏捷项目中是可变的。时间可以固定，并且开发团队可以只处理在特定时间框架内能够实现的需求
项目经理根据项目初期收集的需求确定项目时间	在项目进行过程中，Scrum 团队反复评估在给定时间框架内他们能够完成的工作
在需求收集、设计、开发、测试和部署等多个阶段，团队同时处理所有的项目需求，并且对关键需求和可选需求同等对待	Scrum 团队以多轮冲刺的方式开展工作，优先完成高优先级、高价值的需求
团队在项目中后期，即需求收集和设计阶段完成后，才开始实际的项目开发	Scrum 团队显然在第一次冲刺就开始了产品开发工作
传统项目的时间更容易变化	在敏捷项目中，冲刺是在时间盒内完成的，具有固定的冲刺周期
项目启动阶段，项目经理在对产品知之甚少的情况下，就试图预测进度	Scrum 团队基于冲刺的实际开发绩效来决定长期的进度计划。在项目过程中，随着 Scrum 团队对产品和开发团队的速度或速率的了解逐步加深，他们会调整时间的估算。本章稍后会详细介绍速率

在固定进度和固定价格的项目中采用敏捷方法，风险更低，因为敏捷开发团队在时间或成本限制范围内始终交付高优先级的功能。

敏捷时间管理方法的一大好处是，敏捷项目团队可以比传统项目团队更早地交付产品。比如，受益于更早的开发工作并在迭代中完成功能，敏捷项目团队常常能够将产品的上市时间提前 30%~40%，与我就职的公司 Platinum Edge 合作过的团队即是如此。

敏捷项目更快完成的原因并不复杂，他们只是更早地启动了开发工作。

下一节，我们将探寻敏捷项目中如何管理时间。

如何在敏捷项目中管理时间

敏捷方法论在进度和时间管理方面，同时提供战略和战术方面的支持。

- **早期的计划实际上就是战略级的**。产品路线图和产品待办列表上的高层级需求可以帮助你形成对整体进度的初步认识。在第 7 章，你可以发现如何创建产品路线图和待办列表。
- **为每次发布和冲刺所做的详细计划都是战术级的**。你可以阅读第 8 章关于发布计划和冲刺计划的介绍：
  - 在发布计划阶段，你可以将你的发布目标确定为在某个具体的日期前完成且可上市的最小的产品特性集；
  - 你还可以为一个发布预留足够的时间来实现某个特定的特性集合；
  - 在每次冲刺计划会议上，除了为冲刺选择范围，开发团队也要预估完成每项冲刺需求的相关任务所需要的小时数。冲刺待办列表可用于在冲刺过程中管理详细的时间分配。
- **一旦你的项目开始，Scrum 团队的速率就可用于调整你的进度安排**。

在第 8 章，我描述了为可上市的最小特性集制订的发布计划，所谓可上市的最小特性集就是你在市场上可以有效地部署和营销的最小的产品特性组合。

为确定一个敏捷开发团队在给定时间内能够交付多少功能，你需要知道开发团队的速率。下一节，你将看到如何测算速率、如何在项目时间表上使用速率以及在项目全程如何提升速率。

速率简介

敏捷项目时间管理一个最重要的特色就是速率的使用，这是一个用于预测长期时间表的强大工具。在敏捷术语中，速率就是一个开发团队的工作速度。在第 7 章中，我用故事点来描述为实现需求或者用户故事必须付出的工作量。你可以根据开发团队在每次冲刺所完成的用户故事点来测算其速率。

确定一个敏捷项目的周期

敏捷项目的周期由以下因素决定。

- **指定的截止日期。** 敏捷项目团队从商业角度考虑可能希望设置一个具体的完成日期。比如，你可能希望为某一个购物季推出一个产品，或者希望这个产品与竞争对手的产品的发布时间相符。在这种情况下，你会设置具体的完成日期，并且希望从项目启动到结束都尽可能多地实现可交付的功能。

- **预算考虑。** 敏捷项目团队可能还会有预算方面的考虑，因为这将影响项目持续的时间。比如，如果你有 160 万美元的预算，而你的项目每周需要 2 万美元，那么你的项目将可以持续 80 周。你将有 80 周的时间用于实现和发布尽可能多的可交付功能。

- **已完成的功能。** 敏捷项目也可能会持续到有足够多的产品功能被开发出来为止。项目团队可能会反复冲刺，直至完成所有最高价值的需求，然后再确定那些很少有人使用或者不会带来很多回报的低价值的需求的确是不必要的。

用户故事是一个产品需求的简要描述，它明确了一个需求必须达到的目标。用户故事点则是开发一个用户故事所需要的工作量的相对数值。第 8 章探究了创建用户故事和使用故事点评估工作量的细节。

一旦你知道了开发团队的速率，你就可以用速率作为长期计划的工具。速率可以帮助你预测 Scrum 团队需要多长时间完成给定数量的需求以及一个项目可能需要的开销。

下一节，你将深入研究速率这一时间管理工具。你会看到范围变更如何影响一个敏捷项目的时间表。你还将了解如何与多个 Scrum 团队合作，并和我一起回顾一下时间管理的敏捷工件。

监控和调整速率

项目启动后，Scrum 团队就开始监控其速率。你在每次冲刺后都会测算速率，速率将被用于做长期的进度计划、预算计划和冲刺计划。

通常情况下，大家的短期计划和短期估算都做得很好，因此为即将来临的冲刺所做的精确到小时的任务计划往往是很有效的。与此同时，大家对相对遥远的任务做同样精度的估算经常是有所忌惮。类似速率这种基于实际绩效的工具适用于对长期计划做更精确的度量。

速率是一个不错的趋势分析工具。你可以用它来确定未来的时间表，这是因为不同冲刺的活动和开发时间是相同的。

请避免在一个项目开始之前或者甚至在冲刺进行中，试图猜测 Scrum 团队的速率。你只会对团队所能完成的工作量做出不切实际的期望。与此相反，请使用 Scrum 团队实际的速率来预测整个项目可能持续多久以及相应的成本。

在下一节，你会了解如何计算速率，如何使用速率来预测一个项目的进度，以及如何提升 Scrum 团队的速率。

计算速率

在每次冲刺结束时，Scrum 团队检查已完成的需求并累加与这些需求相关的所有故事点，所得到的故事点总数就是这次冲刺中 Scrum 团队的速率。经过前几次冲刺，你将开始看到速率发展的趋势并能够计算出平均速率。

平均速率等于已完成的故事点总数除以已完成冲刺的个数。例如，如果开发团队的速率是：

冲刺 1 = 15 点；

冲刺 2 = 19 点；

冲刺 3 = 21 点；

冲刺 4 = 25 点。

你已完成的故事点总数就是 80，除以 4 次冲刺，你的平均速率就是 20。

当你已启动过一次冲刺并且你知道 Scrum 团队的速率，你就可以开始预测你的项目所剩余的时间。

使用速率估算项目时间表

当你知道了你的速率，你可以确定你的项目将会持续多长时间。请参考如下步骤。

（1）合计产品待办列表中剩余需求所对应的故事点数。

（2）将步骤1所得到的故事点总数除以速率，可以确定你需要进行的冲刺数量。

- 如果采用最悲观的估计，则使用开发团队已达到的最低速率；
- 如果采用最乐观的估计，则使用开发团队已达到的最高速率；
- 如果采用最可能的估计，则使用开发团队已达到的平均速率。

（3）将冲刺的周期乘以剩余的冲刺数量，可以得到完成产品待办列表上故事点所需要的时间。

例如，假设：

- 你的产品待办列表上还有 800 个故事点；
- 你的开发团队速率是平均每次冲刺完成 20 个故事点。

那么完成你的产品待办列表还需要多少次冲刺？将故事点总数除以速率，你就得到还需要进行的冲刺个数。在这个示例中，800/20=40。

如果在你的项目中，冲刺周期为 2 个星期，那么该项目将持续 80 个星期。

与敏捷项目中的其他工具一样，速率并不是一项控制开发速度的强制规定。在冲刺之后用速率来测算开发的速度，而不是在冲刺之前规定一个 Scrum 团队应该完成多少工作。如果速率成为一个目标而不是对过去的评估值，Scrum 团队就有可能不由自主地为了迎合这个目标而夸大所评估的故事点，这将使得速率毫无意义。相反，应该专注于在冲刺过程中和冲刺回顾时，设法排除团队遇到的制约因素，从而提升速率。

一旦 Scrum 团队了解了自己的速率和需求所对应的故事点数，你就能够使用速率来判断任何给定的需求组合需要多长时间来实现。例如：

✔ 如果你知道一次发布可能包含的故事点数，那么你就可以计算这个发布所需要的时间。发布级的故事点估算比冲刺级的估算更粗略一些。如果你是基于交付特定功能来估算发布时间，那么随着你在项目中不断优化你的用户故事和估算值，你的发布日期可能会变化。

✔ 你可以根据一组特定的用户故事的故事点数来计算所需要的时间，比如所有高优先级的用户故事，或者与某个特定主题相关的所有用户故事。

冲刺不同，速率也不同。对一个新项目而言，在前几次冲刺中，Scrum 团队通常速率较慢。在项目推进过程中，Scrum 团队对产品的了解会更深入且团队合作更默契，那么，速率会随之加快。某些冲刺遇到的挫折可能会暂时降低速率，但是诸如冲刺回顾这样的敏捷过程可以帮助 Scrum 团队确保这些问题只是昙花一现。

　　在项目初期，速率会随着冲刺的不断推进而发生显著变化。到达一定时间后，速率会趋于稳定。

　　Scrum 团队也可以在敏捷项目过程中提升速率，从而使项目周期缩短、成本降低。下一节，你会了解在每个连续的冲刺中如何提升速率。

提升速率

　　如果 Scrum 团队有一个包含 800 个故事点的产品待办列表，平均速率为每次冲刺 20 个故事点，那么这个项目将需要进行 40 次冲刺，按冲刺周期 2 个星期计算，将需要 80 个星期。但是如果 Scrum 团队提升了速率会怎么样？

- 将平均速率提升至每次冲刺 23 个故事点，冲刺数量将降低为 34.78（四舍五入为 35 个），该项目将持续 70 个星期。
- 若平均速率为每次冲刺 26 个故事点，该项目将需要进行 31 次冲刺（62 个星期）。
- 若平均速率为每次冲刺 31 个故事点，该项目将需要进行 26 次冲刺（52 个星期）。

　　正如你所看到的，提升速率可以节省大量时间，相应地也会节约大量成本。

　　随着 Scrum 团队在项目中找到相互合作的节奏，速率自然会随着每次冲刺提升。然而，在敏捷项目中，依然有机会获得超越常规增速之外的提升。在每个连续的冲刺中，Scrum 团队的每个人都发挥着积极的作用，帮助团队获得更高的速率。

- **移除项目障碍**。提升速率的一种办法是快速移除项目遇到的障碍，这些障碍使得开发团队成员不能全力以赴地工作。就其定义而言，障碍会降低速率。如果障碍一出现就被快速清除，这将使 Scrum 团队充分发挥出水平，实现更高的效率。更多关于移除项目障碍的介绍，请参阅第 9 章。
- **规避项目障碍**。提升速率的最好方法是，项目一开始就在战略上制定好规避障碍的方法。通过对与你的团队即将要合作的小组的进程和特定需求的了解和研究，你就可以规避障碍。

- **消除干扰**。另一种提升速率的方法是，Scrum 主管保护开发团队远离干扰。通过确保没有人向开发团队要求与冲刺或与目标无关的工作（哪怕是花费很少时间的任务），Scrum 主管就可以确保开发团队专注于当前的冲刺。

- **征求团队意见**。最后一点，Scrum 团队的每个人都可以在冲刺回顾会议上提供关于提升速率的想法。开发团队最清楚自己的工作，因而更容易有想法来提高产出。产品负责人同样也会对需求有自己的看法，这些看法可以使得开发团队工作得更快。Scrum 主管或许已经遇到一些重复的障碍，可以在第一时间组织讨论如何防止这些障碍出现。

提升速率是非常有价值的，不过请不要指望一蹴而就。Scrum 团队速率通常有一个缓慢增长的模式，一些猛涨之后是相对平稳的阶段，然后又是缓慢的增长。这往往与 Scrum 团队识别、试验和修正一些限制因素有关。

有用速率的一致性

由于速率衡量的是已完成工作的故事点，因此只有基于如下前提时，它才是一个评价项目绩效的精确的指示器和预报器。

- **一致的冲刺周期**。在项目生命周期中，每次冲刺应该持续相同的时间。如果冲刺周期不同，那么每次冲刺中开发团队所能够完成的工作量也会不同，这样速率在预测项目剩余时间方面就没有了意义。

- **一致的工作时间**。每次冲刺，开发团队的成员应该可以投入相同的时间。如果桑迪在这次冲刺中工作 45 小时，在另一次是 23 小时，还有一次是 68 小时，那么桑迪在不同的冲刺中自然就完成了不同的工作量。但是，如果桑迪在每次冲刺中工作的时间始终相同，那么她在不同冲刺中的速率就有了可比性。

- **一致的开发团队成员**。不同的人，工作速率不同。汤姆可能比鲍勃工作更快，因此如果汤姆参与一次冲刺而鲍勃参与下一次冲刺，那么汤姆在冲刺中的速率就不能很好地用于对鲍勃参与的冲刺的预测。

在一个项目中，当冲刺周期、工作时间和团队成员保持稳定，你就可以使用速率来真实判断开发速度是在提高还是在降低，从而可以精确估算项目的时间表。

预防障碍

我所合作过的一个开发团队需要得到他们公司法务部的反馈，但是却一直没有收到来自公司法务部的电子邮件或语音信箱的任何回应。在一次每日例会上，某个开发团队成员认为这是一个障碍。会议结束后，Scrum 主管找到法务部相关人员跟进这个问题，发现她的邮箱经常被一些申请给占满，语音信箱也是如此。

于是，Scrum 主管建议采用一个新的法律申请流程：开发团队可以主动带着申请直接走到法务部，就在那里当面得到即时反馈。新的流程只需要花费几分钟时间，却节省了几天的法务部内部流转时间，有效地预防了将来类似障碍的再次发生。

找到积极预防障碍的方法，有助于提升 Scrum 团队的速率。

绩效并不会随着可用时间线性扩展。比如，如果你的冲刺周期是 2 个星期，每次冲刺完成 20 个故事点，当改变为 3 个星期的冲刺周期时，并不能确保实现 30 个故事点的速率。新的冲刺周期将会导致不确定的速率变化。

当你知道如何准确测算和提升速率，你就拥有了一个管理项目进度和成本的强大工具。下一节，我会介绍在一个不断变化的敏捷环境中如何管理时间表。

从时间角度管理范围变更

敏捷项目团队欢迎变化的需求，因为这种范围上的变化往往反映的是业务上真实的优先级。本质上这就是一个"需求达尔文主义"，即开发团队优先完成高优先级的需求。那些理论上听起来很不错的需求，如果从未在固定冲刺周期所要求的"优胜劣汰"的竞争中胜出，将会被抛弃。

新的需求可能对一个项目的时间表没有任何影响，你所要做的仅仅是对需求进行优先级排序。产品负责人与项目干系人协作，可以决定仅开发那些适应某个特定时间或预算的需求。产品待办列表上的需求优先级排名决定了哪些需求足够重要，可以加入开发计划。Scrum 团队能保证完成高优先级的需求。低优先级的需求可能会被列入另一个项目，或者可能不再被开发。

第 12 章中，我讨论了如何用产品待办列表来管理范围变更。当你添加一个新需求到一个敏捷项目时，你将此项需求与产品待办列表中其他的用户故事进行优先级比较，然后把新的用户故事加入到产品待办列表中合适的位置。这可能会降低其他用户故事的优先级。当新需求出现时，如果你一直及时更新产品待办列表和相关的估算，那么即便是项目范围持续变化，你仍然可以一直准确把握项目的时间表。

另一方面，产品负责人和项目干系人可能会认为产品待办列表上的所有需求（包括新需求）都是有用的、该被纳入这个项目。在这种情形下，你将项目延期以适应追加的范围，或者提升速率，或者将项目范围拆分给多个 Scrum 团队，让他们同时实现不同的产品特性。

项目团队在做进度计划时，经常将低优先级需求安排到项日后期。这种准时制决策是因为特定范围的市场需求会发生变化，同时也因为随着开发团队实现默契后，速率通常会提升。速率上的变化将会增加你对给定时间内开发团队所能够完成的用户故事的预测数量。在敏捷项目中，你会等待最后一刻做出负责任的决定，前提是你已经对当前的问题了然于胸。

下一节将为你展示如何在一个项目中与多个 Scrum 团队合作。

多团队时间管理

在大型项目中，担负着多个并行工作的 Scrum 团队将能够在一个相对较短的时间范围内完成项目。

下列场景中，你可能希望创建一个多 Scrum 团队协作的项目：

- 你的项目很大，远不是一个 5~9 人的开发团队能够完成的；
- 你的项目必须在某一个特定日期结束，而 Scrum 团队的速率不足以在此之前完成最有价值的用户故事。

敏捷项目中一个开发团队理想的规模是 7 人，上下不超过 2 人。超过 9 人的群组将会开始形成"小团体"（Silos），沟通渠道的数量使得团队进行自管理更加困难。当你的产品开发需要不止 9 人时，那就是该考虑使用多个 Scrum 团队的时候了。

多团队工作分解

如果你的一个项目中有多个 Scrum 团队，那么你可以为每个团队按照主题或者产品特性的逻辑分组来分解工作。

当然，在此之前你需要思考这些主题的整体范围以及相互间的关系。这些工作任务需要被充分分解，以便各团队独立运作。

你还需要为该项目配备一个集成团队，其唯一职责是将开发团队开发的可工作的产品特性进行组合并实现交付。

多团队结构

图 13-1 是一个多 Scrum 团队的项目组织示例，摘自敏捷宣言的署名者之一肯·施瓦布（Ken Schwaber）所著《企业和敏捷》（*The Enterprise and Scrum*）。

每个 Scrum 团队都有自己的 Scrum 主管、产品负责人以及跨职能的开发团队成员。让这些团队同步冲刺，每个团队的冲刺应该具有相同的周期并同时开始和同时结束。任务级团队冲刺后所交付的功能由相应的活动级团队进行集成，并成为其产品待办列表中的待办项。活动级团队冲刺后所交付的功能由相应的功能级团队进行集成，并成为其产品待办列表中的待办项。功能级团队冲刺后所交付的功能由相应的产品级团队进行集成，并成为其产品待办列表中的待办项。

多团队的项目需要额外增加一个层级的管理活动，比如：

- **额外的每日例会**。称为 Scrum 联席会议（the Scrum of Scrums），这种每日例会一般在各个团队的例会之后开始，各开发团队派出代表，彼此之间以及和上一级的集成 Scrum 主管、产品负责人交换信息。
- **联合冲刺回顾**。在这个回顾会议中，团队间相互分享他们的经验、所遇到的挑战，以及获得的最佳实践。

多个 Scrum 团队合作最大的好处是可以加快项目时间表，而挑战则是由此带来了复杂的跨团队协调的额外的管理负担。

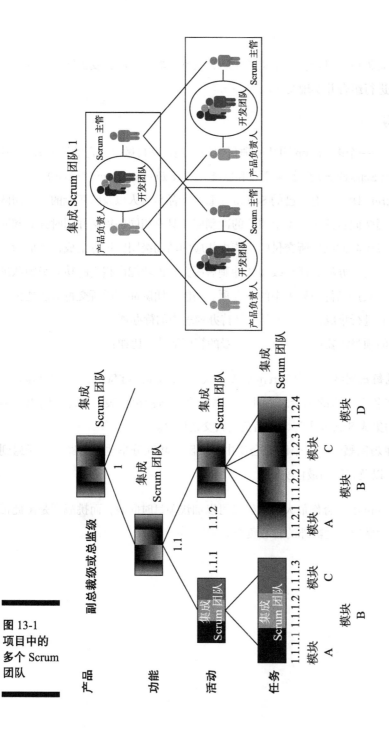

图 13-1
项目中的
多个 Scrum
团队

使用敏捷工件进行时间管理

产品路线图、发布计划、产品待办列表和冲刺待办列表在时间管理中都发挥着各自的作用。表 13-2 列举了每个工件对时间管理的贡献。

表 13-2　敏捷工件在时间管理中的角色

工件	时间管理中的角色
产品路线图。是将那些支持产品愿景的高层级需求按优先级排序的整体视图。第 7 章有更多关于产品路线图的介绍	产品路线图是对整个项目优先级的战略视图。产品路线图很可能不会指明具体日期，而是为各组功能给出大概的时间范围，并勾勒出产品上市过程的初步框架
产品待办列表。它是当前已知的全部产品需求的完整列表。第 7 章和第 8 章可以找到更多介绍	在产品待办列表上的用户故事只有估算的故事点。当你知道你的开发团队的速率，你可以使用产品待办列表上的故事点总数来确定一个切实可行的项目结束日期
发布计划。包括可上市最小需求集合的发布计划，第 8 章有更多介绍	发布计划将会为特定目标确定一个预计发布日期，这个目标将包含可上市功能的最小集合。Scrum 团队每次只会围绕一次发布做计划并开展工作
冲刺待办列表。包含了当前冲刺的需求和任务，详见第 8 章	在冲刺计划会议中，你可以估算待办列表上的每个任务所需要的小时数 在每次冲刺结束时，你根据冲刺待办列表上的所有已完成的故事点来计算出本次冲刺中开发团队的速率

下面几节，你将深入了解敏捷项目的成本管理。成本管理与时间管理是直接相关的。你将看到传统项目与敏捷项目中成本管理方法的对比，你还将看到在敏捷项目中如何估算成本以及如何使用速率来做长期的预算。

敏捷项目成本管理的不同之处

成本是指一个项目的财务预算。当你参与一个敏捷项目时，你会关注价值，利用变更的力量，并追求项目的简洁。敏捷原则第 1、2 和 10 条声明如下。

第 1 条　我们最优先考虑的，是通过尽早和持续不断地交付有价值的软件使客户满意。

第 2 条　即使在开发后期也欢迎需求变更。敏捷过程利用变更为客户创造竞争优势。

第 10 条 以简洁为本，它是极力减少未完成工作量的艺术。

因为敏捷项目重视价值、变更和简洁，所以它在管理预算和成本的方法上与传统项目截然不同。表 13-3 列举了一些不同之处。

表 13-3　传统成本管理与敏捷项目成本管理的对比

采用传统方法的成本管理	采用敏捷方法的成本管理
成本与时间一样都是基于固定的范围	项目的进度，而不是范围，对成本的影响最大。你可以在固定的成本和固定的时间下启动项目，然后完成符合你的预算和进度计划的需求
在项目启动前，组织会估算项目的成本并为项目拨款	项目负责人常常在项目路线图阶段完成后才确保项目的投资。一些组织甚至每次只为敏捷项目的一次发布拨款。产品负责人将在完成每次发布计划后确保提供资金
新的需求意味着更高的成本。因为项目经理是基于他们在项目启动时所了解到的少量信息做出的成本估算，所以成本超支的现象会非常普遍	项目团队可以在不影响时间或者成本的情况下，用新的、同等规模的高优先级需求替代低优先级需求
范围膨胀（详见第 12 章）在一些人们几乎不使用的特性上，耗费了大量的资金	因为敏捷开发团队是根据优先级来完成需求的，所以无论产品特性是在项目伊始还是在第 100 天加入，团队都只关注那些客户真正需要的特性
项目只有在项目完成后才能产生收益	项目团队可以在项目初期就发布可工作的、能够产生收益的功能，从而实现自筹资型项目

当成本增加时，项目发起人有时会发现他们自己进退两难。传统的项目管理模式直到项目完工后才要求交付完整的产品功能。因为传统的开发方法是一种孤注一掷的建议书，如果成本增加而干系人又不愿为产品提供更多的资金，那么他们将得不到任何被完成的需求。未完成的产品将逼迫干系人做出选择，要么继续拨款，要么一无所获。

在下一节中，你会找到关于敏捷项目中的成本管理方法，包括如何估算一个敏捷项目的成本，如何控制你的预算以及如何降低成本。

如何在敏捷项目中管理成本

在敏捷项目中，成本通常与项目时间直接相关。因为 Scrum 团队是由全职的、专职的团队成员组成，所以他们具有固定的团队成本，通常以每小时或者人均固定费率表示，并且每次冲刺都一样。一致的冲刺周期、工作时间和团队成员将有助于你准确地使用速率来预测开发速度。当你使用速率来确定项目将执行多少次冲刺，即项目需要持续多久，你就能知道你的 Scrum 团队完成整个项目将需要多少成本。

项目成本也包括一些像硬件、软件、许可证这样的资源的费用，以及为完成项目可能需要的其他供给的开销。

在本节中，你会知道如何制订一份初始的预算和如何运用 Scrum 团队速率来制订长期的成本预算。

创建初始预算

为了创建你的项目预算，你需要知道 Scrum 团队每次冲刺的成本以及完成项目所需要的任何额外资源的成本。

通常，你根据每名团队成员的每小时费率来计算你的 Scrum 团队的成本。将每名团队成员的每小时费率乘以他/她每周的有效工作时间，再乘以他/她在冲刺中参与的星期数，就得到 Scrum 团队每次冲刺的成本。表 13-4 展示了针对一支包括开发团队、Scrum 主管和产品负责人在内的 Scrum 团队执行一次为期 2 周的冲刺的预算样例。

表 13-4　针对 2 周冲刺的 Scrum 团队预算样例

团队成员	每小时费用	每周小时数	每周成本	冲刺成本（2 周）
唐	80 美元	40	3 200 美元	6 400 美元
佩吉	70 美元	40	2 800 美元	5 600 美元
鲍勃	70 美元	40	2 800 美元	5 600 美元
迈克	65 美元	40	2 600 美元	5 200 美元
琼	85 美元	40	3 400 美元	6 800 美元
汤米	75 美元	40	3 000 美元	6 000 美元
皮特	55 美元	40	2 200 美元	4 400 美元
总计		280	20 000 美元	40 000 美元

项目不同，额外资源的成本也不尽相同。在确定你的项目成本时，请考虑以下方面：

- 硬件成本；
- 软件，包含许可证成本；
- 托管成本；
- 培训成本；
- 团队费用杂项，比如额外的办公用品、团队午餐、差旅费和可能需要的任何工具的费用。

这些成本可能是一次性开支，不需要每次冲刺时都单独支付。我建议在你的预算中区分这些成本。正如你在下节将会看到的，你需要根据每次冲刺的成本来确定项目的成本。

创建一个自筹资项目

敏捷项目的一个重要好处就是具有产生自筹资项目的能力。Scrum 团队在每次冲刺结束后交付可工作的功能，并在每次发布循环结束时将那个功能推向市场。如果你的产品是一种创收型产品，你就可以利用早期发布成果的收益来支撑项目的后续阶段的费用支出。

比如，一家电子商务网站可能在第一次发布后每个月产生 15 000 美元的销售额，在第二次发布后达到 40 000 美元，并依次类推。表 13-5 和表 13-6 举例说明了分别按照传统项目模式和自筹资型敏捷项目模式实施的收入状况。

在表 13-5 中，项目在经过 6 个月的开发后创造了 100 000 美元的收入。下面将表 13-5 与表 13-6 的收入情况进行对比。

表 13-5　6 个月后最终发布的传统项目收入

月份	产生的收入	项目总收入
1 月	0 美元	0 美元
2 月	0 美元	0 美元
3 月	0 美元	0 美元
4 月	0 美元	0 美元
5 月	0 美元	0 美元
6 月	100 000 美元	100 000 美元

表 13-6　每个月发布的项目收入和在 6 个月后最终发布的项目收入

月份	产生的收入	项目总收入
1 月	15 000 美元	15 000 美元
2 月	25 000 美元	40 000 美元
3 月	40 000 美元	80 000 美元
4 月	70 000 美元	150 000 美元
5 月	80 000 美元	230 000 美元
6 月	100 000 美元	330 000 美元

在表 13-6 中，项目在第一次发布后即产生收入。在 6 个月后，项目已经产生了 330 000 美元的收入。与表 13-5 中的项目相比，多收入 230 000 美元。

利用速率来确定长期成本

在本章 "利用速率估算项目时间表" 这一节中，我介绍了如何利用 Scrum 团队的速率和产品待办列表中剩余的故事点来确定一个项目持续的时间。你可以利用相同的信息来确定项目的成本或者当前发布的成本。

当你知道了 Scrum 团队的速率，你就可以计算出项目剩余工作量的成本。

在本章前文中的速率样例中，Scrum 团队的平均速率为每次冲刺完成 20 个故事点，产品待办列表包含 800 个故事点，并且冲刺周期为 2 周，那么该项目需要执行 40 次冲刺或者 80 周才能完成。

通过将每次冲刺的成本乘以 Scrum 团队为完成产品待办列表所需要的冲刺次数，来确定你的项目剩余工作量的成本。

如果你的 Scrum 团队的成本为每次冲刺 40 000 美元，并且你还需要执行 40 次冲刺，那么项目所剩余工作量的成本将为 1 600 000 美元。

在下面几节中，你会发现一些可以用来降低项目成本的方法。

通过提高速率来降低成本

在本章关于时间管理的部分，我谈到了如何提高 Scrum 团队速率。再来看之前的示例，表 13-4 中为期 2 个星期的冲刺成本是 40 000 美元，我们来看看提高速率将如何导致成本降低，具体如下。

> ✔ 如果 Scrum 团队将平均速率由每次冲刺完成 20 个故事点提高到 23 个故事点：
>   - 你还需要执行 35 次冲刺，并且
>   - 你的项目开销将略低于 140 万美元，为你节约了超过 20 万美元的成本。
> ✔ 如果 Scrum 团队将速率提高到 26 个故事点：
>   - 你还需要执行 31 次冲刺，并且
>   - 你的项目将耗资 1 230 770 美元。
> ✔ 如果 Scrum 团队将它的速率提高到 31 个故事点：
>   - 你还需要执行 26 次冲刺，并且
>   - 你的项目将耗资 1 032 258 美元。

正如你所看到的，通过移除障碍来提高 Scrum 团队的速率可以真正地节约项目成本。阅读本章"提升速率"一节，可以了解如何帮助 Scrum 团队变得更富有成效。

通过减少时间来降低成本

你还可以通过放弃低优先级的需求，从而减少你需要的冲刺次数来降低项目成本。在敏捷项目中，因为每次冲刺都可以交付完整的功能，所以当项目干系人发现后续开发所需要的成本高于开发成果产生的价值时，可以决定终止项目。

随后项目干系人可以利用上一个项目的剩余预算启动一个新的、更有价值的项目。这种将一个项目的预算转移到另一个项目的实践被称作资金调配。

虽然在整个项目过程中可能会有一些可变成本，但只要 Scrum 团队成员保持不变，并且相关成本也保持不变，那么 Scrum 团队的冲刺成本将保持稳定。比如，如果在表 13-4 中的 Scrum 团队在整个项目中保持不变，那么每次冲刺的成本将总是40 000 美元。Scrum 团队的成本在项目预算中通常占比最大。

当根据成本来决定一个项目是否应该结束时，你需要知道：

✔ 在产品待办列表中剩余需求的价值（V）；

✔ 为完成产品待办列表中的需求所需工作量的实际成本（AC）；

✔ 机会成本（OC），或者让 Scrum 团队实施一个新项目所产生的价值。

当 V<AC+OC 时，意味着你需要向项目投入的成本超过你从这个项目中能获取的价值，你可以选择停止项目。

考虑这样一个例子，一家公司正在运作一个敏捷项目并且：

- 产品待办列表中剩余特性将产生 100 000 美元的收入（V=100 000 美元）；
- 为实现这些特性，项目将需要执行 3 次冲刺，每次冲刺成本为 40 000 美元，总计 120 000 美元（AC=200 000 美元）；
- Scrum 团队原本可以承接一个新项目，该项目经过 3 次冲刺后，扣除 Scrum 团队的成本仍将产生 150 000 美元的收入（OC=1 500 000 美元）；
- 100 000 美元的项目价值低于实际成本（AC）加上机会成本（OC），即 350 000 美元。这将是结束这个项目的最佳时机。

资本调配有时会在紧急情况下出现，比如组织需要 Scrum 团队成员为了一个关键的计划外的工作而暂停项目。项目发起人有时会在重启一个暂停的项目之前评估项目的剩余价值和成本。

暂停项目会导致遣散工作及相关成本发生。

项目发起人可能也会在项目中一直对比产品待办列表上的价值与剩余的开发成本，以便他们可以选择合适的时机终止项目并获取最大价值。

确定其他成本

与时间管理类似，当你知道了 Scrum 团队的速率，你就可以确定项目中的任何成本。比如：

- 如果你知道发布中将要包含的故事点数，你就可以计算出每次单独发布的成本。在发布阶段的故事点估算要比在冲刺阶段的估算更精确一些，因此你的成本也可能会变化，具体取决于你如何确定你的发布日期。
- 你可以借助用户故事组中的故事点数来计算一个特定用户故事组的成本，比如所有高优先级故事的成本或者与某个特定主题相关的所有故事的成本。

使用敏捷工件进行成本管理

你可以利用产品路线图、发布计划、产品待办列表和冲刺待办列表来进行成本管理。表 13-2 也能起到展示每个工件是如何帮助你测算和评估项目成本的作用。

基于开发团队实际绩效的时间和成本的预测比基于期望的预测要更精确。

第14章　团队活力和沟通管理

本章内容要点：

▶　认识敏捷团队活力因何不同；

▶　探究如何与敏捷团队共事；

▶　理解敏捷项目沟通如何不同；

▶　领会敏捷项目中的沟通机制。

　　团队活力与沟通是项目管理中特别重要的部分。在本章中，你会发现应用在项目团队和沟通管理方面的传统方法和敏捷方法的不同之处。你还将看到，对团队个体及其互动给予高度重视是如何帮助敏捷项目团队成为优秀的团队。此外，你会发现面对面的沟通如何帮助敏捷项目取得成功。

敏捷项目团队活力的不同之处

　　是什么让敏捷项目中的项目团队与众不同？使得 Scrum 团队与传统团队不同的最核心的原因就是团队活力。敏捷宣言（请参考第 2 章）确立了敏捷项目团队成员协作的框架：宣言价值观的第一项就是"个体和互动高于流程和工具"。

　　第 2 章提到的以下敏捷原则，体现出对项目团队成员和团队成员间合作方式的重视。

第 4 条　业务人员和开发人员必须在整个项目期间，每天一起工作。

第 5 条　围绕富有进取心的个体而创建项目。提供他们所需的环境和支持，信任他们所开展的工作。

第 8 条　敏捷过程倡导可持续开发。发起人、开发人员和用户要能够长期维持稳定的开发步伐。

第 11 条　最好的架构、需求和设计出自于自组织团队。

第 12 条　团队定期地反思如何能提高成效，并相应地协调和调整自身的行为。

敏捷 12 原则适用于许多不同的项目管理领域，在本书多个章节中都反复提到了这些原则。

在敏捷项目中，开发团队包括了那些从事产品创造的体力劳动者。开发团队加上产品负责人、Scrum 主管即构成 Scrum 团队。项目团队则是由 Scrum 团队和你的项目干系人组成。每个 Scrum 团队成员都承担自管理相关的责任。

表 14-1 列举了传统项目和敏捷项目中团队管理的一些区别。

表 14-1　传统方法与敏捷方法管理团队的对比

传统方法管理团队	采用敏捷方法管理团队
项目团队以命令和控制这种自上而下的方法来管理项目，而项目经理则负责分配任务给团队成员和控制团队所做的工作	Scrum 团队实行自管理、自组织模式，并受益于仆人式领导风格。与自上而下的管理方式不同的是，仆人式领导以指导团队、排除障碍、防止团队注意力分散为主，帮助团队成长
公司评价每个员工的绩效	敏捷组织评价 Scrum 团队的绩效，Scrum 团队的每个成员接受相同的评审。和所有体育运动团队一样，Scrum 团队作为一个整体，共同面对成败
团队成员经常发现他们同时参与多个项目，他们的注意力被迫来回切换	开发团队每次只致力于一个项目，并且从专注中获益
开发团队成员有不同的角色，如"程序员"或"测试员"	开发团队成员跨职能协作，在团队中承担不同的工作来确保他们快速完成高优先级的需求
开发团队的规模没有被具体的限制	开发团队的规模是有意被限制的。理想的开发团队有 5~9 名成员
人通常被称为"资源"（"人力资源"的简称）	人被称为"人"或者"团队成员"。在敏捷项目中，你可能不会听到有人用"资源"一词来指"人"

我从不喜欢用"资源"这个术语来称呼"人"。将人和设备用同一个术语描述，意味着我们认为团队成员是可以随意替换的对象。资源是功利的、可消费的物品，而你的项目团队成员是在项目内外都有着感情、思想和优先级判断的人类。在项目过程中，人会学习，会创造，会成长。称呼这些伙伴为"人"而不是"资源"来表达对你团队成员的尊重，虽然微不足道，却有力地强调了一个事实，敏捷思想体系的核心是人。

下面几节将探讨一个专职的、跨职能的、自组织的且规模有限的团队对敏捷项目的价值。你还会发现更多关于仆人式领导以及为 Scrum 团队创造良好环境的介绍。简言之，你会发现团队活力如何帮助敏捷项目取得成功。

如何在敏捷项目中管理团队活力

当我和产品负责人、Scrum 主管和开发团队成员交流时，我不止一次地听到同样的声音：人们喜欢在敏捷项目中工作。敏捷团队活力使得人们能够用所掌握的最好的办法来做好每一项工作。Scrum 团队的成员有机会学习知识、帮助他人、领导团队，并真正成为有凝聚力的、自管理的团队中的一员。

接下来的几节将告诉你，作为 Scrum 团队的成员该如何开展工作以及为什么团队采用敏捷方法会使得项目成功。

走向自管理和自组织

在敏捷项目中，Scrum 团队直接对可交付成果负责。Scrum 团队组织他们自己的工作和任务，实行自我管理。虽然没有人告诉 Scrum 团队要做什么，但这并不意味着敏捷项目没有领导。敏捷团队的每个成员都有机会根据自己的技能、想法和意愿来领导团队。

在敏捷项目中，开发团队包括了那些从事产品创造的体力劳动者。开发团队加上产品负责人、Scrum 主管即构成 Scrum 团队。项目团队则是由 Scrum 团队和你的项目干系人组成。每个 Scrum 团队成员都要承担与自管理相关的责任。

自管理和自组织的想法是一种对工作的成熟的思考。自管理假定人们都是职业化的，有上进心的，为一项工作的成功愿意无私奉献。其核心理念是，为一项工作每天持续付出的人们对这项工作了解得最清楚，同时也最有资格决定如何完成这项工作。推进自管理 Scrum 团队建设的前提是，必须在团队和团队所在组织中建立全面的信任与尊重。

尽管如此，我们必须清楚，责任是敏捷项目的核心。在敏捷项目中，团队对你可以看见并演示的有形结果负责。而传统的项目中，公司要求团队遵从组织按部就班的过程，这让他们失去了创新的能力或动力。必须承认，自管理让开发团队的创新能力和创造力都得以回归。

对一个希望实现自管理的 Scrum 团队来说，你需要一个可信任的环境。Scrum 团队的每个人必须相信其他人会为 Scrum 团队和项目倾尽全力。团队所在的公司或者组织也必须相信团队是称职的，相信他们可以做出决定，相信他们有能力进行自我管理。为了创建和维护信任的环境，Scrum 团队的每个成员必须以个人和团队名义对项目本身和彼此做出承诺。

自管理开发团队之所以能够创造出更好的产品架构、需求和设计，有一个简单的原因，那就是主人翁精神。当你赋予大家自由和责任来解决问题时，他们对自己的工作会更加投入。

Scrum 团队成员在项目管理的所有领域中都扮演着重要角色。表 14-2 列举的就是 Scrum 团队和开发团队是如何管理范围、采购、时间、成本、团队活力、沟通、质量和风险的。

总而言之，敏捷项目中的成员常常能够达到非常高的工作满意度。自管理让人们与生俱来想要掌控自己命运的愿望有机会实现，并且是允许他们每天都享有这种控制的权力。

下一节将讨论敏捷项目成员拥有幸福感的另一个原因：仆人式领导。

表 14-2　项目管理与自管理团队

项目管理领域	开发团队如何自管理	产品负责人如何自管理	Scrum 主管如何自管理
范围	可能根据技术相关性建议新的特性 与产品负责人直接合作来明确需求 确定在一次冲刺中他们可以承诺完成多少工作 确定为完成冲刺待办列表中范围所需的任务 确定实现特定特性的最佳方法	根据产品愿景、发布目标和每个冲刺的目标来决定范围项的归属 通过产品待办列表的优先级排序来确定实现哪些需求	消除那些限制开发团队可以实现的范围的障碍 通过辅导，帮助开发团队在每个连续的冲刺中逐渐变得更有成效
采购	确定创造产品所需要的工具 与产品负责人一起获取那些工具	确保为开发团队提供必要的资金和设备	帮助采购用于提高开发团队速率的工具和设备
时间	提供开发产品特性的工作量的评估 确定在给定的时间范围（冲刺）内可以实现哪些特性 经常对每次冲刺中的任务提供时间估算 选择他们自己的任务并管理他们自己的进度和时间	确保开发团队正确理解产品特性，从而使得他们能够准确评估创造这些特性所需要的工作量 使用速率（开发速度）来预测长期的时间表	推动估算扑克牌游戏 帮助辅导开发团队提升速率 保护开发团队远离组织级的浪费时间的活动和干扰
成本	提供开发产品特性的工作量的评估	在敏捷项目中，对预算以及项目的投资回报承担最终责任 根据速率时间表，使用速率预测长期成本	推动估算扑克牌游戏 帮助开发团队提高对成本有影响的速率
团队活力	通过跨职能协作来预防瓶颈，并且愿意承担各种类型的任务 持续学习，相互帮助 作为个人和 Scrum 团队的一员，对项目和其他人做出承诺 当做出重要决定时，力求达成共识	全力投入项目，并且是 Scrum 团队不可或缺的成员	推动 Scrum 团队集中办公 帮助消除 Scrum 团队自我管理的障碍 全力投入项目，是 Scrum 团队不可或缺的成员 当做出重要决定时，力求在 Scrum 团队内部达成共识 促进 Scrum 团队与干系人的关系

第 14 章 团队活力和沟通管理 **215**

项目管理领域	开发团队如何自管理	产品负责人如何自管理	Scrum 主管如何自管理
沟通	在每日例会上报告进展、下一步任务，并识别障碍；确保每日更新冲刺待办列表，提供关于项目目状态的最新的、准确的信息；在每个冲刺结束前的评审会议上向项目干系人展示可用的功能	持续向开发团队介绍关于产品和业务需求的信息；与产品干系人沟通项目进展的信息；在每次冲刺结束时的评审会议上，协助向干系人可用的功能	鼓励 Scrum 团队成员之间面对面的沟通；在公司或组织内培养 Scrum 团队和其他部门的紧密合作
质量	承诺提供卓越的技术和良好的设计；对工作成果保持全天候测试所有的开发成果，每天全面测试；在每个冲刺结束时的回顾会议上检查工作成果，并加以调整改进	为需求添加验收标准；确保开发团队正确理解并诠释需求；向开发团队提供来自市场和组织内部的反馈；在每次冲刺中验收产品特性，并标记为完工	协助推动冲刺回顾会议；协助 Scrum 团队成员之间进行面对面的沟通，以确保高效工作；协助创建一个可持续发展的开发环境，以便开发团队能够发挥出最好水平
风险	为每个冲刺识别和研究规避风险的方法；向 Scrum 主管提醒存在的障碍和干扰；利用冲刺回顾得到的信息减少到后续冲刺的风险；采用跨职能协作，从而减少由于成员意外离开团队造成的风险；力争在每个冲刺结束时提交可交付的功能，从而降低整个项目的风险	审视整体的项目风险，以及对投资回报（ROI）所承诺的相关的风险	帮助阻止障碍和干扰；帮助消除障碍和已经识别的风险；推动开发团队就可能存在的风险进行交流

支持团队：仆人式领导

Scrum 主管以仆人式的领导方式工作，其职责是排除障碍、防止注意力分散并帮助 Scrum 团队的其他人发挥出最大的能力完成工作。敏捷项目的领导者们往往是帮助团队寻找解决方案，而不是分配任务。Scrum 主管指导、信任并促进 Scrum 团队进行自我管理。

Scrum 团队的其他成员也可以承担起仆人式的领导角色。当 Scrum 主管帮助消除干扰和障碍时，产品负责人和开发团队的成员同样可以提供所需要的帮助。产品负责人可以积极提供关于产品需求的重要细节，快速回答来自开发团队的问题。当开发团队成员向跨职能转变时，他们可以相互帮助和指导。Scrum 团队中的每个人都可能在项目的某一时刻承担仆人式领导的角色。

拉里·斯皮尔斯（Larry Spears）在他的论文《仆人式领导理念与实践》（*The Understanding and Practice of Servant-Leadership*）（仆人式领导圆桌会议，领导力研究学院，瑞金大学，2005 年 8 月）中提出了仆人式领导的十大特征。列出这些特征的同时，我还补充说明了敏捷项目团队活力如何从中受益。

- **倾听**。仔细倾听 Scrum 团队其他成员的心声，将帮助 Scrum 团队发现需要互相帮助的领域。为了移除障碍，仆人式领导可能不仅要倾听人们所表达的内容，还要挖掘他们没有说出的话语。
- **同理心**。仆人式领导尽力去理解 Scrum 团队中的成员并换位思考，同时促进他们相互之间的理解。
- **治疗**。在敏捷项目中，治疗意味着弥补那些不能以人为本的过程所带来的损害。在这些过程中，人被看作是设备和可更换的零件。许多传统项目管理方法可以被称之为“不以人为本”（Non-people-centric）。
- **意识**。在敏捷项目中，为了更好地服务 Scrum 团队，团队里的人们可能需要知道许多不同层级的活动。
- **说服力**。仆人式领导依靠的是其公信力，而不是自上而下的权威。强大的说服力和组织级的影响力将帮助 Scrum 主管在公司或者组织内为 Scrum 团队摇旗呐喊。此外，仆人式领导还能够将这种说服力传授给 Scrum 团队的其他人，从而帮助维护和谐的氛围并建立共识。

- **概念化**。在敏捷项目中，Scrum 团队的每个成员都可以使用概念化技能。敏捷项目的发展规律鼓励 Scrum 团队超越自我，大胆想象。无论是为了产品开发还是团队活力，仆人式领导都将有助于培养 Scrum 团队的创造力。
- **远见**。再次冲刺回顾都能提高 Scrum 团队的预见能力。通过定期检查他们的工作成果、过程和团队活力，Scrum 团队可以不断调整，并明白如何为后续冲刺做出更好的决策。
- **管家**。仆人式领导是 Scrum 团队需求的"管家"，"管家"意味着信任。Scrum 团队成员彼此信任，坚信对方会关注团队和项目整体上的需要。
- **致力于人的成长**。成长对于 Scrum 团队形成跨职能工作的能力至关重要。仆人式领导将鼓励和推动 Scrum 团队的学习和成长。
- **建立社区**。一个 Scrum 团队就是一个自己的社区。仆人式领导将帮助建立和维持社区里的"正能量"。

　　仆人式领导之所以有效，是因为它积极地专注于个人和互动这一敏捷项目管理的关键原则。与自管理非常相似的是，仆人式领导要求信任和尊重。

　　仆人式领导的概念并不是敏捷项目独有的。如果你学过管理技术，你或许会认同罗伯特 •K• 格林里夫（Robert K. Greenleaf）的贡献，他是仆人式领导现代运动的先驱，20 世纪 70 年代，他在一篇随笔中创造了"仆人式领导（servant-leader）"的概念。格林里夫创立了应用伦理中心（the Center for Applied Ethics），现在以"格林里夫仆人式领导力中心"闻名，该中心主要是面向全球推广仆人式领导的理念。

　　下面两节主要与敏捷项目成功的团队因素相关：专职的团队和跨职能的团队。

专职的团队

　　拥有一个专职的 Scrum 团队对项目有很多重要的好处。

- **保持团队成员再次只专注于一个项目，有助于防止被干扰**。专注于一个项目会减少任务切换（在没有真正完成任何一项任务之前，在不同任务之间来回切换），这将提高生产率。
- **专职的 Scrum 团队成员清楚地知道每天将要做什么**。行为科学中有一个有趣的现象，当人们知道当前需要承担的工作之后，他们上班时所思考的问题在下班后将自然而然地继续占据他们的头脑。稳定的任务会促使你每天投入更多的时间用于思考，这使得更好的解决方案和更高质量的产品的产生成为可能。

✔ **专职 Scrum 团队受到的干扰较少，因此犯错的几率也就越小。** 当一个人不必满足多个项目的需求时，他就有时间并能确保其出色地完成工作。第 15 章详细讨论了提高产品质量的方法。

✔ **专职的 Scrum 团队成员能够对项目提出更多的创新。** 当人们心无旁骛地沉浸在产品中时，他们能够为产品功能想出更多创造性的解决方案。

✔ **专职的 Scrum 团队中人们在工作时的幸福感可能更强。** 因为 Scrum 团队成员能够集中精力于一个项目，所以他 / 她的工作更轻松。即便不是绝大多数人，起码也有许多人，他们乐于完成有质量的工作，他们希望富有成效，希望持续创新。专职的 Scrum 团队带来更高的满意度。

✔ **当你拥有一个每周工作时间相同的专职 Scrum 团队时，你就可以准确地计算出速率——团队的开发速度。** 在第 13 章中，我谈到了在每个冲刺结束时计算 Scrum 团队的速率并用于确定长期的时间表和成本。速率有赖于对一个冲刺与后续的冲刺的产出进行比较，因此如果 Scrum 团队的工作时间固定，使用速率来预测时间和成本最为有效。如果你不能拥有一个专职的 Scrum 团队，那么至少去争取让你项目的团队成员每周工作相同的时间。

富有成效的多任务高手或许只是个传说。在过去的 25 年，特别是在过去 10 年，许多研究都证明任务切换降低了生产率，影响决策技能的发挥，并导致更多的错误的产生。

为了获得专职的 Scrum 团队，你需要你所在的组织的强有力的支持。许多公司要求员工同时服务多个项目，这种做法基于一个错误的假设，那就是招聘更少的人使得公司可以节省成本。当公司开始转向敏捷管理时，他们发现使花费最少的方法是减少产品缺陷和通过专注来实现开发效率的提升。

Scrum 团队的每个成员都可以帮助确保团队专职化。

✔ 如果你是一个精通敏捷方法的 Scrum 主管，你可以向你的公司说明为什么一个专职的 Scrum 团队意味着生产率、质量和创新的提升。一个好的 Scrum 主管应该同时具有组织内的影响力，从而防止公司给 Scrum 团队的成员安排其他项目。

- 如果你是开发团队的成员，那么当任何人要求你承担项目之外的工作时，你可以将工作推回去。如果有必要，可以寻求 Scrum 主管支持。不管是福是祸，这种项目外的工作请求都是一个潜在的障碍。

- 如果你是一个产品负责人，要确保你的公司了解，设置一个专职的 Scrum 团队从财务角度来看也是不错的决定。由于你对项目的投资回报负责，所以请随时准备为你的项目的成功而争取一切资源。

Scrum 团队的另一个特征是跨职能。

跨职能团队

跨职能的开发团队在敏捷项目中也十分重要。在一个敏捷软件项目中，开发团队并不只是包括程序员，它还包括在这个项目中所有将被分配工作的人。比方说，一个软件项目中的开发团队可能包括程序员、业务分析师、数据库专家、质量保证员、可用性专家和平面设计师。每个人都有自己的专长，而跨职能就意味着团队中每个人都愿意尽可能为项目的不同部分做出贡献。

在一个敏捷开发团队里，你一直要问自己两个问题："今天我能做出什么贡献呢？"和"未来我如何扩大自己的贡献？"。在每个冲刺过程中，开发团队的每个人将发挥其现有的技能和专长。跨职能使得开发团队成员可以有机会参与专业领域之外的工作，从而学习新的技能，同时跨职能还允许人们与开发团队的同事们分享知识。你不必成为敏捷开发团队的"全能选手"，但是你应该乐于学习新的技能并乐于分担各种各样的任务。

跨职能开发团队的最大好处是消除了单点故障。如果你曾经参与过一个项目，试问你经历的项目延期中有多少次是由于重要的成员休假、病假或更有甚者离职造成的？休假、疾病和人员流动是司空见惯的，但是在一个跨职能开发团队中，其他团队成员可以加入并以最低限度的影响将工作推进。即使一个专家毫无征兆地突然离开项目组，其他开发团队成员对相关工作的了解也足以帮助快速培训一名新人接管。

你或许有这样的经历，开发团队成员外出休假，却不慎感染流感。请不要只让一个人掌握某项技能或者某项功能领域，否则会使得你的项目受损。

跨职能需要开发团队以个人和小组名义做出强有力的承诺。那句老话"团队无'我'"（"TEAM"这个单词中没有"I"这个字母）在敏捷项目中尤其正确。在一个敏捷开发团队中工作，依靠的是技能，而不是头衔。

不看重头衔的开发团队，其团队资历和状态是根据当前的知识、技能和贡献来评判的，因此，团队更多以业绩来驱动。

不要再去考虑你是一个"高级质量保证测试员"还是一个"初级开发者"，你需要找到一个全新的方式来思考你自己。认同自己是"跨职能团队一员"可能意味着要做一些额外的工作，但是当你学习新的技能和增进团队协作时，会觉得这一切都是值得的。

当开发人员也参与测试，他们所编写的代码就会是友好的测试。

拥有一个跨职能的开发团队，同样需要来自你所在的组织的承诺与支持。为了鼓励团队合作，有些公司取消了头衔，或者刻意让头衔模糊（你或许看见一些类似"应用开发"的岗位）。从组织的角度看，其他一些方法也有助于创建强大的跨职能开发团队，包括提供培训，视 Scrum 团队为一个整体，或当某个人与团队环境不匹配时积极地做出改变。在招聘时，你的公司可以积极地寻找那些愿意在高协作环境中工作、愿意学习新技术以及愿意在项目不同领域中工作的人们。

虽然任务切换降低了生产率，但是跨职能却是有效的，这是因为你并未改变你所工作的实际环境，你只是从不同的角度处理同样的问题而已。事实上，处理同一个问题的不同方面会增加知识的深度并提高你的能力，从而把工作做得更好。

无论是组织的物理环境，还是人文环境都对敏捷项目的成功至关重要。下一节将告诉你如何建立这些环境。

建立敏捷环境

正如我在其他章节中解释的，集中在一起工作的 Scrum 团队是最理想的。互联网以前所未有的方式将人们连接在一起，但是即便是电子邮件、即时通讯、视频会议、电话和在线协同工具等各种方式的最佳组合也无法取代面对面交谈的简单性和有效性。图 14-1 举例说明了电子邮件与面对面交谈的差别。

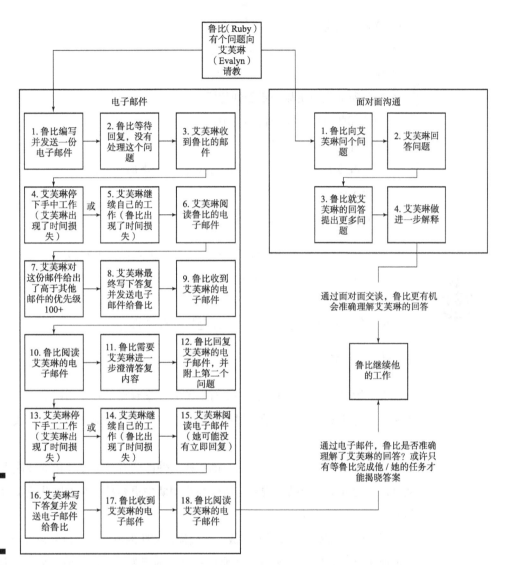

图 14-1
电子邮件
与面对面
沟通对比

　　Scrum 团队成员在相同的地点工作，并能够随时当面交谈，这对团队活力很重要。在本章，你稍后会发现更多关于沟通的细节。此外，第 5 章详细介绍了如何为 Scrum 团队建立物理环境。

　　拥有一个有益于 Scrum 团队成长的人文环境是敏捷项目成功的另一个要素。Scrum 团队中的每一个人都应该能够：

- 感觉到安全；
- 以积极的方式表达他/她的想法；
- 挑战现状；
- 坦陈所面临的挑战而不受到惩罚；
- 申请那些可以改变项目的资源；
- 犯错并从错误中学习；
- 建议改变并让其他 Scrum 团队成员认真考虑那些变化；
- 尊重 Scrum 团队的同事；
- 受到 Scrum 团队其他成员的尊重。

信任、公开和尊重对保持敏捷项目团队的活力是很重要的。

一些关于产品和流程的最好的改进往往来源于新人询问的看似"愚蠢"的问题。

体现敏捷团队活力的另一个方面是规模有限的团队。

限制开发团队规模

关于敏捷项目团队活力的一个有趣的心理学看点是开发团队的人员数量。开发团队通常有 5~9 名成员。最理想的人数是 7 名；如果增加或减少两名成员，你仍然可以受益。

将开发团队保持在 5~9 名成员的规模，使团队有足够多样化的技能去实现需求从纸面转化成最终产品。沟通与协作在小团队中更容易。开发团队成员可以轻松地与其他人交互并取得共识。

当你的开发团队有超过 9 名成员的规模，团队的成员常常被分为多个子小组，进而形成多个"竖井"。虽然这是正常的社会人的行为，但是子小组对一个力争实现自管理的开发团队来说，可能意味着分裂。此外，它与更大的开发团队沟通也会更困难，因为有更多的沟通渠道，也会有更多的机会丢失或者曲解一个消息。当你的开发团队超过 9 人，你经常需要另外一个人来帮忙，而他的职责就是帮助管理沟通。

另一方面，少于 5 人的开发团队常常自然而然地被敏捷方法吸引。当然，规模太小的开发团队可能发现很难推进跨职能模式，那是因为在项目中可能没有足够多的、掌握多种技能的成员。

如果你的产品开发需要不止 9 名开发团队成员，请考虑将这项工作在多个 Scrum 团队中分解。将人们按照相似的性格、技能和工作风格进行分组，这样可以提高生产率。在第 13 章有关于如何与多个 Scrum 团队协作的详细介绍。

管理分散团队的项目

正如我在这本书中一直说的，一个集中工作的 Scrum 团队对敏捷项目来说是绝佳的人力资源配置。但是，一个 Scrum 团队有时无法在一个地方一起工作。我们将这样的团队称为分散的团队（Dislocated teams），团队成员在不同的地点工作，其存在往往有许多不同的原因，并且有多种形式。

在一些公司里，一个项目所需要的具备合适技能的人可能在不同的办公地点工作，而在项目过程中，公司或许不希望承担将这些人召集在一起的成本。一些组织在项目中与其他组织联合工作，但是它们可能不希望或者无法实现办公区共享。一些人可能是远程办公，尤其是合同制员工，其住所距离服务的公司很远，有的甚至从未进入过这家公司的办公室。还有一些公司与离岸团队一起工作，项目中常常有一些来自不同国家的成员。

好的消息是你仍然能够与一个或多个分散的 Scrum 团队合作实施一个敏捷项目。事实上，如果我必须与一个分散的团队合作，我将只会考虑敏捷方法，因为敏捷方法可以让我更快看到可用的功能，并降低我可能遇到的由于误解所带来的风险，而这是分散团队几乎无法回避的。

在《Scrum 手册》(*A Scrum Handbook*，Scrum 协会培训出版社) 中，杰夫·萨瑟兰描述了分布式 Scrum 团队的三种模型。

- **孤岛式 Scrum 团队**。Scrum 团队在不同的地理位置独立工作，并且可能没有全部以敏捷方法论为指导。以隔离的 Scrum 团队为基础的产品开发只存在代码级集成，不同的团队相互间并不会沟通或者协作，而是寄希望于当需要集成每个模块时代码是可用的。
- **分布式 Scrum 联席会议**。Scrum 团队分布在不同的地点，为了协调工作，Scrum 团队举行 Scrum 联席会议——多个 Scrum 主管的每日例会。
- **集成式 Scrum**。集成的 Scrum 团队是跨职能的，其成员分布在不同的地点。Scrum 联席会议仍然存在。

表 14-3 是一份来自 2008 年阿姆比软件公司（Ambysoft）的《敏捷采用率调查报告》（Agile Adoption Rate Survey）的结果，展示了地理上集中和分散的 Scrum 团队的项目成功率的对比。

表 14-3　集中与分布式 Scrum 项目团队的成功率

团队分布方式	成功率
集中的 Scrum 团队	83%
分散的，但是可以见面联系	72%
跨地区分布	60%

敏捷采用率调查结果 [斯科特 •W• 安博勒（Scott W. Ambler），阿姆比希软件，Copyright©2008 ）]

如果给你一个分散的 Scrum 团队，你如何能够取得敏捷项目的成功？送给你三个词，沟通、沟通、再沟通。由于不可能每天当面交流，敏捷项目中分散的 Scrum 团队需要项目中每个人的倾力付出。以下是一些秘诀，可以帮助分散的 Scrum 团队成员进行有效的沟通。

- **使用视频会议技术模拟面对面谈话**。人与人的交流有很大比例是可见的，包括面部表情暗示、手势甚至耸肩。视频会议使得人们能够看见对方，并从非语言的沟通和讨论中获益良多。
- **如果在项目中不便安排多次，也请至少安排一次团队集中的现场会议**。现场会议分享的经验，哪怕只是一两次，都可以帮助推进分散团队成员之间的合作。
- **使用在线协作工具**。一些工具可以模拟白板和用户故事卡片，记录交流内容，还支持多人同时为某一个话题更新知识库。
- **将 Scrum 团队成员的照片发布到在线协作工具上，或者甚至可以包含在电子邮件签名档中**。人们对人脸的反应胜过单独的书面词语。一个简单的图片可以使得消息和电子邮件更富有人情味。
- **认识到时区的差异**。将显示不同时区的多个时钟挂在墙上，这样你不至于在凌晨三点意外拨打某个人的移动电话，或吵醒对方，或者想知道他 / 她为什么没有接听。

- **灵活适应时区差异**。闲暇之余，你可能需要不时地接通视频通话或电话以确保项目工作继续前进。对于时区差异较大的情况，请考虑对各个团队可用的时间做一些权衡。某一个星期，A 团队在清晨是可以工作的，而下一个星期，B 团队在晚上是有空的。以此类推，没有人一直是不方便的。
- **如果你对一次交谈或者一封邮件有任何疑问，请要求澄清**。当你对某人的意思拿不准时，复核总是有益的。用一个电话，一个即时消息或者一封邮件跟进，可以避免错误传达造成的误解。
- **要意识到 Scrum 团队成员在语言和文化方面的差异，特别是当你和多个国家的团队一起工作时**。理解口语和发音上的区别将会提升跨国沟通的质量。了解当地的假期也是有帮助的，我就曾经不止一次被我所在区域之外紧锁的办公室搞得措手不及。
- **有时特地尝试讨论一些与工作无关的话题**。不管他们身在何方，讨论工作之外的话题都有助于你与 Scrum 团队成员更加亲近。

有了团队成员的奉献精神、合作意识和强有力的沟通，分布式的敏捷项目才可以成功。

敏捷项目中实现团队活力的独特方法也是敏捷项目成功的部分原因。正如你在下一节即将看到的，沟通与团队活力是密切相关的，敏捷项目中的沟通方法与传统项目也有很大的不同。

敏捷项目沟通管理的不同之处

在项目管理的术语中，"沟通"一词指的是项目团队成员之间正式或者非正式的信息传递。与传统项目一样，良好的沟通对敏捷项目同样重要。

然而，敏捷原则为敏捷项目确定了不同的基调，强调简洁、直接和面对面交谈。以下是与沟通相关的敏捷原则：

第 4 条　业务人员和开发人员必须在整个项目期间每天一起工作；

第 6 条　不论团队内外，传递信息效果最好且效率最高的方式是面对面交谈；

第 7 条　可工作软件是度量进度的首要指标；

第 10 条　以简洁为本，它是极力减少未完成工作量的艺术；

第 12 条　团队定期地反思如何能提高成效，并相应地协调和调整自身的行为。

敏捷宣言也提到了沟通，认为可工作软件胜过详尽的文档。虽然文档也具有价值，但在敏捷项目中可工作软件更为重要。

表 14-4 列举了一些传统项目与敏捷项目沟通的不同之处。

究竟需要编写多少文档呢？这不是一个关于文档数量的问题，而是一个关于恰当性的问题。你为什么需要一份特定的文件？你如何才能以尽可能简单的方法创建这份文件？你可以把海报大小的粘贴板挂到墙上，这将使得信息易于理解，尤其适合形象地传递包括愿景声明、完工定义、障碍日志和重要的架构决策在内的工件信息。一图值千言。

下一节展示了如何利用敏捷项目框架加强面对面地沟通，如何减化流程，如何将可工作软件作为沟通媒介的价值。

表 14-4　传统方法与敏捷方法沟通管理的对比

采用传统方法的沟通管理	采用敏捷方法的沟通管理
团队成员可能不会为当面交谈做出任何特别的努力	敏捷项目管理方法将面对面沟通视为传递信息的最佳方式
传统方法对文档更为重视。团队可能会基于过程，而不是基于对实际需要的考虑来创建大量复杂的文件和状态报告	敏捷项目文件或者工件倾向于言简意赅，并提供恰到好处的信息。敏捷工件仅包含必要的信息并且通常可以使项目状态一目了然。项目团队利用"演示，而非告诉"的概念，即在冲刺评审中通过演示可工作软件来定期沟通进展
团队成员可能会被要求参加大量的会议，不论那些会议是否是有用的或者必要的	按照设计，敏捷项目中的会议是尽可能快速的，并将仅包括真正想参加会议并能从会议中受益的人员。敏捷项目会议能够带来面对面沟通的所有好处并避免浪费时间。敏捷项目会议的结构是将提高生产效率，而不是降低生产效率

如何在敏捷项目中管理沟通

为了在敏捷项目中做好沟通管理，你需要了解敏捷项目沟通方法的原理以及如何将他们结合起来使用。你还需要知道为什么敏捷项目的状态不同于传统项目以及如何向项目干系人汇报项目进展。下一节会向你介绍该如何进行操作。

理解敏捷项目沟通方法

敏捷项目有很多种沟通方法，可以借助工件、会议来沟通，或者采用非正式的沟通。

面对面交谈是敏捷项目的核心和灵魂。当 Scrum 团队成员每天都在一起讨论项目的时候，沟通就会变得很简单。久而久之，Scrum 团队的成员会熟悉彼此的性格、沟通方式和思维过程，进而能够快速、高效地沟通。

图 14-2 摘自阿利斯泰·科克伯恩（Alistair Cockburn）的一则演讲稿《软件开发是一种合作博弈》（*Software Development as a Cooerative Game*），向我们展示了面对面沟通与其他沟通类型的有效性对比情况。

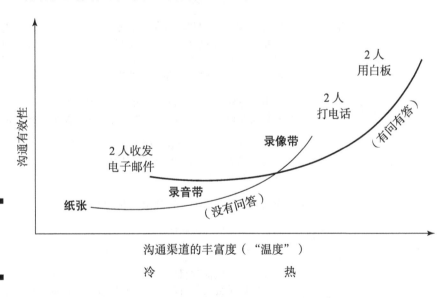

图 14-2
沟通类型
对比

在前面的章节中，我描述了一些适合敏捷项目的工件和会议，它们都在沟通过程中发挥着作用。敏捷项目会议提供了在面对面的环境中进行沟通的模版。为了让开发团队将时间用于工作而不是花费在开会上，敏捷项目会议具有明确的目标和规定的时间长度。敏捷工件为书面沟通提供了一套简单明了、重点突出的结构化的模板。

表 14-5 介绍了不同沟通渠道在敏捷项目中的角色。

表 14-5 敏捷项目沟通渠道

渠道	类型	沟通中的角色
项目计划、发布计划和冲刺计划	会议	计划会议用于和 Scrum 团队沟通关于项目、发布和冲刺的详细情况。在第 7 和第 8 章中可以了解到关于计划会议的更多信息
产品愿景声明	工件	产品愿景声明用于和项目团队及组织沟通项目的最终目标。在第 7 章中可以找到关于产品愿景的更多介绍
产品路线图	工件	产品路线图用于沟通对支持产品愿景并可能成为项目组成部分的特性的长远考虑。在第 7 章中可以找到关于产品路线图的更多描述
产品待办列表	工件	产品待办列表用于和项目团队沟通项目范围。在第 7 章和第 8 章中可以找到关于产品待办列表的更多信息
发布计划	工件	发布计划用于针对具体发布目标的沟通。在第 8 章中可以找到关于发布计划的更多介绍
冲刺待办列表	工件	当每日都对冲刺待办列表进行更新时，冲刺待办列表可以向所有相关人员提供冲刺和项目的即时状态。冲刺待办列表中的燃尽图快速形象地展现了当前冲刺的状态。在第 8 章和第 9 章中可以找到关于冲刺待办列表的更多描述
任务板	工件	利用任务板向所有经过 Scrum 团队工作区的人员形象地展示当前冲刺或发布的状态。在第 9 章中可以找到关于任务板的更多信息
每日例会	会议	每日例会为 Scrum 团队提供了面对面交谈的机会，来协调当天任务的优先级和识别任何出现的挑战。在第 9 章中可以找到关于每日例会的更多介绍
面对面交谈	非正式	面对面交谈是敏捷项目中最重要的沟通模式
冲刺回顾	会议	冲刺回顾支持 Scrum 团队相互沟通，积极探讨改进空间。在第 10 章中可以找到关于冲刺回顾的更多信息
会议纪要	非正式	会议纪要是敏捷项目中一种可选的、非正式的沟通方法。会议纪要可以记录会议的行动项，以确保 Scrum 团队的成员能够在后续的流程中记得这些行动项。冲刺评审的纪要可以记录准备加入产品待办列表中的新特性。冲刺回顾的纪要可以提醒项目团队不要忘记对项目改进所作出的承诺
协同解决方案	非正式	白板、便利贴和电子协作工具都可以帮助 Scrum 团队进行沟通。请务必注意，使用这些工具只是作为辅助而不是为取代面对面交谈

工件、会议和更多的非正式沟通渠道都只是工具。请记住，即使是最好的工具也只有在被正确使用的情况下才能发挥作用。敏捷项目关注于个体和互动，工具相对于成功而言是次要的。

下一节提到了敏捷项目沟通中的一个特别领域：状态报告。

状态和进展报告

所有的项目都有干系人，他们是在 Scrum 团队之外的人，在项目中拥有既得利益。至少有一名干系人负责为你的项目提供资金。了解项目的进展对干系人，尤其对负责预算的干系人非常重要。这一节介绍了如何对外传达你的项目状态。

敏捷项目的状态是对 Scrum 团队已完成的特性的评估。根据第 2 章中的完工定义，一项特性完成的标志是，Scrum 团队按照产品负责人和开发团队间达成的协议完成了对一项特性的开发、测试、集成和记录的工作。

如果你以前参与过传统的软件项目，你曾参加的状态会议中有多少次汇报过项目状态，声称已完成了 64%？如果你的干系人回应："干得好！我们很欣慰在耗费了所有资金后完成了 64%。"那么你和干系人都将面临损失，因为并不是说完成了的 64% 的特性是可用的。你的意思是每项产品特性都只进行了 64%，那么，你还没有任何可工作的功能，并且在人们可以使用这个产品前你还有大量的工作要做。

在敏捷项目中，满足完工定义的可工作软件是衡量项目进展的首要指标。如果实现，你便可以自信地宣布项目的特性已经完成。因为敏捷项目的范围一直在变更，所以你不能以百分比的形式来表示进展。相反，你可以用故事点来表示已完成的需求，即只是累计 Scrum 团队迄今为止已完成的故事点数，或者简单地用已完成特性的数量来表示。

请你每天跟踪冲刺和项目的进展。每日例会、任务板、冲刺待办列表、产品待办列表、燃尽图和冲刺评审是你用于沟通状态和进展的主要工具。

你可以在冲刺评审时向项目干系人演示可工作软件。不必准备幻灯片或者文字资料，冲刺评审的关键是以演示的形式来向干系人介绍项目进展，而不是仅仅告诉他们你完成了什么。正所谓眼见为实，耳听为虚。

强烈建议那些可能关注你的项目的人员参加冲刺评审。当人们看到，特别是可以定期地看到可工作的产品在运行时，他们就可以更好地了解你所完成的工作。

对敏捷项目比较陌生的公司和组织可能会希望看到传统的状态报告，而不仅仅是敏捷工件。这些组织也可能想让 Scrum 团队的成员参加定期的状态会议，而不局限于每日例会和其他的敏捷会议。因为你所做的工作是需要完成的工作的两倍，所以这种情况被称为敏捷冗余（Double Work Agile）。敏捷冗余是敏捷项目最严重的误区之一。如果 Scrum 团队试图满足两种截然不同的项目管理方法的要求，那么他们的精力将很快被消耗殆尽。你可以向你的公司说明为什么敏捷项目的工件和活动能更好的替代传统项目的文件和会议，从而避免敏捷冗余。为了敏捷项目的成功，请坚持以正确的方法做事情。

冲刺待办列表包含一份关于当前冲刺的每日状态报告、冲刺的用户故事及与那些用户故事相关的任务和估算。冲刺待办列表也常常配有一幅燃尽图，用于以可视化的方式展示开发团队已完成工作的状态。

如果你目前是一名项目经理，或者你将要学习项目管理，那么你可能会遇到关于挣值管理（EVM），即一种测算项目进展和绩效方法的概念。一些敏捷项目实践者正试图使用敏捷版的 EVM 方法。我不赞成在敏捷项目中应用 EVM，因为 EVM 会假设你的项目具有固定的范围，而这恰恰与敏捷方法论相悖。请运用本书提到的工具，而不是试图为了迎合传统模式而更改敏捷方法。

燃尽图是快速地展示已完成工作的状态，而不是讲述状态。从冲刺燃尽图上，你可以马上看出冲刺是运行正常还是可能处于困境。在第 9 章中，我曾经展示过一幅不同冲刺场景的燃尽图样例，这里我再次引用（见图 14-3）。

如果你每天都更新你的冲刺待办列表，你将一直拥有一份为项目干系人准备的最新状态报告。你也可以向他们展示产品待办列表，以便他们了解到 Scrum 团队迄今为止已经完成了哪些特性，哪些特性会成为未来冲刺的组成部分，哪些特性会成为优先级。

产品待办列表将随着你增加新特性或者重新调整特性的优先级而变化。请确保评审产品待办列表特别是以评审状态为目的的人员理解这个概念。

任务板可以快速地向你的项目团队展示一次冲刺、发布、乃至整个项目状态。任务板上所贴的写有用户故事标题的便利贴被放入至少四栏中：待办项、进行中、待验收和已完工。如果你在 Scrum 团队的工作区中展示你的任务板，那么经过工作区的所有人员都可以看到哪些特性已完成，哪些特性正在进行中等高层级状态。因为 Scrum 团队每天都会看到任务板，所以他们总能了解到产品所处的阶段。

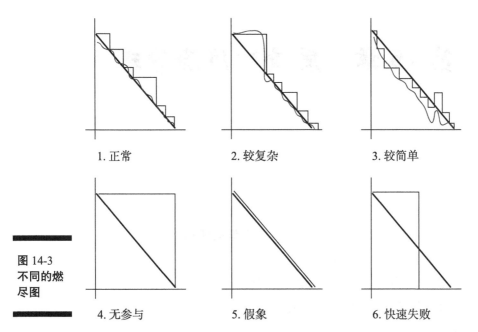

1. 正常　　　　　2. 较复杂　　　　　3. 较简单

**图 14-3
不同的燃
尽图**

4. 无参与　　　　5. 假象　　　　　6. 快速失败

第 15 章　质量和风险管理

本章内容要点：

▶ 学习敏捷项目管理中优质的方法如何降低项目风险；

▶ 了解积极地确保优质开发的方法；

▶ 领会如何利用自动化测试提高生产力；

▶ 理解敏捷项目方法如何降低风险。

　　质量和风险是项目管理中密不可分的两部分。本章中你将了解如何运用敏捷项目管理方法交付优质的产品，以及如何利用敏捷方法管理项目中的风险。你还将了解到质量与项目风险的长期影响关系，以及敏捷项目中的质量管理如何从根本上降低项目风险。

敏捷项目质量管理的不同之处

　　质量是指某个产品是否可工作并满足项目干系人的需求。质量贯穿整个敏捷项目管理过程。第 2 章列出的敏捷 12 原则全部直接或间接地指向质量。这些原则如下。

　　第 1 条　我们最优先考虑的是，通过尽早和持续不断地交付有价值的软件使客户满意。

第2条 即使在开发后期也欢迎需求变更。敏捷过程利用变更为客户创造竞争优势。

第3条 采用较短的项目周期（从几周到几个月），经常地交付可工作软件。

第4条 业务人员和开发人员必须在整个项目期间每天在一起工作。

第5条 围绕富有进取心的个体而创建项目。提供他们所需的环境和支持，信任他们所开展的工作。

第6条 不论团队内外，传递信息效果最好且效率最高的方式是面对面交谈。

第7条 可工作软件是度量进度的首要指标。

第8条 敏捷过程倡导可持续开发。发起人、开发人员和用户要能够长期维持稳定的开发步伐。

第9条 坚持不懈地追求技术卓越和良好设计，从而增强敏捷能力。

第10条 以简洁为本，它是极力减少未完成工作量的艺术。

第11条 最好的架构、需求和设计出自于自组织团队。

第12条 团队定期地反思如何能提高成效，并相应地协调和调整自身的行为。

通过这些原则，敏捷框架着重强调了营造特定环境的重要性：这种环境能够确保 Scrum 团队创造有价值的且可工作的产品。敏捷方法所提倡的质量包含两层含义：产品既能正常工作，又能满足项目干系人的需求。

表 15-1 比较了传统项目质量管理与敏捷项目质量管理的不同之处。

表 15-1 传统项目质量管理与敏捷项目质量管理的对比

传统方法中的质量管理	敏捷方法中的质量管理
测试是产品部署前的最后阶段。某些功能的测试在开发结束几个月后才开始	测试是每一次冲刺的日常组成部分，包含在每个需求的完工定义中。通过使用自动化测试实现日常快速和稳健的测试
质量经常是一种被动的实践，主要依靠产品测试和问题解决方案来实现	既采取被动实践（测试），也采取主动实践，鼓励各种质量管理实践。主动的质量管理实践包括面对面沟通、结对编程和既定的编码规范
如果在项目后期发现问题，其风险相对较高。测试阶段项目的沉没成本很高	可以在沉没成本较低的早期冲刺阶段对风险较高的特性进行开发并测试
项目后期很难发现问题（这些问题有时被称为漏洞 bugs），而且修正这些问题的成本很高	测试少量功能的时候比较容易发现问题。相比几个月前开发的功能，修正刚创建的功能也更加容易
有时为了赶在最后期限前交付或节约成本，项目团队会尽量缩短测试时间	测试是每一次冲刺的组成部分，因此可以保证测试时间

为什么计算机漏洞称为 "bugs"（臭虫）

为什么计算机问题或漏洞被称作 "bugs"（臭虫）呢？原来，第一代计算机是由许多庞大的真空管组成。1945 年，哈佛大学的一台马克 II 型艾肯中继器计算机出了问题。工程师追踪问题时在中继器内发现了一只飞蛾。于是团队戏称所有与计算机相关的故障为 "bug"。至今，人们仍习惯用 "bug" 指代计算机的硬件和软件问题，这个术语甚至延伸到了计算机领域之外。哈佛大学的工程师们将这只飞蛾贴在一本日志中。现在，这只飞蛾保存在史密森尼美国国家历史博物馆。

在本章，你将了解敏捷流程为何在 20 世纪 90 年代中期作为一种软件开发项目管理方法而出现，以及为何敏捷方法论吸引了项目经理、客户（投资于开发新软件）和公司高级管理层（所在公司设立了软件开发部门）的注意力。本章也解释了敏捷方法论超越项目管理传统方法的优势。

本章一开始就强调了质量和风险密切相关。表 15-1 列出的敏捷方法能够极大降低质量管理通常所伴随的风险和不必要的成本。

敏捷项目质量管理的另一个不同之处在于项目生命周期内的多次质量反馈循环。图 15-1 展示了某个 Scrum 团队在项目周期中收到的各种产品反馈。开发团队不断将这些反馈整合到产品中，从而持续提高产品质量。

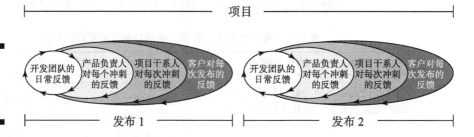

图 15-1
敏捷项目
质量反馈

第 14 章提到敏捷项目的开发团队可以包括任何为产品工作的个人。典型的敏捷项目开发团队同时包括测试人员和质量保证人员。开发团队成员通常是跨职能的，即每个团队成员在项目的不同阶段可能担任不同的工作。跨职能同时延伸到质量活动，如问题的预防、测试和修复。

下一节你将了解到如何利用敏捷项目管理技术来提升产品质量。

如何在敏捷项目中管理质量

在敏捷项目中，敏捷开发团队对质量负主要责任。承担质量责任是自管理所伴随的责任和自由的延伸。也就是说，当开发团队可以自由选择其开发方式时，自然有责任确保此开发方式下的工作质量。

组织通常将质量管理统称为质量保证或 QA，如 QA 部门、QA 测试员、QA 经理、QA 分析员以及其他以 QA 为首的负责质量活动的头衔。QA 有时也专指测试，如"我们的产品已经过了 QA"，"我们正处于 QA 阶段"。

Scrum 团队的其他成员——Scrum 主管和产品负责人——在质量管理中也承担相应的责任。产品负责人需要澄清需求并验收每一次冲刺所完成的需求。Scrum 主管需要确保整个开发团队处在良好的工作环境中。在这种环境下，团队的每个成员都能够充分施展个人的能力。

幸运的是，敏捷项目管理有多种方式帮助 Scrum 团队确保产品质量。本节将介绍如何通过冲刺中的测试提高漏洞检出率并降低纠错成本，以及敏捷项目管理所提倡的优质的产品开发的多种方式。你将了解到定期检查和调整对保证产品质量的重要性，以及在整个敏捷项目周期中，自动化测试对持续交付有价值的产品的重要性。

质量和冲刺

质量管理是敏捷项目的日常组成部分。一个敏捷项目包含多个冲刺。冲刺通常是一个持续 1~4 周的开发周期。每个周期均包括传统项目管理中各个阶段的活动：需求收集、设计、开发、测试和集成。有关冲刺内各项工作的详细介绍请参见第 8、9、10 章。

小测试：要从一张桌子和一个足球场找到一枚硬币，哪个更容易？答案显然是桌子。同样的道理，从 100 行代码中定位一个缺陷显然比从 100 000 行代码中定位要容易得多。因此，在迭代开发方式下，产品的质量更加容易保证。

Scrum 团队在每一次冲刺中都要进行测试。图 15-2 展示了敏捷项目中测试和冲刺之间的关系。注意，测试在第一个冲刺中程序员开始对第一个需求进行编程之后就开始了。

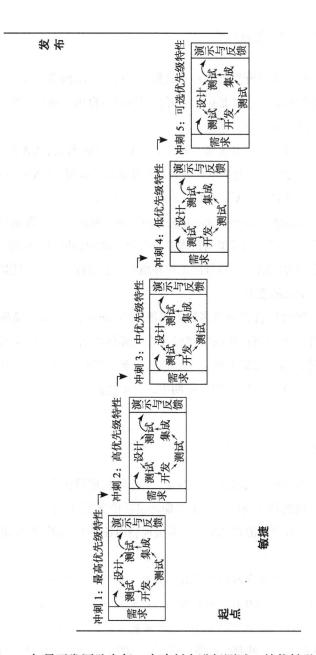

**图 15-2
敏捷项目
冲刺中的
测试**

如果开发团队在每一次冲刺中进行测试，就能够及时发现并修复问题。在敏捷项目管理中，开发团队开发出产品需求后立即测试并修复问题。传统项目管理中，开发团队在产品需求开发完成几周甚至几个月之后才开始修复发现的问题，这不得不说是对开发人员记忆力的挑战。而在敏捷项目管理中，开发团队最迟会在需求开发 1~2 天后修复这些问题。

　　敏捷项目中，几乎每天都进行例行测试，这是确保产品质量的一个好方法。另一个确保产品质量的方法是从一开始就创造出更好的产品。下一节将介绍敏捷项目管理如何通过不同的方法帮助开发团队预防错误并创造出优质产品。

主动型质量管理

　　关于质量，一个重要但经常被忽视的问题是预防。为了鼓励 Scrum 团队主动创造出优质产品，敏捷方法提供了一系列的实践，包括：

- 强调技术卓越和良好设计；
- 将特定质量开发技术引入产品生产；
- 开发团队与产品负责人之间进行日常交流；
- 用户故事中包含验收标准；
- 面对面沟通和集中办公；
- 可持续开发；
- 对工作和行为进行定期检查和调整。

　　以下章节将详细介绍这些主动质量实践。

　　优质意味着产品可以正常工作并满足项目干系人的需求。

持续追求卓越技术和良好设计

　　关注技术卓越和良好设计是敏捷 12 原则的一部分，这是因为只有卓越的技术和良好的设计才能保证创造出有价值的产品。而开发团队如何提供好的解决方案和设计呢？

　　一种方法是通过自我管理的理念。自我管理允许开发团队自由地进行技术创新。传统的项目管理方式下，组织可能有严格的技术规范，而这些规范可能并不适合某个特定项目。自我管理的开发团队则可以自由决定某个规范是否适合某个产品，或者使用另一种方法更好。创新能够带来更好的设计和技术，从而创造出优质产品。

　　自我管理同时赋予开发团队一种产品责任感。当开发团队成员对其开发的产品有一种很深的责任感时，他们就会竭尽全力寻找最优的解决方案并以最好的方式执行。

简单的解决方案往往是不懈努力、深入思考的结果。

组织承诺在追求卓越技术方面也会发挥重要作用。一些公司和组织无论采取何种项目管理方法，都把追求卓越作为其目标之一。想想你日常使用的优质产品，这些产品往往出自追求卓越技术的解决方案的公司。如果你运行的敏捷项目来自这样的公司，那么，执行这一敏捷原则就容易得多。

也有一些公司可能并不看重技术。在这些公司里，敏捷项目团队在试图通过培训或工具来创造优质产品时往往会遇到诸多困难。这些公司并没有把好的技术、好的产品和盈利能力联系起来。这种情况下，Scrum 主管和产品负责人需要使公司理解卓越的技术和设计的重要性，并努力争取创造优质产品所需的各项条件。

不要把使用卓越的技术与使用最新的或流行的技术混为一谈。你所采用的技术解决方案应该切实支持产品需求，而不仅仅为了扩充简历或满足公司技能的要求。

通过日常工作中对卓越技术和良好设计的不懈追求，你将创造出引以为豪的优质产品。

质量开发技术

敏捷方法论包含一系列关注质量的开发技术。本节简要介绍其中几种主动型质量开发技术。

许多敏捷项目的质量管理技术最初是针对软件产品的。但其中一些技术同样值得其他类型产品借鉴，如硬件产品甚至建筑施工。如果你的产品不属于软件类型，可以选择性地阅读本节。

- **测试驱动开发**（TDD）。开发人员首先根据所要创造的需求编写测试代码，然后运行测试。因为需求尚不存在，所以一开始测试肯定失败。开发人员不断编写代码直到测试通过，然后重构代码——在确保测试通过的前提下删除任何多余的代码。由于测试和开发同时进行且开发一直持续到测试通过，因此，测试驱动开发技术可以保证需求功能的正确运行。测试驱动开发是从极限编程（XP）演化而来。关于极限编程的更多信息，请参见第 4 章。
- **结对编程**。另一种极限编程实践。结对编程中，两位开发人员坐在同一工作台前面开发同一个产品需求。他们交替使用键盘和鼠标进行合作。在这种开发方式下，两位开发人员可以互相监督，快速发现问题。结对编程通过及时纠错和团队平衡来提高产品质量。

- **同行评审**。有时又称同行代码评审，即开发团队的多个成员之间互相评审对方的代码。类似于结对编程，同行评审也具有合作的性质。当开发人员互相评审对方已完成的产品时，他们将共同解决任何发现的问题。开发专家通过同行评审来寻找产品代码中的结构性问题，从而提高产品质量。

- **代码集体所有制**。另一种极限编程实践。开发团队中的每一位成员都可以对代码进行编写和修改。代码集体所有制可以加速开发进程，鼓励创新，由于代码经过多人处理，因此更加有利于迅速发现问题。

- **持续集成**。一种软件开发实践，即开发团队成员每天一次或者多次集成（代码构建）工作成果。持续集成能够帮助开发团队成员及时验证他们提交的工作与产品的其余部分是否存在冲突。开发团队通过持续集成来定期检查冲突，从而保证产品质量。持续集成对敏捷项目中的自动化测试有重要意义。团队成员需要在每天结束之前执行代码构建，以便在当晚运行自动化测试。有关自动化测试内容，本章后面会提供更多介绍。

在敏捷项目中，由开发团队决定哪种工具和技术最适合当前的项目、产品和团队。

许多敏捷软件开发技术都可以用于确保质量。有关这些技术的详细信息和讨论可以很容易地从一些敏捷项目管理方法的论坛中找到。如果你即将从事敏捷项目的相关工作，尤其是作为开发人员，建议你多了解这些方法的相关知识。有一些书籍是专门介绍这些技术的，本书所提供的信息只是其中的冰山一角。

产品负责人和开发团队

敏捷项目管理对优质的倡导也表现在开发团队与产品负责人之间的紧密关系中。产品负责人是产品业务需求的代言人。产品负责人与开发团队密切合作以确保产品满足业务需求。

在计划阶段，产品负责人需要帮助开发团队正确理解产品的每一项需求。在冲刺阶段，产品负责人需要解答开发团队提出的任何需求问题，同时还要评审和验收完成的需求。验收需求时，产品负责人需要确保开发团队正确诠释了每项需求所代表的业务要求，且每项功能需求能够正确运行。

有时开发团队的工作可能会偏离产品愿景声明中最初的产品目标。如果产品负责人每天都进行需求评审，就可以尽早发现问题，使团队的开发工作及时回到正轨，从而避免浪费大量的时间和精力。

产品愿景声明揭示了产品如何支持公司或组织的战略并说明了产品目标。第 7 章描述了如何制定产品愿景声明。

用户故事和验收标准

敏捷项目的另一个主动型质量管理方法是在用户故事中设立验收标准。第 7 章解释了用户故事是描述产品需求的一种形式。用户故事提供了判断某个需求是否正确工作并满足业务需求的步骤，因而对质量具有特殊意义。图 15-3 展示了某个用户故事及其包含的验收标准。

即使你没有通过用户故事的形式描述产品需求，也要考虑在每项需求中添加验证步骤。验收标准不仅帮助产品负责人评审需求，同时也是帮助开发团队理解如何开发产品的起点。

面对面沟通

当和别人交谈时，你是否仅通过对方的表情就能够清楚知道他 / 她是否理解你的意思？第 14 章解释了为什么面对面交谈是最快速、最有效的交流方式。人类不仅仅通过言语传递信息，我们的面部表情、动作、肢体语言甚至目光所向都影响着彼此之间的交流和理解。

在敏捷项目中，面对面沟通之所以对质量保证有帮助，是因为它有利于 Scrum 团队成员之间对需求、障碍和讨论的解释。定期的面对面沟通需要一个集中办公的 Scrum 团队。

标题	账户间转账
以	卡洛尔（Carol）的身份
我想	查看我的账户里的金额，并在不同账户间转账
以便	我能完成转账，然后查看相关账户里新的余额

价值	詹妮弗 创建者	估算

当我做这个：	会发生：
1. 点击"转账"按钮	屏幕上出现转账选项
2. 点击账户下拉列表	显示我的可用账户及对应余额
3. 选择一个账户	显示我的可用账户及对应余额
4. 输入金额并点击"转账"	相应金额从转出账户转移到转入账户

图 15-3
用户故事
和验收标
准

可持续发展

想想看，当你长时间工作和学习，甚至通宵熬夜时你的感觉如何？你能做出正确的决定吗？你是否愚蠢地犯了不该犯的错误？

遗憾的是，传统项目的许多团队经常要长时间甚至不眠不休地工作，尤其到了项目后期，交付时间迫在眉睫，似乎唯一的方法就是拼命地延长工作时间，而过长时间的工作往往导致更多错误的出现。因为在这种情况下，团队会开始犯一些本来可以避免的，甚至非常严重的错误，最终使整个团队精疲力竭。

在敏捷项目中，Scrum 团队可以维持一个相对稳定的工作节奏，从而确保整个团队的工作质量。把工作分成多个冲刺有利于维持稳定的工作节奏，因为开发团队可以选择每一个冲刺要完成的工作，而不必在最后阶段仓促赶工。

开发团队可以选择适合自身的可持续发展的工作方式，无论是每周例行的 40 小时的工作时间，还是不同于朝九晚五的弹性工作时间，或是以其他方式安排时间。

如果你的团队成员开始犯一些低级错误，例如把衬衫穿反了，你可能需要检查一下你的团队是否处在一个可持续发展的环境中。

使团队成员保持轻松愉快的心情并确保拥有工作之外的生活能够减少错误的发

生，使团队更具创新精神，从而创造出更好的产品。

从长远来看，主动型质量管理能够避免不少麻烦。如果所开发产品的漏洞率较低，人们工作起来更容易也更愉快。下一节将讨论一种兼顾主动和被动的敏捷项目质量管理方法：检查和调整。

定期检查和调整

检查和调整这一敏捷原则是保证产品质量的关键。在整个敏捷项目过程中，你将检查你的产品和流程并做出必要的调整。关于这一原则的更多内容，请参见第 7 章。

在冲刺评审和冲刺回顾会议中，敏捷团队定期回顾和评审其工作和方法，并确定如何进行调整以取得更好的项目成果。第 10 章详细介绍了冲刺评审和冲刺回顾会议。以下简要介绍这些会议如何帮助确保敏捷项目完成的质量。

在冲刺评审会议中，敏捷项目团队评审本次冲刺结束时完成的需求。在整个项目过程中，邀请项目干系人通过冲刺评审会议评审可工作的功能并提供反馈，从而保证产品质量。如果某个需求不满足项目干系人的期望，项目干系人会立即告知 Scrum 团队。Scrum 团队将在下一次冲刺中对产品做出调整，并将修正后的对产品的理解应用到其他产品需求中。

在冲刺结束时的冲刺回顾会议中，Scrum 团队成员讨论哪些做得好，哪些需要调整。团队通过冲刺回顾会议讨论并及时修复问题，从而保证产品质量。在冲刺回顾会议上，团队还会讨论一些能够提升质量的变更，包括产品、项目和工作环境上的变更。

冲刺评审和冲刺回顾会议并不是敏捷项目中为确保质量而进行的定期检查和调整的唯一机会。敏捷方法鼓励日常的工作评审以及行为和方法的调整。项目中的日常检查和调整有助于保证产品质量。

敏捷项目中另一个保证质量的方法是使用自动化测试工具。下一节将说明自动化测试对敏捷项目的重要性以及如何将自动化测试集成到项目中。

自动化测试

自动化测试指使用软件来测试产品，这对敏捷项目至关重要。如果你希望快速创造出符合完工定义（已编码、已测试、已集成和已归档）的需求，你需要一种快速测试这些需求的方法。自动化测试是一种日常执行的、快速稳健的测试方法。

在这本书中，我一直在解释敏捷项目团队如何欢迎科技含量低的解决方案，但是为什么书中有一节是关于自动化测试这种高科技质量管理技术呢？很简单，因为效率。自动化测试好比文字处理程序中的拼写检查功能。事实上，拼写检查功能也是一种自动化测试。与人工校对相比，拼写检查可以迅速准确地查找出文档中的拼写错误。同样的，与人工测试相比，自动化测试也是一种相对快速准确的——因此也更加高效的——软件故障检测方法。

使用自动化测试来开发产品，开发团队需要执行以下步骤：

（1）在白天编写代码并进行自动化测试来支持用户故事；

（2）在当天结束前创建集成的代码构建；

（3）在夜晚运行自动化测试软件以测试最新的构建；

（4）每天早上首先检查自动化测试的结果；

（5）立即修复任何发现的漏洞。

在晚间休息的时候进行综合代码测试是一件很酷的事情。

自动化测试可以让开发团队利用非工作时间提高生产力，也可以让开发团队拥有快速的"编码—测试—修复"周期。与人工测试相比，自动化测试软件通常可以更加快速、准确和一致地进行需求测试。

目前市场上有许多自动化测试工具。其中一些是开源的、免费的，另一些是收费的。开发团队可根据需要选择合适的工具。

自动化测试改变了开发团队中质量管理人员的工作。传统项目中，质量管理人员的很大一部分工作是手工测试产品，需要通过运行产品来查找问题。而使用了自动化测试工具后，更多的质量活动集中在编写自动化测试所需的测试用例。自动化测试工具提升了测试人员的技能、知识和工作而并非对这些进行取代。

即便使用了自动化测试工具，定期的人工检测依然是个不错的主意。尤其是第一次使用自动化测试工具时，需要定期进行人工检测以确保所开发的需求能够正常运行。由于任何自动化工具都有可能时不时出现一些小问题，手工核对小部分自动化测试（也称冒烟测试）可以避免在冲刺后期才发现产品未能按预期运行的风险。

任何软件测试都可以自动化。如果你对软件开发比较陌生，可能并不了解软件测试有多种类型。常见的类型包括：

- **单元测试**。测试产品代码的独立单元或最小组成部分。
- **回归测试**。测试整个产品的开始到结束，包括之前测试过的需求。
- **用户验收测试**。产品干系人甚至部分产品终端用户评审并验收最终产品。
- **功能测试**。确保产品符合用户故事中的验收标准的测试。
- **集成测试**。根据需要确保本产品与其他产品不产生冲突的测试。
- **性能测试**。测试不同场景中产品在特定系统上的运行性能。
- **冒烟测试**。通过测试系统中少量但重要的部分来帮助确定整个系统正常运行的可能性。
- **静态测试**。测试代码的规范性而并非软件的可用性。

自动化测试适用于以上所有测试和其他多种类型的测试。

现在你已经了解到质量是敏捷项目的一个组成部分。事实上，质量仅仅是区分敏捷项目风险和传统项目风险的一个因素。以下章节将对传统项目风险和敏捷项目风险做一个比较说明。

敏捷项目风险管理的不同之处

风险指能够影响项目成功或失败的因素。在敏捷项目中，风险管理是敏捷框架的一部分，不需要包含正式的风险文件和会议。请回顾以下敏捷原则。

第1条 我们最重要的目标，是通过尽早和持续不断地交付有价值的软件使客户满意。

第2条 即使在开发后期也欢迎需求变更。敏捷过程利用变更为客户创造竞争优势。

第3条 采用较短的项目周期（从几周到几个月），经常地交付可工作软件。

第4条 业务人员和开发人员必须在整个项目期间每天在一起工作。

第7条 可工作软件是度量进度的首要指标。

以上原则和相关实践极大地改变了经常导致项目失败或给项目带来挑战的诸多风险。美国斯坦迪什集团 2011 年发布的《CHAOS 报告》指出，敏捷项目的成功率是传统项目的三倍。表 15-2 比较了传统项目风险与敏捷项目风险的不同之处。

表 15-2 传统项目风险与敏捷项目风险管理的对比

传统方法中的风险管理	敏捷方法中的风险管理
大量项目最终失败或面临挑战	几乎完全避免了灾难性失败，即花费高额成本最终却未创造出任何产品
项目规模越大，周期越长，越复杂，项目风险也越高。项目后期的风险最高	你可以立即获得产品价值，而不必等到在投入成本后几个月甚至几年后才有可能看到成果，并背负着失败的风险
在项目后期执行所有的测试意味着一旦发现严重问题，整个项目将面临风险	开发的同时进行测试。开发团队能够在短时间内发现某个技术方法、需求甚至整个产品是否可行，因而有更多时间进行纠正和调整。如果无法纠正或调整，干系人也可以避免在失败的项目中花费过多成本
无法在项目中期不增加时间和成本的条件下接受新的需求，因为此时即使是最低优先级的需求，其沉没成本也相当高	欢迎并接受任何对产品有益的变更。当有新的高优先级需求出现时，敏捷项目接受这一需求并删除一个花费同样时间和成本的低优先级需求，从而确保整个项目的时间和成本不变
传统项目在项目一开始就进行时间和成本估算，而这时团队对整个项目知之甚少，因此估算通常是不准确的，由此导致了预期进度和预算与实际进度和预算之间的偏差	可以根据 Scrum 团队的实际绩效或速率估算项目所需的时间和成本，并在项目期间不断调整。在一个项目中工作的时间越长，对整个项目、项目需求和 Scrum 团队的了解就越深入
如果干系人没有统一的目标，冲突的信息就会给整个项目团队带来混乱	项目团队只有一个产品负责人，负责创建产品愿景并代表所有干系人的利益
干系人未响应或者缺席将导致项目延期或产品不符合既定目标	产品负责人有责任及时提供产品相关信息。同时 Scrum 主管也会在日常工作中及时为项目扫除障碍

敏捷项目的风险随着项目进行而不断降低。图 15-4 显示了瀑布项目与敏捷项目的风险随时间变化的对比。

无论采取何种项目管理方法，所有项目都有一定风险。在敏捷项目管理中，灾难性的项目失败——花费大量时间和成本最终却没有得到任何投资回报（ROI）——将不复存在。消除了灾难性失败是敏捷项目风险与传统项目风险的最大不同之处。下节将解释其中的原因。

如何在敏捷项目中管理风险

通过本节你将了解敏捷项目的关键结构——如何在项目生命周期中降低风险，如何在项目中利用敏捷工具和活动及时发现风险，以及如何对风险进行优先级排序并降低风险。

从根本上降低风险

敏捷方法如果使用得当，可以从根本上降低产品开发的风险。分多次冲刺的开发模式使项目投入后短期内即可验证产品的可用性，同时也为项目早期实现投资回报提供了可能。冲刺评审和冲刺回顾以及产品负责人在每一次冲刺中的积极介入为整个开发团队提供了持续的产品反馈。这些持续反馈帮助团队最终开发出符合预期的产品。

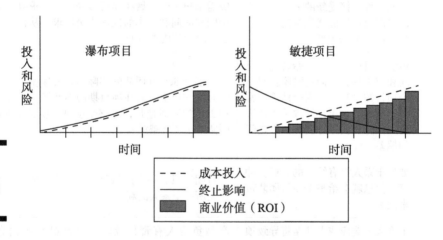

图 15-4
敏捷项目
风险递减
模型

敏捷项目之所以能够降低风险，有 3 个最重要的因素起了关键作用。这 3 个因素分别是完工定义、自筹资（Self-funding）项目、从失败中快速抽身的理念。以下章节将详细介绍这 3 个因素。

风险和完工定义

第 10 章介绍了完成一个需求所要具备的所有条件。在冲刺结束前，一个需求必须符合 Scrum 团队规定的完工定义才能被认为是已完成并可以在冲刺结束后做演示。完工定义由产品负责人和开发团队共同确定。通常完工定义包含以下内容：

- **已开发**。此需求必须已经开发完毕。
- **已测试**。产品必须经过测试证明可以正常工作且没有任何故障。
- **已集成**。开发团队必须确保此需求与整个产品以及任何相关系统不产生冲突。
- **已归档**。开发团队必须已经书面记录此需求的开发过程。

图 15-5 详细列举了某个完工定义样例。

完工定义

冲刺	发布	可接受风险
QA 环境	生产环境	负载测试
已完成单元测试	已完成性能测试	
已完成功能测试	已完成安全性测试	
已完成集成测试	已集成企业系统	
已完成用户验收测试	已完成焦点小组测试	
已完成回归测试	已完成用户文档	
已文档化	已完成培训文档	

图 15-5
完工定义
样例

产品负责人和开发团队也可以制定一个可接受的风险的列表。例如，他们可能一致认为端到端的回归测试或性能测试对于完工定义来说是多余的。可接受的风险使开发团队能够集中精力在最重要的活动上。

完工定义很大程度上改变了敏捷项目的风险因素。通过在每次冲刺中创造出符合完工定义的产品，每次冲刺都将输出可运行的代码构建和可使用的产品。即使因外界因素导致项目提前终止，项目干系人也总能够看到项目的价值并拥有一个可工作的产品作为今后开发的基础。

自筹资项目

敏捷项目能够通过自筹资这一独特方式减轻财务风险，这是传统项目无法企及的。第 13 章列举了一些自筹资项目的例子。如果你的项目是一个自筹资的产品，你可以利用当前收入来支持项目的后续阶段。

第 13 章介绍了两种不同的项目投资回报（ROI）模型。这里我们再回顾一下。表 15-3 和表 15-4 列举的项目用来创造同样的产品。

表 15-3　6 个月后最终发布的传统项目收入

产生的收入	项目总收入
0 美元	0 美元
0 美元	0 美元
0 美元	0 美元
0 美元	0 美元
0 美元	0 美元
100 000 美元	100 000 美元

表 15-3 中，项目在开发了 6 个月之后创收 100 000 美元。现在比较一下表 15-3 和表 15-4 中的投资回报率（ROI）。

表 15-4　每个月发布并在 6 个月后最终发布的敏捷项目收入

月份	产生的收入	项目总收入
一月	15 000 美元	15 000 美元
二月	25 000 美元	40 000 美元
三月	40 000 美元	80 000 美元
四月	70 000 美元	150 000 美元
五月	80 000 美元	230 000 美元
六月	100 000 美元	330 000 美元

表 15-4 中，项目在第一次发布时即有创收。6 个月后，项目已经创收 330 000 美元，比表 15-3 中的项目多了 230 000 美元。

能够在短时间内创造收入对于公司和项目团队而言都有诸多好处。自筹资敏捷项目几乎对于任何组织的财务都具有重要意义，尤其是对那些一开始没有足够资金支持产品开发的组织。

自筹资项目同时也减轻了项目由于缺乏资金而被迫取消的风险。公司在紧急情况下可能会强制将某个传统项目的预算转移到其他地方，从而推迟或取消这一项目。而对于每次发布均可以创收的项目，即使在危急情况下仍有很高的机率维持下去。

最后，自筹资项目能够有助于取得干系人对项目的支持。你很难对一个可以持续创造价值并从一开始就有创收的项目说"不"。

从失败中快速抽身

所有产品开发都伴随一定程度的风险。冲刺中的测试引入了从失败中快速抽身的理念：敏捷项目的开发团队经过几次冲刺后即可识别导致项目停滞不前的关键问题，而不必在大量资金和精力投入到需求、设计和开发后才发现这些问题。这种定量风险的减轻可以为组织节省大量资金。

表 15-5 和表 15-6 举例说明了一个失败的瀑布项目和一个失败的敏捷项目在沉没成本上的差异。

表 15-5　某瀑布项目的失败成本

月份	阶段和问题	沉没成本	项目总沉没成本
1	需求阶段	80 000 美元	80 000 美元
2	需求阶段	80 000 美元	160 000 美元
3	设计阶段	80 000 美元	240 000 美元
4	设计阶段	80 000 美元	320 000 美元
5	设计阶段	80 000 美元	400 000 美元
6	开发阶段	80 000 美元	480 000 美元
7	开发阶段	80 000 美元	560 000 美元
8	开发阶段	80 000 美元	640 000 美元
9	开发阶段	80 000 美元	720 000 美元
10	QA 阶段：在测试中发现大量问题	80 000 美元	800 000 美元
11	QA 阶段：开发团队试图解决问题并继续进行开发	80 000 美元	880 000 美元
12	项目取消；产品不可行	0	880 000 美元

表 15-5 中，项目干系人花费了一年时间和近百万美元最终发现其产品构想不可行。对比一下表 15-5 与表 15-6 中的沉没成本。

表 15-6 某敏捷项目的失败成本

月份	冲刺和问题	沉没成本	项目总体沉没成本
1 月	冲刺 1：未发现问题 冲刺 2：未发现问题	80 000 美元	80 000 美元
2 月	冲刺 3：在测试中发现大量问题，导致本次冲刺失败 冲刺 4：开发团队试图解决问题并继续进行开发；最终本次冲刺失败	80 000 美元	160 000 美元
最终	项目取消；产品不可行	0	160 000 美元

表 15-6 中，通过早期测试，开发团队在 2 月底就确定了产品不可行，花费的资金约是表 15-5 中的六分之一。

由于有了完工定义，即使失败的项目也能够产生一些组织可以利用或加以改进的有形资产。例如，表 15-6 中失败的项目可以提供在前两次冲刺中可工作的产品特性。

从失败中快速抽身的理念可以推广到产品技术问题之外。你也可以利用多次冲刺和从失败中快速抽身的理念来确定某个产品的商业可行性，并在不被市场看好的情况下尽早取消项目。通过早期发布部分产品功能并与潜在客户共同测试产品，你可以很好地了解你的产品是否具有商业可行性，并在商业可行性较低的情况下避免损失大量资金，同时你还会发现你可能需要做出某些重要变更以满足客户需要。

最后需要指出的是，从失败中快速抽身并不一定意味着取消项目。如果你在沉没成本比较低的时候发现了灾难性的问题，你仍然有时间和预算来选择一种完全不同的方法来开发产品。

完工定义、自筹资项目、从失败中快速抽身的理念以及敏捷原则都可以帮助敏捷项目降低风险。下一节你将了解如何使用敏捷项目管理工具来管理风险。

风险的识别、优先级排序和响应

虽然敏捷项目的结构从根本上降低了许多传统风险，但开发团队仍需要留意项目中可能出现的风险。Scrum 团队是自管理团队，除了对产品质量负责，还有责任识别风险并采取措施防范风险。

敏捷项目中，应该把价值最高且风险也最高的需求排在优先级的首位。

不同于传统项目管理中要花费数小时甚至数天时间来记录项目的潜在风险、风险发生概率，风险严重性以及风险减轻措施，Scrum 团队利用已有的敏捷工件和会议来管理风险，并等到团队对项目和可能出现的问题有了更深入的理解之后才着手处理风险。表 15-7 列举了 Scrum 团队如何在不同时间利用不同的敏捷项目管理工具来管理风险。

表 15-7　敏捷项目风险管理工具

工件或会议	风险管理中的角色
产品愿景	产品愿景声明帮助项目团队统一对产品目标的定义，从而降低对产品目标误解的风险。在创建产品愿景时，项目团队可能会考虑与市场、客户和组织战略相关的总体风险。有关产品愿景的更多说明，请参见第 7 章
产品路线图	产品路线图是对产品需求和优先级的可视化的概述，能够帮助项目团队快速识别需求差距以及那些优先级排序错误的需求。有关产品路线图的更多说明，请参见第 7 章
产品待办列表	产品待办列表是在项目中适应变更的一种工具。定期在产品待办列表中添加变更并对需求重新进行优先级排序，可以把传统意义上与范围变更相关的风险转化成提高产品质量的一种方法。及时更新产品待办列表中的需求和优先级能够确保开发团队集中精力在最重要的需求上。有关产品待办列表的更多说明，请参见第 7 章和第 8 章
发布计划	在发布计划阶段，Scrum 团队讨论发布的风险以及如何降低风险。发布计划会议上讨论的风险应该是高层级的、与整个发布相关的。有关单个需求的风险可以在冲刺计划会议上讨论。有关发布计划的更多说明，请参见第 8 章
冲刺计划	在冲刺计划会议上，Scrum 团队讨论本次冲刺中与单个需求和任务相关的风险以及如何降低风险。冲刺计划会议上的风险讨论可以更加深入，但必须仅限于本次冲刺。有关冲刺计划的更多说明，请参见第 8 章
冲刺待办列表	Scrum 团队可以通过冲刺待办列表的燃尽图快速查看当前的冲刺状态，在风险刚出现时立即进行风险管理，从而将风险的影响降到最低。有关冲刺待办列表以及燃尽图如何显示项目状态的更多说明，请参见第 9 章

（续表）

工件或会议	风险管理中的角色
每日例会	在每日例会上，开发团队成员讨论当前遇到的障碍。这些障碍有时候就是风险。每天讨论障碍使开发团队和 Scrum 主管有机会及时降低风险。有关每日例会的更多说明，请参见第 9 章
任务板	任务板使 Scrum 团队对当前的冲刺状态一目了然，从而及时发现并管理风险。有关任务板的更多说明，请参见第 9 章
冲刺评审	在冲刺评审中，一方面 Scrum 团队需要确保产品符合干系人的期望，另一方面干系人需要讨论变更以适应不断变化的业务需求。冲刺评审的这两方面特性可以帮助避免在项目后期创造出错误的产品。有关冲刺评审的更多说明，请参见第 10 章
冲刺回顾	在冲刺回顾中，Scrum 团队讨论上一次冲刺的问题并识别出哪些问题可能是今后冲刺中遇到的风险。开发团队需要确定相应的措施和方法以防止这些风险再次成为问题。有关冲刺回顾的更多说明，请参见第 10 章

　　本节讨论的工件和会议都是敏捷项目中管理风险的有效方法。同时敏捷项目还提供一种重要的方法来识别、防范和应对风险：项目团队成员之间定期的面对面沟通。在这一点上集中办公的开发团队成员更有优势，他们可以就当前工作中的风险展开自由讨论。

第五部分

确保敏捷成功

由第五波（www.5thwave.com）的里奇·坦南特（Rich Tennant）绘制

"对不起，凯迪克，国王砍掉了招聘新傻瓜的预算。他说这个项目已经有足够多的傻瓜了。"

让一切变得更简单！

当你开始拥抱敏捷时，你的目的是要确保你的项目能够成功并且快速地交付价值。为了发挥敏捷项目管理的优势，你需要与你的团队和组织一起为之构建坚实的基础。

在本部分中的各章中，我将向你展示如何确保组织对变革的支持。我会谈论如何为敏捷项目管理找到合适的团队成员并建立适当的环境。我还会讨论培训的重要性，以及为什么专业支持安全网可以帮助你避免灾难的发生。最后，我会指出成功转型到敏捷项目管理的关键步骤。

第16章　构建敏捷基础

本章内容要点：

▶ 获得组织和个人的承诺；

▶ 招聘合适的人员；

▶ 建立适当的环境；

▶ 开展培训；

▶ 获得持续的支持。

为了成功地从传统项目管理流程向敏捷项目管理流程转型，你需要从构建好的敏捷基础开始。你需要你的组织和每一个人对这一转型作出承诺，并且你还需要为你的第一个敏捷项目找到一个好的项目团队。你必须创造一种有利于敏捷得以顺利实践的环境。你要为你的项目团队提供良好的培训，并且你要对组织中使用的敏捷方法提供支持，使团队可以在第一个敏捷项目完成之后能够持续获得成长。

在本章中，我将向你介绍如何在你的组织内构建坚实的敏捷基础。

组织和个人的承诺

对敏捷项目管理的承诺意味着会主动地有意识地采用新的敏捷方法努力工作，并放弃旧有的习惯。同时获得个人层面和组织层面的承诺是敏捷转型成功的关键。

如果没有组织的支持，就算是最有热情的敏捷项目团队也有可能会被迫回归到旧的项目管理流程当中去。如果没有单个项目团队成员的承诺，接受敏捷方法的公司在成为敏捷组织的过程中可能会遇到巨大的阻力，甚至是破坏。

以下各节将详细说明组织和个人如何支持敏捷的转型。

组织承诺

组织承诺在敏捷转型中具有重要作用。当一家公司和公司内的各个部门都欢迎敏捷开发方法带来的变化时，对于项目团队成员而言，转型可以变得更加容易。

组织可以通过执行以下工作来实现敏捷的转型：

- 聘请有经验的敏捷专家创建一项可行的转型计划，并指导公司实现该计划；
- 在公司第一个敏捷项目团队成员的培训上就要开始有所投入；
- 为支持精简的敏捷方法，允许 Scrum 团队放弃瀑布式的过程、会议和文件；
- 为每个敏捷项目提供所需的 Scrum 团队成员，他们是开发团队、产品负责人和 Scrum 主管；
- 为敏捷项目提供专职的 Scrum 团队成员；
- 鼓励开发团队跨职能工作，提供自动化测试工具；
- 为 Scrum 团队集中办公提供后勤支持；
- 允许 Scrum 团队自管理；
- 给敏捷项目团队应有的时间和自由来进行必要的测试与试错；
- 过程中要给予敏捷项目团队鼓励，成功后要进行庆祝。

成功转型敏捷后，组织的支持依然很重要。公司可以通过招聘具有敏捷思维的项目团队以及向新员工提供敏捷相关培训来确保敏捷流程继续有效。组织也可以充当敏捷导师的角色，当项目团队遇到新挑战的时候，可以给予他们持续的支持。

当然，组织是由个体组成的。组织承诺和个人承诺需要携手并进。

个人承诺

在敏捷转型的过程中，个人的承诺与组织的承诺同等重要。当项目团队中的每个人都采用敏捷方法工作时，敏捷转型对项目团队的每个人来说都会变得更加容易。

敏捷的转型过程中，个人可以使用如下方法。

- 参加培训和会议，并愿意学习敏捷方法；
- 以开放的心态接受变革，愿意尝试新的流程，并努力培养新的习惯；
- 抵制回到旧有流程的诱惑；
- 愿意为项目团队成员中缺乏敏捷技术方面经验的伙伴提供指导；
- 不怕犯错误，从错误中学习；
- 在冲刺回顾时老老实实地反思，并承诺努力改进；
- 积极融入跨职能的开发团队；
- 放下自我，成为团队的一分子；
- 为团队的成功和失败承担责任；
- 主动进行自我管理；
- 积极参与每个敏捷的项目。

与组织承诺一样，个人承诺在敏捷转型之后也依然非常重要。第一个敏捷项目团队成员将成为整个公司的变革代理人，可以教授其他的团队使用敏捷方法。

如何获得承诺

对敏捷方法的认可需要一个过程。你需要帮助你的组织中的人们克服抗拒变革的自然冲动。

敏捷转型的一个好的起点是从资深经理或高管层中找到可以帮助确保组织变革的敏捷推动者。敏捷转型会改变一些基本流程，这需要得到制定和实施业务决策的人的支持。一个好的敏捷推动者将能够说服组织内与流程变革有关的人。

另一个获得承诺的重要途径是在本组织当前的项目中识别存在的问题并用敏捷的方法提供可行的解决方案。敏捷项目管理可以解决许多问题，包括产品质量、客户满意、团队士气、预算和工期超时，以及项目整体失败等问题。

最后，强调一些敏捷项目管理的整体优势。一些驱动组织从传统的项目管理方法转型到敏捷方法的切实看得见的优势有以下几点。

- **利润优势**。相比采用传统的方法，采用敏捷方法的项目团队可以更加快速地向市场提供产品。敏捷组织可以实现更高的投资回报。

- **减少缺陷**。优质是敏捷方法的关键组成部分。采取主动预防性的质量措施、持续集成和测试、以及持续改进都有助于生产更高品质的产品。

- **更高的士气**。敏捷实践，如开发团队的可持续发展和自管理，意味着团队拥有更快乐的员工、更高的效率，以及更低的人员流动性。

- **更愉快的客户**。敏捷项目往往有更高的客户满意度，因为敏捷项目团队能快速生产有效的产品，能够应对变化，并把客户当成伙伴一起来协作。

在第 18 章，可以找到更多敏捷项目管理的好处。

转型可能吗

为了向敏捷转型，你已经准备了各种各样的理由，并且你的情况看起来还不错。但是，你的组织会做转型的决定吗？下面是一些需要考虑的关键问题。

- **组织的障碍是什么**？你的组织有价值交付或风险管理的文化吗？你的组织支持教练和导师管理机制么？支持培训吗？如何定义成功？是否有开放的文化，能够对项目进展的情况保持高度的可见性？

- **今天你是如何工作的**？在宏观层面上如何计划项目？组织内的项目会被强硬地固定在规定的范围内吗？业务代表如何参与？会把开发业务外包出去吗？

- **今天，你的团队如何开展工作，以及在敏捷方法下需要做出哪些改变**？植入瀑布方法的程度如何？在团队中有较强的指挥和控制力吗？在任何地点都会产生好的想法吗？团队内成员相互信任吗？团队内成员相互分享吗？为了成功转型，你需要寻求什么支持？为了更好地驾驭转型，你能得到所需要的人、工具、空间和承诺吗？

- **监管方面的挑战是什么**？项目的流程和程序是否达到监管要求？是否有强加在你身上的来自外部或内部适用法规和标准的相关要求？为满足管理法规的要求，你是否需要创建更多的文档？你是否会接受合规性的审计？违背相关规定的代价会是什么？

当你分析你的障碍和挑战的时候，你可能会发现以下问题。

- **敏捷方法将会揭示"组织需要变革"**。当你比较敏捷与瀑布的实践和结果的时候，你会发现绩效并未达到其本应达到的水平。你需要解决这个问题。你的组织已经在原有的项目运行框架内运营，你的组织已竭尽全力，但却经常面对极端挑战。你必须承认所有参与方的努力，并介绍敏捷过程在产生更好结果方面的潜力。

- **项目管理负责人会把敏捷过程视为一种威胁**。现在的项目管理领导人是通过努力工作、长时间的学习、资格认证和多年的领导力的修炼后才走到今天的岗位。他们可能会认为在转型过程中会失去一些价值。在介绍敏捷方法时，要将其作为一种项目经理的能力和事业的扩展和延伸，而不会使项目经理努力捍卫的一切逐渐失去价值。

- **从领导角色到服务角色的转变是一种挑战**。当你移入敏捷方法时，领导者是做服务的。指挥和控制让位于引导和支持，这对于项目团队来说是一个巨大的转变。你必须考虑如何向每个人说明这样的转变会产生一个正面的结果。你可以通过阅读第 14 章仆人式的领导来了解更多这方面的内容。

切记，遇到一些阻力是很自然的，变革总是伴随着反对声。要准备好如何应对这些抵制，但不要让它阻碍你整体的计划。

何时是转型到敏捷的最佳时机

在组织层面上，你可以在任何时候启动项目向敏捷方法转型。你也可以考虑几个不错的时间点。

- **当你需要证明敏捷项目管理的必要性的时候**。在一个大型项目结束的时候，你可以清楚地发现一些无效的工作（例如，日落复审）。你能够清楚地阐述瀑布式方法的不足之处，同时获得启动第一个敏捷项目的机会。

- **当你考虑做精确预算的时候**。让你的敏捷项目在下一财年之前一个季度开始时进行（也就是当前财政年度的最后一个季度）。你会从你的第一个项目中整理出量化指标，以便于在规划下年的预算时心里更加有数。

- **当你开始一个新项目的时候**。在开始一个新项目的时候植入敏捷流程，会因为没有旧方法的拖累而变得更加轻松。

✔ **当你有了新的领导层的时候**。管理的改变是使用敏捷方法的好机会。

✔ **当你正要进入一个新的市场或行业的时候**。敏捷技术允许你快速地交付产品创新，以帮助你的组织为新客户创造产品。

以上都是开始使用敏捷方法很好的时间点。但是转移到敏捷项目管理的最佳时间点其实就是今天！

选择正确的项目团队成员

选择合适的人来一起工作，尤其是在早期阶段，是敏捷项目成功的关键。以下就是当你从你组织内的第一个敏捷项目中挑选不同角色的人的时候需要考虑的事情。

开发团队

在敏捷项目中，自管理的开发团队对项目的成功至关重要。开发团队决定如何着手创建产品。良好的开发团队成员应该能够做到：

✔ 用一个词来形容就是多才多艺；

✔ 愿意做跨部门的工作；

✔ 计划冲刺并围绕这一计划进行自管理；

✔ 理解产品需求，并对工作量进行估算；

✔ 向产品负责人提供技术意见，以便他 / 她可以理解需求的复杂性，并做出适当的决定；

✔ 根据情况做出调整，通过调整过程、标准和工具来优化自己的工作业绩。

当为试点项目选择开发团队的时候，你想要那些乐于接受改变、喜欢挑战、乐于身处开发前沿和愿意为项目的成功而付出任何代价（包括学习和使用新的技能）的人。

Scrum 主管

相对后续的项目来说，Scrum 主管对公司第一个敏捷项目在运行过程中开发团队可遇见的潜在干扰保持警惕意义重大。好的 Scrum 主管应该：

- 用一个词来形容就是影响力；
- 有足够的组织影响力，能够消除外界的干扰，保证项目团队成功地使用敏捷方法；
- 对敏捷项目管理足够了解，以便在整个项目过程中能够帮助项目团队坚持执行敏捷过程；
- 具有指导开发团队达成共识的沟通技巧和说服力；
- 充分信任团队，并允许开发团队自我组织和管理。

在为公司选定第一个敏捷项目的 Scrum 主管人选时，你需要选择一个愿意做仆人式的领导的人。同时，Scrum 主管将需要有足够强大的气场，在面对来自组织和个人的抗拒的时候，能够阻止干扰并坚持敏捷过程的推进。

产品负责人

产品负责人通常来组织的业务部门。在第一个敏捷项目中，产品负责人可能并不习惯每日与开发团队在一起从事项目工作。一个好的产品负责人应该：

- 用一个词来形容就是果断；
- 非常熟悉客户要求和业务需求；
- 有对产品需求进行优先级排序和再排序的决断力和业务授权；
- 要对产品待办项进行持续的更改；
- 将致力于与其余的 Scrum 团队成员合作，直到整个项目结束；
- 有获得项目资金和其他资源的能力。

当选择第一个敏捷项目的产品负责人的时候，要挑选那些可以提供产品专业知识和对项目作出承诺的人。

敏捷推动者

敏捷转型初期，敏捷推动者是帮助确保项目团队能够取得成功的关键人。一个好的敏捷推动者应该能够完成所有下面这些任务：

- 用一个词来形容就是充满激情；
- 对公司流程做出决策；
- 让组织对敏捷流程显现的好处充满期待；
- 为项目团队建立敏捷流程的整个过程中提供支持；
- 为取得第一个项目和以后的项目的成功召集所需的团队成员；
- 积极推进流程升级，消除不必要的干扰和敏捷之外多余的过程。

当选择敏捷推动者的时候，要优先考虑那些在组织中拥有权力的人——有话语权并在过去成功组织领导过项目变革的人。

敏捷导师

敏捷导师，有时被称为敏捷教练，对组织第一个敏捷项目会有很大的帮助。一个好的敏捷导师应该：

- 用一个词来形容就是经验丰富；
- 成为敏捷过程的专家，尤其要熟悉你的组织所选择的敏捷过程；
- 熟悉不同规模的项目；
- 不接管项目就能够提供有用的建议和支持；
- 能够在项目开始时的第一次冲刺过程中帮助指导项目团队，并且在整个项目期间解答疑问。能够与开发团队的成员、Scrum 主管和产品负责人很好的合作共处；
- 试着跳出部门或组织之外，用局外人的视角看问题。内部的敏捷导师往往来自于一家公司的项目管理组或精英中心。如果敏捷导师来自组织内部，他 / 她在提出建议和提供咨询意见的时候，应该能够抛开政治上的考虑。

很多组织，其中包括我的公司 Platinum Edge，可以提供敏捷的战略、规划和指导的服务。

项目干系人

在组织的第一次敏捷项目中，好的项目干系人应该：

- 用一个词来形容就是参与；
- 在最终产品决定上，能够尊重产品负责人；
- 有意愿有能力参加冲刺评审，并提供产品反馈意见；
- 理解敏捷流程。提供项目干系人与项目团队的其他成员相同的培训，这样会让他们更加容易接受新的管理流程；
- 愿意接受敏捷管理的项目信息模式，例如产品待办列表和冲刺待办列表；
- 当产品负责人和开发团队有问题的时候，能够不厌其烦地详细解答；
- 能够与产品负责人和其他项目团队成员协同工作。

第一个敏捷项目的干系人应该是一个项目值得信赖、具有合作精神和对项目能够主动付出的人。

创建适合敏捷的环境

当你为转型到敏捷方法而奠定基础时，你的目的是创建一个能使敏捷项目成功并使项目团队可以茁壮成长的环境。这意味着需要有一个良好的物理环境，像我在第 5 章描述的那样，同时也要有一个良好的组织环境。为了创造一个良好的敏捷项目环境，需要具备以下条件。

- **敏捷流程的良好使用**。这一点似乎是显而易见的，那就是从一开始就用敏捷方法来启动你的项目。使用图 16-1 敏捷价值路线图，并严格遵守其步骤。从基础做起，逐渐积累项目知识经验。流程并不意味着完美，你要做的就是启动项目，之后不断学习和提升。
- **透明**。项目状态和即将到来的流程更改应该是公开的。项目团队和整个组织内的人应该了解项目的详细信息。
- **检查**。把握敏捷流程提供的有规律的机会，来获得项目运行的第一手信息。
- **调整**。通过跟进检查做出必要的修改，使项目在整个项目期间持续得到改进。
- **专职的 Scrum 团队**。理想情况下，敏捷项目应该配备完整的开发团队、Scrum

主管和产品负责人。

- **集中工作的 Scrum 团队**。为了达到最好的结果，开发团队、Scrum 主管和产品负责人等人应坐在同一间办公室的同一区域一起工作。
- **受过良好训练的项目团队**。当项目团队的成员共同努力了解敏捷流程的时候，他们就知道他们要做什么了。

幸运的是，有许多开展敏捷流程培训的机会。你能找到正式的敏捷认证，以及敏捷的培训班和讲习班。有效的敏捷认证包括以下几个。

- 项目管理协会 – 敏捷管理专业人士（PMI-ACP）认证。
- Scrum 联盟：
  - Scrum 主管认证（CSM）；
  - Scrum 产品负责人认证（CSPO）；
  - Scrum 开发者认证（CSD）；
  - Scrum 专业人士认证（CSP）。
- 大量的大学认证课程。

只要有一个良好的环境，你就有一个很好的成功机会。

持续地支持敏捷

当你首次启航进入到敏捷流程时，你有许多地方需要注意。要想把握每一次敏捷成功转型的机会，你需要特别关注如下几个关键的成功因素。

- **选择一个好的试点项目**。选择一个项目最重要的是必须得到每一个人的支持。同时，还要设定期望值：虽然这个项目将产生可量化的节约，当项目团队学习敏捷方法并随着时间的推移继续进步的话，最终的结果将可控。
- **拥有一位敏捷导师**。要想增加建立一个良好的敏捷环境的机会，并获得最大化使你的业绩突出的机会，你需要一位导师。
- **充分的沟通**。不断地在组织的每个层级谈论敏捷流程。通过你的敏捷推动者，鼓励团队成员通过试点项目和后续更广泛地使用敏捷开发来获得进步。
- **准备好继续前进**。一直要着眼于未来。你将考虑如何将试点项目中获得的经验教训应用到新的项目和团队中去。同时，你也要考虑如何应对从单个项目到多个项目，甚至包括那些有多个团队的项目。

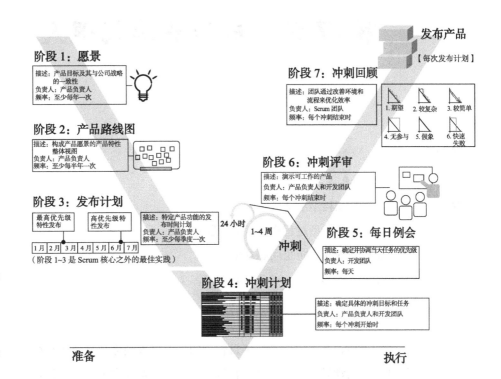

图 16-1
敏捷价值
路线图

第 17 章　成为变革代理人

本章内容要点：

▶ 学习公司接纳敏捷的步骤；

▶ 避免敏捷转型过程中的常见问题；

▶ 正确地提问以防止问题发生。

如果你正在考虑将敏捷项目管理的理念引入到你的公司或组织中，那么本章可以帮助你启动敏捷项目管理。在这一章，你会发现实施敏捷项目管理技术的关键步骤及敏捷转型中应该避免的常见问题。

在你的组织中实施敏捷

本书通篇我都强调了敏捷过程与传统项目管理有着极大的区别。将组织从瀑布式转换到敏捷式是一项重大的变革。结合我指导一些公司完成这项变革的经验，我认为，为了成功转型为敏捷组织，应该采取以下重要步骤。

第 1 步：制定实施策略

实施策略是一个描述组织将如何转型到敏捷项目管理的计划。在建立你的实施策略时，请问自己以下几个问题。

- **现在的流程**。目前你的组织是如何运作项目的？它有什么优势？存在什么问题？

- **未来的流程**。你的公司如何受益于敏捷方法？你将使用哪些敏捷方法？你的组织需要做出哪些重要的改变？从团队和流程的角度来看，转型后的公司将会是什么样子？

- **循序渐进的计划**。你如何从现有的流程向敏捷流程转型？马上要做的改变是什么？ 6 个月的时间过后会有什么改变吗？一年或更长时间之后呢？这项计划应包含有多个连续步骤的路线图，它会把公司带入一种可持续的敏捷成熟度状态。

- **收益**。敏捷型将为你的组织内的人和团队以及组织整体提供什么好处？敏捷技术对于大多数的人来说是一场胜利；请识别他们将如何获益。

- **潜在的挑战**。最艰难的变革将是什么？哪些部门或人员在使用敏捷方法方面困难最大？谁的"地盘"将会受到威胁？你潜在的障碍是什么？你将如何攻克这些挑战呢？

- **成功因素**。在向敏捷流程转型的过程中，哪些组织因素会对你有所帮助？对一个新方法，公司应怎样承诺？哪个人或哪个部门将担任敏捷推动者？

一个好的实施策略将引导你的公司向敏捷转型，它将提供一个清晰的计划使得支持者团结在一起，同时它能够为你的组织的敏捷转型建立起可实现的预期。

第 2 步：建立转型团队

在公司内部确定可以在组织层级负责进行敏捷转型的团队。这支队伍由愿意对流程、报告需求和绩效评定进行系统性改进的公司高管们组成。

转型团队将在冲刺内创造变革，就像开发团队在冲刺内创造产品功能一样。转型团队将在每个冲刺中专注于高优先级的敏捷变革，并且，如果可能的话会在冲刺评审中演示其执行过程。

第 3 步：构建意识和培养热情

当你知道你会如何转型到敏捷开发时，你需要向你组织内的人传达即将到来的变革。敏捷方法有很多的好处，请确信你公司里的每个人都了解这些好处并让他们为即将到来的变革而感到兴奋。这里有一些方法来构建意识。

- **人员教育**。你的组织成员可能对敏捷项目管理知道的不是很多，或者一无所知。教给他们敏捷方法以及伴随这一新方法而需要做的改变。你可以创建敏捷知识库，举行午餐学习会，甚至通过"热座"（hot-seat）这样的批评与自我批评来讨论与处理转型所带来的问题。

- **使用各种沟通工具**。利用各种各样的沟通渠道，例如通讯简报、博客、公司内网、电子邮件和面对面的研讨会，以获得组织内部对这一变革的意见。

- **强调好处**。确保公司里的人知道敏捷方法将如何帮助组织创造高附加值的产品，实现客户满意，并提高员工士气。第 18 章列举了敏捷项目管理的一系列好处。

- **共享实施计划**。将你的转型计划分享给任何感兴趣的人们，并为他们提供详细的解答。我经常在海报上打印转型路线图，并且在整个组织内分发。

- **初始 Scrum 团队参与**。尽可能早地让可能参与你公司第一个敏捷项目的人知道即将发生的变革。让初始 Scrum 团队成员参与转型规划，他们将成为热情的敏捷实践者。

- **开放的心态**。推动有关新流程的讨论。通过公开演讲、回答问题和缓解对敏捷项目管理的恐惧来积极应对公司内的流言。像刚才提到的"热座"会话这样的结构化沟通就是很好的开放沟通的例子。

构建意识将为即将开始的变革凝聚支持的力量。它还可以帮助缓解一些因变革而自然发生的恐惧。沟通是帮助你成功实施敏捷过程的重要工具。

第 4 步：确定一个试点项目

通过一个试点项目来启动敏捷转型是一个非常好的想法。初始项目能够让你理解如何使用敏捷方法来开展工作，同时对组织的整体业务没有损害。启动敏捷转型时，专注于一个项目同样可以让你找出一些伴随改变但是又无法避免的麻烦。图 17-1 展示了从敏捷方法中获益最多的项目类型。

在选择你的第一个敏捷项目的时候，努力寻找具备以下这些特质的项目。

✔ **恰当的重要性**。请确保你选择的项目的重要性，足以在你的公司里受到关注。但请不要选择即将开始的最重要的项目；你需要有犯错和从错误中学习的空间。请参看本章节后面"避免陷阱"里关于推卸责任游戏的相关说明。

✔ **足够的曝光度**。试点项目应该被你的组织内的核心领导者看到，但是不要做他们的议程列表上最高调的项目。你需要有调整到新流程的自由；关键的项目可能不允许你有这样的自由。

✔ **明确和可控**。寻找一个有明确需求的产品与一个可以致力于确定并优先考虑这些需求的业务小组。请尽量选择一个有着明确结束时间的项目。

✔ **不要太大**。选择一个不超过两个 Scrum 团队同时工作就能完成的项目，这样可以避免出现太多的变动。

✔ **切实可衡量的**。选择一个可以在冲刺中展示可度量价值的项目。

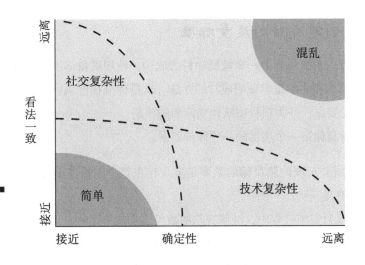

图 17-1
可以从敏捷技术中受益的项目

在这些条件下，敏捷的收益显而易见

不只是敏捷转型，任何类型的组织变革，人们都需要时间去适应。研究发现，伴随着大的变化，公司和团队在成效显现前会出现绩效下降。图 17-2 中的 Satir 曲线展示了团队对新流程从兴奋、混乱到最后适应的过程。

当你成功运作了一个敏捷项目，这就为未来的成功打下了一个坚实的基础。

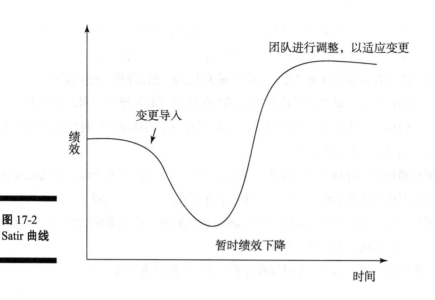

图 17-2
Satir 曲线

团队进行调整，以适应变更

变更导入

绩效

暂时绩效下降

时间

第 5 步：确定成功的度量标准

用量化方式来衡量你第一个敏捷项目的成功。使用度量标准是一种能够让你立刻向项目干系人和你的组织证明成功的办法。度量标准在冲刺回顾的时候提供具体的目标和讨论要点，并为项目团队建立清晰的预期。

以下是衡量你第一个项目的一些评价要素。

- Scrum 团队实现冲刺目标的频率是多少？在整个项目实施过程中，冲刺目标成功率有提高吗？
- 在整个项目实施过程中，冲刺缺陷的数量逐步减少了吗？
- 从发现缺陷到修复完成之间需要多少时间？
- Scrum 团队要多久才能够把有价值的产品发布到市场上？每隔多久 Scrum 团队能提供一次有价值的升级更新？
- 如果该产品会带来收入，第一笔钱什么时候进来？投资的总体回报是多少？
- 与过去该公司使用传统方法的项目相比，敏捷项目的产品上市时间和投资回报表现如何？
- 客户快乐吗？干系人快乐吗？在整个项目实施过程中，客户或干系人的满意度增加了吗？

- 在整个项目实施过程中，Scrum 团队成员的满意度增加了吗？
- 你组织还有什么其他类型的有价值的衡量指标？你的项目可以演示一些特定的公司目标吗？

衡量员工与绩效的度量标准应针对整个团队，而不是个人，这样才能发挥其最大的作用。不论成败，Scrum 团队都以一个整体进行自我管理，所以对它必须按照一个团队整体进行评价。

在整个项目实施过程中，跟踪项目成功标准不仅仅可以帮助你提升。当你完成你的第一个项目，并开始把敏捷实践推广到整个组织的时候，衡量指标可以提供关于敏捷项目成功的证明。

第 19 章描述了详细的成功指标。

第 6 步：充分培训

采用敏捷方法，培训是关键的一步。将与敏捷项目管理专家面对面的沟通和通过实践使用敏捷流程的能力相结合，是帮助项目团队吸收和巩固成功运行敏捷项目所需技能的最好方法。

当项目团队的成员在一起训练和学习时，培训的效果最佳。作为敏捷培训师和导师，我曾经听到项目团队成员之间的对话是这样开始的："记得当马克向我们展示如何……我们在课堂上是那样做的。让我们现在试试，看看会发生什么。"如果开发团队、产品负责人、Scrum 主管与项目干系人能够参加同一个培训班，他们就能以团队方式学以致用。

第 7 步：制定产品策略

当你选择了试点项目时，请不要掉入使用传统方法论来编制计划的陷阱。相反，在项目开始时就要采用敏捷流程。

项目的开始，由产品负责人创建产品愿景声明来定义产品和总体目标。关于创建产品愿景，请查阅第 7 章中的产品计划。

第 8 步：制定产品路线图、产品待办列表和估算

如果你已经有了定义好产品策略的愿景声明，你就可以开始确定产品的特性。

产品负责人将与业务干系人和其余的 Scrum 团队一起工作，编制产品路线图、产品待办列表和第一个发布计划。

在敏捷项目中，尽管你将通过产品路线图指出产品的长期方向，但你并不需要在启动之前提前确定完整的产品和项目范围。在项目开始时，你不必为搜集详尽的需求而发愁，后续你可以随时添加更多的要求。

开发团队将估算实现产品待办列表的工作量。你可以在第 7 章、第 8 章中找到如何创建产品路线图、产品待办列表、发布计划和估算的方法。

第 9 步：运行你的第一次冲刺

如果你有一个清晰的敏捷实施策略、一个积极和受过训练的项目团队、一个有产品待办列表的试点项目和明确的衡量成功的指标，那么恭喜你！你已经准备好运行你的第一次冲刺了。

在你通过产品愿景声明制定总体目标、产品路线图和初始发布目标后，你的产品待办列表中只需要有足以由开发团队在一次冲刺中启动开发的用户故事级需求（参见第 8 章）。

在 Scrum 团队计划它的第一个冲刺的时候，尽量不要纳入太多的需求。请记住，你才刚开始学习一种新流程和新产品。在第一次冲刺中，新的 Scrum 团队经常能够完成的工作量比他们自己想象的要少。下面是一个典型的进程。

- 在冲刺 1，Scrum 团队承担他们在冲刺计划时认为他们可以完成的 25% 的工作。
- 在冲刺 2，Scrum 团队承担他们在冲刺计划时认为他们可以完成的 50% 的工作。
- 在冲刺 3，Scrum 团队承担他们在冲刺计划时认为他们可以完成的 75% 的工作。
- 在冲刺 4 及以后，Scrum 团队承担他们在冲刺计划时认为他们可以完成的 100% 的工作。
- 直到冲刺 4 之后，Scrum 团队才会更熟悉这个新的流程，对产品了解得更加充分，也就能够更准确地估算任务。

你不能通过计划排除掉不确定性。不要成为分析麻痹的受害者，设置一个方向，前进！

在第一次冲刺的过程中，一定要自觉坚持敏捷的做法。请记住以下方式。

- 每天都要举行 Scrum 会议，即使你觉得没有取得任何进展。也还要记得去说明存在的障碍！
- 开发团队可能需要记得自管理，除了冲刺待办列表，不要接受来自产品负责人、Scrum 主管或任何来自其他地方分配的任务。
- Scrum 主管可能需要记住，要保护开发团队远离外部的工作和干扰，尤其是在组织里其他成员已经逐渐习惯周围有一个专职敏捷项目团队存在的时候。
- 产品负责人可能需要变得习惯于直接与开发团队一起工作，随时准备解决问题，审查和验收刚刚完成的需求。

第一个冲刺预计会有点曲折，这是正常的，敏捷过程就是学习和适应的过程。

在第 8 章中，你可以看到 Scrum 团队如何计划冲刺。第 9 章提供执行冲刺的日常细节。

第 10 步：犯错、收集反馈、加以改进

在你第一次的冲刺结束时，你需要通过冲刺评审和冲刺回顾这两个非常重要的会议来收集反馈信息并且加以改进。

在你第一次的冲刺评审中，对于产品负责人来说，设定对会议形式的预期与冲刺目标和已完成的产品功能一样都是非常重要的。冲刺评审是做产品演示——复杂的展示和讲义都是不必要的。项目干系人最初可能会对这种极其简单的方法大吃一惊。然而，当他们发现所看到的是一个可用的产品而不是幻灯片和列表，他们很快会被打动。正所谓眼见为实，耳听为虚。

第一个冲刺回顾可能也需要设置一些预期。它将帮助引导会议以预设的形式召开，如第 10 章中所述的那种，既可以激发谈话，又可以避免成为一个秩序混乱的抱怨的会议。

在你第一次的冲刺回顾中，要特别注意以下内容。

- 需要时刻关注的是你满足冲刺目标的程度，而不是你完成了多少用户故事。
- 回顾你是如何来完成需求，以满足完工定义：已创建、已测试、已集成和已归档。
- 讨论距离成功标准的差距。

> ↳ 谈论你继续推进敏捷流程的进展如何。
>
> ↳ 记住要庆祝成功，哪怕只是一点点小的收获，同时也要研究问题和寻找解决办法。
>
> ↳ 记住 Scrum 团队要从团队的角度出发举行这个会议。在行动事项上要达成共识，并且形成计划。

你可以在第 10 章中找到有关冲刺评审和冲刺回顾的更多详细信息。

第 11 步：成熟

通过检查和调整使得 Scrum 团队成长为一个真正的团队并且在每个冲刺中逐渐成熟。

敏捷实践者有时会把成熟过程与“守破离”（ShuHaRi）做类比。守破离是日语剑道（Kendo）的哲学，意思是“保持，分离，超越”。该术语描述了一个人学习新技能的 3 个阶段。

> ↳ **在“守”阶段**。学生准确无误地练习一项新技能，保证记住并自动重复该技能。

新的 Scrum 团队可以受益于严格遵守敏捷流程的习惯，直到对这些流程变得熟悉。在“守”阶段，Scrum 团队与敏捷教练或导师密切合作，从而正确地遵循敏捷流程。

> ↳ **在“破”阶段**。随着学生理解的深入，开始即兴发挥他们新学会的有用技术。有时即兴创作是有效的，有时则是无效的；学生们在这些成功和失败之中能学习到更多。

随着 Scrum 团队对敏捷方法理解的深入，他们可能会自己尝试对流程做出改变。

在“破”阶段，冲刺回顾是 Scrum 团队的一个非常有用的工具，团队成员们可以针对他们即兴发挥的有效性进行讨论。在这个阶段，Scrum 团队成员仍然要向敏捷导师学习，但他们也可以相互间学习，从开始教授其他人敏捷知识的过程中学习。

> ↳ **在“离”阶**。之前还是学生的团队成员在这个阶段因为知道哪些是有用或者没有用，所以顺其自然地就会获得新的能力，他们现在可以非常自信地创新。

通过实践，Scrum 团队能够指出哪些敏捷流程可以轻松和舒服地被执行，就像骑自行车或驾驶汽车一样。在"离"阶段，Scrum 团队因为掌握了敏捷宣言和原则的内在精神，所以可以自定义适合他们自己的敏捷流程。

首先，使一个 Scrum 团队成熟，可以通过致力于实践敏捷过程和维护敏捷价值来得以实现。然后，Scrum 团队高歌猛进，一个冲刺又一个冲刺地改进，并激励组织中的其他人。

随着时间的推移，当 Scrum 团队和项目干系人日渐成熟，整个公司就能够转型为成功的敏捷组织。

第 12 步：推广

完成一个成功的项目是将一个组织转型到敏捷项目管理的重要一步。有了足以证明你项目的成功和敏捷方法价值的衡量指标，你更容易获得公司对支持新的敏捷项目的承诺。

将敏捷项目管理理念推广到整个组织，可以这样开始。

- **播种新团队**。已经成熟的敏捷项目团队——参与了第一个敏捷项目工作的人——现在应该有成为本组织内"敏捷大使"的专业知识和热情。这些人可以加入新的敏捷项目团队，并帮助那些团队学习和成长。
- **重新定义衡量指标**。在整个组织内，对每个新的 Scrum 团队与每个新的项目重新确定成功的测量标准。
- **有条不紊地推广**。能够获得巨大的成果是令人兴奋的，但是在公司范围的提升需要更广泛的流程变革。推广可以，但是不能超过组织级的承受能力。
- **识别新的挑战**。你在第一次的敏捷项目中可能已经发现了你原来的执行计划中没有考虑到的障碍。请根据需要更新你的策略。
- **持续学习**。当你推出新的流程时，请确保新的团队成员得到了有效运行敏捷项目所需要的合适的培训、指导和资源。

上述步骤可以实现向成功的敏捷项目管理方式转型。在推广过程中，回过头来重新使用这些步骤，你可以让敏捷思想在你的组织中茁壮成长。

避免陷阱

在推进敏捷实践过程中，项目团队会犯很多常见却很严重的错误。表 17-1 列举了一些典型的问题以及 Scrum 团队用来纠正这些问题的方法。

表 17-1 常见的敏捷转换问题及解决方案

问题	描述	潜在方案
虚假的敏捷：货物崇拜敏捷和敏捷冗余	有时组织会说他们"正在执行敏捷"。他们可能使用一些敏捷项目上的做法，但他们没有理解敏捷原则，最终创建出了瀑布式可交付的成果和产品。这有时被称为货物崇拜敏捷，这是避开敏捷技术收益的一条路径。 试图在原有瀑布式过程、文档和会议之外再完成敏捷流程是另一个虚假的敏捷方式。敏捷冗余导致项目团队快速筋疲力尽。如果你正做着两倍的工作，这不能称为遵循敏捷原则	要坚持敏捷流程。获得管理层支持，以避免非敏捷的原则和实践
缺乏培训	将投入放在实践类培训上，将创造一个更快、更好的学习环境，即便是最好的书籍、博客和白皮书也无法比拟。缺乏训练通常表明总体上缺乏组织对敏捷转型的承诺。 请牢记培训可以帮助 Scrum 团队避免许多在此列表中的错误	将培训纳入你的实施战略。让团队具有适当的技能基础是成功的关键，这一点在敏捷转型初期也是必要的
无效的产品负责人	相比传统的角色，产品负责人的职责差异是最大的。敏捷项目团队需要产品负责人，他应该是业务需求和优先级管理的专家，能够与其他的 Scrum 团队每天很好地共事。一个不到位或优柔寡断的产品负责人将会使敏捷项目快速走向失败	选择一个有时间、有专长和有气场的人作为好的产品负责人，来启动项目确保产品负责人得到适当的培训 Scrum 主管可以帮助指导产品负责人，并可以尝试移除可能的障碍以防止产品负责人失效。如果障碍没有被移除，Scrum 团队应该坚持替换掉无效的产品负责人——或至少找一个代理人——可以给出产品决策并帮助 Scrum 团队获得成功的人

（续表）

问题	描述	潜在方案
缺少自动化测试	如果没有自动化测试，它可能无法充分完成和测试冲刺内的工作。手动测试对于快速前进的 Scrum 团队来说浪费时间	今天，在市场上，你可以找到很多低成本、开源代码的测试工具。找到正确的工具，确保让开发团队使用这些工具
缺乏对转型的支持	能够成功地转型是困难的。应该与那些知道他们在做什么的人一起，第一次就把它做好	当你决定要转型到敏捷项目管理时，需要借助敏捷导师的帮助，或者从你的组织内部或外部一家咨询公司那里招募能支持你转型的人 过程很容易，但选人很难。值得在经验丰富的、懂得行为科学和组织变革的合作伙伴身上投资，从而获得专业的转型支持
不适当的物理环境	当 Scrum 团队不能集中办公的时候，他们失去了面对面沟通的优势。在同一座大厦还不够，Scrum 团队需要坐在同一区域	如果你的 Scrum 团队是在同一栋楼但不是坐在同一区域，那么可以把团队集中到一起 请考虑为 Scrum 团队分配一个房间或小的工作区 尽力让 Scrum 团队所在的区域远离干扰，例如一个喋喋不休的家伙或经常因为小事而来的经理 一个分散的 Scrum 团队在启动项目之前，你要竭尽所能，争取本地人才。如果你必须使用分散的 Scrum 团队来工作，在第 14 章可以查看如何管理分散的团队
糟糕的团队成员甄选	那些不支持敏捷流程、不能和别人很好地共事或不具有自管理能力的 Scrum 团队成员，会在内部破坏一个新的敏捷项目	当创建一个 Scrum 团队的时候，要考虑这些潜在的团队成员会在多大程度上遵守敏捷原则。关键是他们能够具有多种技能和良好的学习意愿
纪律松懈	请记住敏捷项目仍然需要需求、设计、开发、测试和发布。完成冲刺中的工作是有纪律要求的	在短的迭代中，你需要更多而不是更少的纪律来交付可工作产品 项目进展需要保持一致性和稳定性 每日例会有助于确保工作在整个冲刺中得以推进 以冲刺回顾为契机，重新制定执行纪律的方法

（续表）

问题	描述	潜在方案
缺乏对学习的支持	无论成败，Scrum 团队始终是一个团队。指出一个人的错误（称为推卸责任的游戏）会破坏学习环境甚至摧毁创新	Scrum 团队应在项目开始时做出承诺，要为学习留出空间，并作为一个整体接受成功和失败
削弱至死	传统瀑布模型的习惯会不断削弱敏捷过程的好处，直至它们消失殆尽	在更改流程的时候，停下来并思考这些变化是否支持敏捷宣言和敏捷原则。抵制那些不支持宣言和原则的改变。记住，要的是最大使改变后的效果最大化，而不仅仅是把事情做了

你可能会注意到，许多这些陷阱都与缺乏组织支持、缺乏培训和退回到原有的项目管理的做法有关。如果你的公司支持正面的改变，如果项目团队得到了培训，并且 Scrum 团队能积极致力于维护敏捷的价值观，那么敏捷转型就会成功。

预防性问题

下面列出的这些问题可以帮助你发现预警信号，并在问题出现时找到应对措施。

✔ **你在做 "Scrum，But……" 吗?**

ScrumBut 是一个已知的条件，当组织部分采用敏捷实践的时候就会出现。一些敏捷的纯粹主义者说 ScrumBut 是不可接受的，其他的敏捷实践者允许在启用一种新方法的过程留出逐步成熟的余地。话虽如此，要注意警惕那些阻碍敏捷原则的传统做法，比如冲刺结束时代码仍未完成。

✔ **你仍在用老的方式做记录、写报告吗?**

如果你仍在花大量的时间做大篇幅的文件和报告，则表明你所在的组织尚未接受用敏捷方法来传达项目状态。你应该帮助管理人员理解如何使用现有的敏捷报告工件并且避免做双份工作！

- **在一个冲刺中完成 50 个故事点的团队比完成 10 个故事点的团队更好吗？**

  并不是这样。请记住故事点只在一个 Scrum 团队中具有一致性和相关性，而在多个团队之间就不同了。你可以在第 8 章中读到更多关于故事点的内容。

- **什么时候干系人将在所有的需求说明书上签字？**

  如果你要等到全部的需求都签署后才开始开发，表明你没有遵循敏捷实践。只要你有了足够开始一个冲刺的需求，你就可以开始开发了。

- **我们要使用离岸团队来降低成本吗？**

  理想情况下，Scrum 团队应该集中办公。面对面地沟通能够节省更多时间和金钱，并防止更多代价高昂的错误的发生，这种代价往往超过使用离岸团队所节省的成本。

  如果你与离岸团队工作，应该投资使用一些优秀的集中办公的工具，如专业的视频摄像机和虚拟团队工作室。

- **开发团队成员在冲刺中有要求更多时间来完成任务吗？**

  开发团队可能没有以跨职能方式工作，也没有集中处理高优先级的工作。开发团队成员可以帮助另一个成员完成任务，即使他并不擅长这些任务。

  这个问题表明团队因低估了任务而产生了外部压力，为一个冲刺安排了超过开发团队处理能力的工作。

- **开发团队成员会问他们下一步应该做什么吗？**

  如果团队成员正在等待来自 Scrum 主管或产品负责人的指示，那么他们就不是自组织团队。开发团队应该告诉 Scrum 主管和产品负责人他们下一步要做什么。

- **团队成员要准备等到冲刺最后才做测试吗？**

  在一个冲刺中，敏捷开发团队应该每一天都进行测试。开发团队的所有成员都是测试人员。

- **干系人会出现在冲刺评审会上吗？**

  如果在冲刺评审时只有 Scrum 团队成员参加，就需要提醒干系人敏捷流程是如何运行的。请让干系人知道，他们错过了评审可工作的产品和了解项目进展的第一手信息的机会。

➤ **Scrum 团队在抱怨 Scrum 主管太过专制吗?**

指挥和控制技术是自管理的对立面,它与敏捷原则直接冲突。Scrum 团队成员是平等的——唯一的老板是团队。应该与敏捷导师进行一次讨论并迅速采取行动,重置 Scrum 主管对于他 / 她的角色的期望值。

➤ **Scrum 团队正在耗费大量的时间加班吗?**

如果每个冲刺的后期都出现急于完成任务的状态,那么说明你并不是采取可持续开发的方式。要寻找根源,例如由低估产生的压力。如果是产品负责人的问题,Scrum 主管可能需要指导开发团队,帮助他们远离来自产品负责人的压力,减少每个冲刺的故事点,直到开发团队可以应对所分配的工作。

➤ **回顾什么?**

如果 Scrum 团队成员开始回避或取消冲刺回顾,那么你将退回到瀑布方式。要记住检查和调整的重要性,首先,一定要看看造成他们缺席回顾会议的原因。即使 Scrum 团队已经具有了很高的速率,开发速度一定还可以更好,所以要不断回顾、不断改进。

第六部分

你需要了解的一些事

"我们虽然没能赶在 10 月 31 日万圣节发布，但我们正在开发一种全新的更为敏捷的版本，明年一季度或二季度应该可用。"

让一切变得更简单！

我会分享一些便利的技巧和资源，帮助你更好地理解和使用敏捷方法，并且帮你建立与众多敏捷实践者的联系。

在本部分的三章里，我将向你展示敏捷项目管理的十大好处，彰显敏捷方法为什么有效；还将向你介绍十个有用的测量指标，可作为检查和调整项目的工具；最后，分享十大很棒的资源，你可以从中找到更多关于敏捷项目管理的内容，可帮助你对敏捷的认识从入门走向成熟。

第18章 敏捷项目管理的十大好处

本章内容要点：

▶ 确保项目回报；

▶ 使报告更容易；

▶ 改善结果；

▶ 降低风险。

敏捷项目管理能给组织、项目团队和产品带来十大好处。

为了从敏捷项目管理中获益，你就必须信任敏捷实践，了解更多不同的敏捷方法论，并使用最适合你的项目团队的敏捷方法。

更好的产品质量

项目的目标是创造伟大的产品。敏捷方法具有可靠的保障来确保尽可能高的质量。敏捷项目团队通过下面的行动来帮助确保质量：

- 采取积极的方法预防产品质量问题；

- 追求技术卓越、良好设计和可持续开发；

- 即时定义并详细阐述需求，以便对产品特点的认知更清晰；

- 为用户故事制定验收标准，以便开发团队更好地理解以及产品负责人更准确地验证；

- 把持续集成和每日测试融合于开发过程中，使开发团队能够将问题解决于萌芽阶段；
- 利用自动化测试工具，从而做到白天开发、晚上测试、早晨修正错误；
- 进行冲刺回顾，使 Scrum 团队不断改进过程与工作；
- 使用完工定义来完成工作：已开发、已测试、已集成和已归档。

你可以在第 15 章里找到更多关于项目质量的信息。

更高的客户满意度

敏捷项目团队致力于创造满足客户的产品。以下敏捷方法能够使项目发起人更为满意：

- 把客户看作合作伙伴，使客户全程参与并关注项目；
- 产品负责人是产品需求和客户需求方面的专家（参看第 6 章和第 9 章，了解更多关于产品负责人角色的信息）；
- 保持对产品待办列表的更新并调整优先级以快速响应变化（你可以从第 8 章中找到产品待办列表，以及在第 12 章找出产品待办列表在响应变化时发挥的作用）；
- 在每一次冲刺评审时向客户演示可工作的功能（第 10 章告诉你如何进行冲刺评审会议）；
- 更经常的发布使产品交付上市更迅速；
- 具有自筹资项目的潜力（关于自筹资项目在第 13 章中讲述了）。

更高的团队士气

与那些享受工作的快乐人士一起工作，能得到满足和回报。敏捷项目管理通过下列方法来提高 Scrum 团队士气：

- 加入自管理团队使人有创造性、创新力、更显得专业化；
- 聚焦于可持续工作实践让人不至于因为压力或过度劳累而倒下；

- 采用仆人式领导方法帮助 Scrum 团队自管理，从而有效避免命令与控制方法的使用；
- 为 Scrum 团队服务的 Scrum 主管可以帮助消除障碍，并为开发团队屏蔽外部干扰；
- 提供支持和信任的环境，提高人们的整体动力和士气；
- 面对面交谈有助于减少因误解产生的挫折；
- 跨部门合作让开发团队成员学到新的技能，并通过教授别人而得到进步。

你可以在第 14 章找到更多关于团队活力的内容。

增强合作和责任感

一旦开发团队承担了项目和产品的责任，也就能产出高质量的产品。敏捷开发团队的合作可通过以下行为对产品质量和项目绩效负责：

- 每一天开发团队、产品负责人和 Scrum 主管都在一起密切工作；
- 组织冲刺计划会议，使开发团队能够安排自己的工作；
- 由开发团队组织的每日例会上，其成员围绕已完成工作、后续工作和工作障碍进行报告；
- 通过冲刺评审，开发团队可以演示并与干系人直接讨论产品；
- 通过冲刺回顾，让开发团队成员能够在每个冲刺完成后审视所做的工作并为以后的实践推荐更好的做法；
- 集中工作，使开发团队成员之间能即时沟通和协作；
- 通过估算扑克和举手表决，达成决策共识。

你可以在第 7 章中找到开发团队如何估算工作需求、分解需求，如何获得共识。你可以在第 9 章中发现更多关于冲刺计划和每日 Scrum 会议的信息。

有关冲刺回顾的更多信息，查看第 10 章。

定制化团队结构

自管理把通常由经理或组织承担的决策权交给 Scrum 团队成员。由 5 至 9 人组成的开发团队，规模有限，因此一个敏捷项目可以设立多个 Scrum 团队。自管理和规模的限制意味着敏捷项目提供独特的机会来定制团队结构和工作环境。这里有几个例子。

- 开发团队可以按成员特定的工作风格和个性来构建团队结构。按工作风格构建的组织有这些好处：
  - 允许团队成员按他们喜欢的方式工作；
  - 鼓励团队成员提高技能以融入他们喜欢的团队；
  - 帮助提高团队绩效，因为优秀的员工总喜欢在一起工作，并自然地相互吸引。
- 开发团队也可以根据其成员特定的技能分组或根据产品特性的类型进行分工协作。
- Scrum 团队可以兼顾团队成员职业和个人生活来制定决策。
- 总之，与谁一起工作、如何工作，都由 Scrum 团队自己制定规则。

定制化团队的想法使敏捷工作场所更具多样性。传统管理风格的组织是一个庞大而僵化的团队，每个人都遵循相同的规则。敏捷的工作环境就像那个古老的色拉碗的比喻。色拉是用口味完全不同的各种材料做出的美味，敏捷项目也可以使各有所长的不同人士融合成一个团队来创造伟大的产品。

更多相关的测量指标

敏捷项目团队用来评估项目时间和成本、项目绩效和项目决策的测量指标往往要比传统项目的指标更相关、更准确。在敏捷项目中，你可以通过以下方法确定测量指标：

- 基于每个开发团队的实际绩效和能力来确定项目时间表和预算；
- 针对项目需求，由开发团队自己而非他人提出项目需求估算；

- ✔ 根据开发团队的知识和能力，使用相对估值而不是按小时数或天数来制定工作量；
- ✔ 开发团队对项目了解更多后，再按例行规则精确估算工作量、时间和成本；
- ✔ 每天更新冲刺燃尽图，以便准确提供开发团队在每个冲刺的绩效指标；
- ✔ 比较未来开发成本与未来开发价值，帮助项目团队确定结束项目和重新投资到新项目的时间。

你可能会注意到，速率不在其列。速率（开发速度的测量，在第 13 章中有详述）是一个工具，你可以使用它来确定时间表和成本，但它只针对单个团队有效。A 团队的速率对于 B 团队的速率不构成任何参考价值。当然，速率是不错的测量和趋势分析工具，但它不是一种有效的控制机制。试图让一个开发团队达到一定速率，只能破坏团队绩效和阻碍自管理。

如果你对更多的相关估算方法感兴趣，一定要看第 7 章。在第 13 章你能找到确定时间表和预算的工具，以及资金调配的信息。第 19 章向你展示敏捷项目管理的十个关键测量指标。

提高绩效可视性

在敏捷项目中，每个项目团队成员随时都能知道项目进展情况。敏捷项目可以通过以下方式获得高水平的绩效可视性。

- ✔ 在 Scrum 团队、干系人、客户，以及任何组织内想了解项目的人中，构建一个、开放的、坦诚的、高价值的交流平台。
- ✔ 每天对冲刺绩效进行评估，并更新冲刺代办列表。冲刺代办列表可供组织里的任何人查阅。
- ✔ 通过每日站会发布开发团队每天的进展和障碍。尽管在每日站会上只有开发团队才可能发言，但项目团队其他成员也可参加。
- ✔ 使用任务板和张贴冲刺燃尽图在开发团队工作区展示每天的实际工作进展。
- ✔ 在冲刺评审会议中展示成就。组织中任何人都可以参加冲刺评审会议。

提高项目可见度能够产生更大的项目控制和可预测性，这将在以后章节中描述。

增加项目控制

敏捷项目团队有大量的能够控制项目绩效和做必要的改善的机会，因为：

- ✔ 允许组织适应变化对固定时间、固定价格的项目调整优先级；
- ✔ 拥抱变化，使得项目团队能对外部因素如市场需求作出反应；
- ✔ 每日站会让 Scrum 团队能够在问题出现时快速解决；
- ✔ 每日更新冲刺代办列表意味着冲刺燃尽图可以准确地反映冲刺业绩，让 Scrum 团队能够有机会在问题发生时就立即做出调整；
- ✔ 在面对面交谈中移除沟通上的障碍并解决问题；
- ✔ 冲刺评审让项目干系人看到产品的开发状态，并在发布前对产品提供投入；
- ✔ 冲刺回顾使 Scrum 团队能够在每次冲刺的后期做出积极的调整，以提高产品质量、开发团队绩效，并优化项目流程。

在敏捷项目中有很多项目检查和调整的机会，使所有项目团队成员——开发团队、产品负责人、Scrum 主管和干系人——实施控制，最终创造出更好的产品。

提高项目可预测性

敏捷项目管理技术帮助项目团队准确地预测项目进展情况。这里有一些提高可预测性的做法、工件和工具：

- ✔ 保持整个项目的冲刺长度和开发团队的分配均等，可以使项目团队知道每个冲刺的确切成本；
- ✔ 使用独立开发团队，使项目团队能够快速预测发布的时间表和预算，剩余产品待办列表，或任何需求组合；
- ✔ 使用每日站会的信息、冲刺燃尽图和任务板使项目组能预测每个冲刺的绩效。

你可以在第 8 章找到更多关于冲刺长度的信息。

降低风险

事实上，敏捷项目管理技术消除了项目绝对失败的可能——即花费了大量的时间和金钱而没有投资回报。敏捷项目团队通过以下方式实现低风险项目运作。

- 在项目初期投资开始，冲刺开发能在很短时间内，要么失败，要么知道产品或方法可行。
- 从最初的冲刺开始，始终都在开发可工作的产品，所以敏捷项目不会完全失败。
- 在每次冲刺中开发已定义的需求，这样不管未来项目发生什么变化项目发起人都能得到完整的、实用的特性。
- 通过以下方式不断地提供对产品及其开发过程的反馈信息：
  - 每日站会和持续的开发团队沟通；
  - 定期澄清需求及产品负责人对特性的评审和验收；
  - 召开冲刺评审会议，获得干系人和客户对已完成产品特性的反馈；
  - 开发团队在冲刺回顾会议中讨论过程改进；
  - 最终用户可以定期看到新特性的发布并作出反馈。
- 自筹资项目产生的早期回报，使组织支付的项目前期费用更小。

你可以在第 15 章找到更多关于风险管理的信息。

第 19 章　敏捷项目管理的十大关键测量指标

本章内容要点：

▶ 使用成功率测量指标；

▶ 计算时间和成本测量指标；

▶ 理解满意度测量指标。

　　在一个敏捷项目中，随着时间推移，测量指标能成为计划、检查、调整和了解进度的强大工具。成功率或失败率都可以帮助 Scrum 团队判断是否需要做出积极的改变或者继续保持其良好的工作状态。时间和成本的数值可以说明敏捷项目的产生的效益，并且为组织的财务活动提供支持。量化满意度的测量指标可以帮助 Scrum 团队确定客户和团队本身应改进的地方。

　　本章描述十项可以帮助指导敏捷项目团队的关键测量指标。

冲刺目标成功率

　　测量敏捷项目绩效的一种方法是使用冲刺目标成功率。冲刺中并不需要完成全部需求和冲刺待办列表中的全部任务。然而，成功的冲刺应该有一个可工作的产品，它实现了冲刺目标并且符合 Scrum 团队对完工的定义——已开发、已测试、已集成和已归档。

在整个项目中，Scrum 团队可以跟踪成功实现冲刺目标的频率，并且使用成功率来了解团队是否成熟或是否需要校正方向。冲刺成功率有助于触发新的检查和调整。

你可以在第 8 章中找到更多关于设立冲刺目标的内容。

缺陷

任何项目都会有缺陷。然而，测试和修复缺陷可能会费时又昂贵。敏捷方法能帮助开发团队积极主动地将缺陷最小化。

跟踪缺陷测量指标可以让开发团队知道预防问题发生的好处，以及何时改进流程。要跟踪缺陷，了解以下数字会有帮助。

- **构建缺陷**。如果开发团队使用自动化测试和持续集成，就可以在每个冲刺构建层级跟踪漏洞的数量。了解了创建阶段缺陷的数量，开发团队就可知道是否要调整开发流程和环境因素。
- **用户接受度测试（UAT）阶段缺陷**。在每个冲刺确认需求时，开发团队可以跟踪产品负责人发现的缺陷个数。通过跟踪 UAT 阶段缺陷，开发团队和产品负责人可以确定是否需要为了理解需求而改进流程。开发团队也可以决定是否有必要调整自动化测试工具。
- **发布后缺陷**。开发团队可以跟踪产品发布上市后的缺陷个数。通过跟踪发布后的缺陷，开发团队和产品负责人可以知道是否需要对 UAT 流程、自动化测试或开发流程进行变更。若在发布后存在大量缺陷，可能表示 Scrum 团队中存在更大的问题。

缺陷数量以及缺陷是否在增加、减少，或保持不变都是好的测量指标。在冲刺回顾会议时，它们能够引发对项目流程和开发技术的讨论。

你可以在第 15 章找到更多关于主动型质量管理和测试的内容。

项目总工期

敏捷项目会比传统项目更快完成。通过更早地启动开发并削减膨胀（即不必要）的需求，使敏捷项目团队更快地交付产品。

测量项目总工期可用来显示效率。

产品上市时间

产品上市时间（Time to Market）是敏捷项目通过发布可工作的产品和特性，以向用户提供价值所需要的总时间。组织可以有如下方式来感知价值：

- ✔ 当产品直接产生收入时，它的价值就是它所能产生的金钱；
- ✔ 当一个产品用于组织内部，其价值就是员工使用产品的能力，以及基于对产品能做什么的一些主观因素。

在测量产品上市时间时，考虑以下内容。

- ✔ 测量从项目启动至第一次展示价值的时间。
- ✔ 一些 Scrum 团队在每次冲刺结束时都会部署新的产品特性以供使用。对每次冲刺都进行一次发布的 Scrum 团队来说，上市时间仅仅是一个冲刺周期，如果以天计算的话，大概是一至四周。
- ✔ 其他 Scrum 团队会在多轮冲刺后才计划发布并批量部署产品特性。对使用较长发布时间的 Scrum 团队来说，上市时间就是每次发布间隔的天数。

产品上市时间帮助组织识别和量化敏捷项目的持续价值。产品上市时间对开发创收的产品的公司尤其重要，因为这有助于计划全年的预算。如果你有一个自筹资金的项目，即项目由产品的实际收入来支付时，产品上市时间也非常重要。

你可以在第 13 章找到更多关于产品收入和自筹资金项目的内容。

项目总成本

敏捷项目成本与项目持续时间直接相关。敏捷项目比传统项目运转速度更快，因此成本也更低。

组织可以使用项目成本测量指标来制定预算、确定投资回报，并了解何时进行资金调配。你可从后续几节中了解投资回报和资金调配。关于成本管理的更多信息，请阅读第 13 章。

投资回报率

投资回报率（ROI）是由产品产生的收入减去项目投入的成本。在敏捷项目中，ROI 完全不同于传统项目，有可能在第一次发布时就产生收入，并在每次新发布时增加收入。

为了充分理解传统项目和敏捷项目的 ROI 的差异，比较表 19-1 和表 19-2 中的例子。两个例子中的项目成本相同，完成的时间也相同。在所有需求都实现后，两个产品都有可能每月产生 100 000 美元的收入。

首先，看看表 19-1 中的传统项目的 ROI。

表 19-1   某个传统项目的 ROI

月份	月收入	月支出	月 ROI	总收入	总支出	总 ROI
1 月	0 美元	80 000 美元	-80 000 美元	0 美元	80 000 美元	-80 000 美元
2 月	0 美元	80 000 美元	-80 000 美元	0 美元	160 000 美元	-160 000 美元
3 月	0 美元	80 000 美元	-80 000 美元	0 美元	240 000 美元	-240 000 美元
4 月	0 美元	80 000 美元	-80 000 美元	0 美元	320 000 美元	-320 000 美元
5 月	0 美元	80 000 美元	-80 000 美元	0 美元	400 000 美元	-400 000 美元
6 月（项目启动）	100 000 美元	80 000 美元	20 000 美元	100 000 美元	480 000 美元	-380 000 美元
7 月	100 000 美元	0 美元	100 000 美元	200 000 美元	480 000 美元	-280 000 美元
8 月	100 000 美元	0 美元	100 000 美元	300 000 美元	480 000 美元	-180 000 美元
9 月	100 000 美元	0 美元	100 000 美元	400 000 美元	480 000 美元	-80 000 美元
10 月（收支平衡）	100 000 美元	0 美元	100 000 美元	500 000 美元	480 000 美元	20 000 美元
11 月	100 000 美元	0 美元	100 000 美元	600 000 美元	480 000 美元	120 000 美元
12 月	100 000 美元	0 美元	100 000 美元	700 000 美元	480 000 美元	220 000 美元

在表 19-1 中有些传统项目的关键点：

- 项目在 6 月份自投入起第一次产生收入；
- 项目开始 10 个月后，终于在 10 月有了正的总 ROI；
- 到了年末，项目产生了 700 000 美元的回报；
- 在年末，项目的总 ROI 为 220 000 美元。

现在再看表 19-2 中某个敏捷项目的 ROI。

请在表 19-2 中特别注意敏捷项目的这些点：

- 项目开始不久，在 1 月份项目就第一次产生收入；
- 项目在 8 月份就有正的总 ROI——比传统项目早两个月；
- 到年末，项目产生了 930 000 美元的回报，比传统项目还多 25%；
- 在年末，总的 ROI 是 450 000 美元，比传统项目 ROI 高出 51%。

　　像产品上市时间一样，ROI 测量指标是组织领会敏捷项目产生持续价值的一个重要途径。从一开始 ROI 测量指标就帮助证明项目的可行性，因为企业会根据潜在的 ROI 给项目投资。组织既能跟踪单个项目的 ROI，也可以跟踪整个组织的 ROI。

表 19-2　某个敏捷项目的 ROI

月份	月收入	月支出	月 ROI	总收入	总支出	总 ROI
1月	15 000 美元	80 000 美元	-65 000 美元	15 000 美元	80 000 美元	-65 000 美元
2月	25 000 美元	80 000 美元	-55 000 美元	40 000 美元	160 000 美元	-120 000 美元
3月	40 000 美元	80 000 美元	-40 000 美元	80 000 美元	240 000 美元	-160 000 美元
4月	70 000 美元	80 000 美元	-10 000 美元	150 000 美元	320 000 美元	-170 000 美元
5月	80 000 美元	80 000 美元	0 美元	230 000 美元	400 000 美元	-170 000 美元
6月（项目结束）	100 000 美元	80 000 美元	20 000 美元	330 000 美元	480 000 美元	-150 000 美元
7月	100 000 美元	0 美元	100 000 美元	430 000 美元	480 000 美元	-50 000 美元
8月（收支平衡）	100 000 美元	0 美元	100 000 美元	530 000 美元	480 000 美元	50 000 美元
9月	100 000 美元	0 美元	100 000 美元	630 000 美元	480 000 美元	150 000 美元
10月	100 000 美元	0 美元	100 000 美元	730 000 美元	480 000 美元	250 000 美元
11月	100 000 美元	0 美元	100 000 美元	830 000 美元	480 000 美元	350 000 美元
12月	100 000 美元	0 美元	100 000 美元	930 000 美元	480 000 美元	450 000 美元

ROI 预算中的新请求

敏捷项目快速产生高 ROI 的能力，为组织提供一种独特的方式来资助额外的产品开发。新的产品特性可能会转化为更高的产品收入。

例如，假设在表 19-2 的示例项目中，项目团队确定了一个新的特性，预计需要一个月完成，产品收入将从每月 100 000 美元提高到每月 120 000 美元。这里 ROI 产生的效果如下。

- 项目将仍然在 8 月份出现第一次正值的 ROI，只是 ROI 是 20 000 美元而不是 50 000 美元。
- 到年末，项目将产生 1 080 000 美元的总收入——比其每月产生 100 000 美元时多 14%。
- 到年末，总 ROI 将为 520 000 美元——比原项目高 17%。

如果项目已经产生收入，组织把此收入投入到新的开发中并得到更高回报是有意义的。

资金调配

在敏捷项目中，当后续开发成本高于能够获得的价值，项目就该结束。

产品负责人在某种程度上根据需求产生收入的能力对需求进行优先级排序。如果只有低收入的需求保留在待办列表中，项目可以在项目团队用完全部预算之前结束。组织可以使用老项目的剩余预算开始一个新的、更有价值的项目。将项目预算从一个项目移到另一个项目的操作过程就是资金调配。

决定项目结束与否，你需要以下测量指标：

- 产品待办列表中剩余需求的价值（V）；
- 完成产品待办列表中需求所应做工作的实际成本（AC）；
- 机会成本（OC），或者 Scrum 团队在一个新项目中工作而产生的价值。

当 V<AC +OC，项目可以停止，因为你的沉没成本比从项目中可能得到的价值更高。

资金调配让组织在对有价值的产品开发上的投入更有效，并使组织的整体 ROI 最大化。你可以在第 13 章找到资金调配的更多细节。

满意度调查

在敏捷项目中，Scrum 团队的最高目标是满足客户需要。同时，Scrum 团队致力于激发个体团队成员和促进可持续的开发实践。

Scrum 团队可以通过更深地挖掘客户和团队成员的体验获益。为了获得一些检测 Scrum 团队实现敏捷原则的效果的信息，可以通过满意度调查来实现。

- **客户满意度调查**。测量客户对项目、流程以及 Scrum 团队的体验。Scrum 团队可能希望在一个项目中多次使用客户调查。Scrum 团队可以使用客户调查结果来检验流程、继续积极实践，并在必要时调整行为。

- **团队满意度调查**。测量 Scrum 团队成员对组织、工作环境、流程、项目团队其他成员以及他们工作的体验。Scrum 团队的每个人都能发起团队调查。和客户调查一样，Scrum 团队可选择在整个项目中进行团队调查。Scrum 团队成员可以使用团队调查结果定期调整和校正个人或团队的行为。Scrum 团队还可以使用调查结果来解决组织的问题。一段时间的客户调查结果可以提供一个量化的视角来观察 Scrum 团队是否已经成熟。

你可以汇总非正式的纸质调查，或使用众多在线调查工具中的一种。一些公司甚至通过人力资源部门获得调查软件。

团队成员流动率

敏捷项目团队往往有更高的士气。量化士气的一个方法是测量流动率。你可以看看下列指标。

- **Scrum 团队流动率**。低的 Scrum 团队流动率可以成为健康团队环境的一个标志。高的 Scrum 团队流动率可能意味着一系列问题，这些问题来自于项目、组织、工作、个别 Scrum 团队成员、倦怠、无能的产品负责人强迫开发团队作出承诺、性格不合、无法排除障碍的 Scrum 主管或整体团队的活力。

- **公司流动率**。高的公司流动率，即使不包括 Scrum 团队，也会影响士气和效率。高的公司流动率可以作为组织内问题存在的一个标志。当一个公司采用了敏捷实践，将可以看到流动率的降低。

当 Scrum 团队知道流动率测量指标并且明白这些指标背后的原因，它才可能采取行动保持士气和改善工作环境。

第 20 章　敏捷项目管理的十大关键资源

本章内容要点：

▶ 寻求向敏捷成功转型的支持；

▶ 融入核心敏捷社区；

▶ 获得流行的敏捷方法资源。

许多组织、网站、博客和公司为敏捷项目管理提供信息和支持。为了帮助你起步，我列出了一些关键资源，可以为你的敏捷项目管理之旅提供支持。

敏捷项目管理在线说明

www.dummies.com/cheatsheet/agileprojectmanagement

当你开始实施之前章节所述的敏捷 12 原则和模型时，你可以使用我的在线说明作为本书的辅导资料。你将找到使用指南、工具、模板和其他有用的资源作为你的敏捷工具。

敏捷联盟

www.agilealliance.org

敏捷联盟是最早的全球敏捷社区，不论使用哪种方法论，它的使命都是帮助推进敏捷 12 原则和实践。敏捷联盟网站有一个广博的资源板块，包括文章、视频、演示，以及全球各个独立的敏捷社群的索引。

Scrum 联盟

http：//Scrumalliance.org

Scrum 联盟是一个非营利的专业会员制组织，旨在促进人们对 Scrum 的了解和使用。为达成这一目标，该联盟大力推广 Scrum 培训和认证课程、举办国际 Scrum 聚会、并对 Scrum 用户群提供支持。Scrum 联盟网站拥有丰富的博客、白皮书、案例研究以及其他用来学习和运用 Scrum 的工具。

美国项目管理协会的敏捷社区

www.pmi.org/agile

美国项目管理协会（PMI）是世界上最大的非营利性项目管理会员制协会。它在超过 185 个国家拥有 500 000 多名会员。PMI 设立了一个敏捷实践社区和一项认证，即 PMI 敏捷管理专业人士认证（PMI-ACP）。

PMI 网站为认证提供相关的信息与需求，同时还有敏捷项目管理相关的论文、书籍与研讨会。PMI 会员还可以访问 PMI 的敏捷社区网站，该网站是一个广博的知识中心，包括博客、论坛、网络研讨会和本地敏捷社交活动的资讯。

敏捷领导力网络

http：//agileleadershipnetwork.org

敏捷领导力网络是一个非营利的社区发展组织，促进区域性的敏捷领导者学习和社交。基于对宣言所描述的思想和价值观的相互依赖，敏捷领导力网络平台通过领导力峰会为项目领导者提供支持。该平台链接了大量的活动和资源，包括我创立并持续主持的敏捷项目领导力网络洛杉矶分会。

雅虎 Scrum 开发群

http：//groups.yahoo.com/group/Scrumdevelopment

从 2000 年开始，雅虎 Scrum 开发群一直是互联网上最优秀的 Scrum 留言板之一。它拥有成千上万的会员，包括敏捷宣言的几位签署人，并且每月都能收到成百上千的帖子。雅虎 Scrum 开发群是让我保持与全球 Scrum 社区同步的核心资源之一。

InfoQ

www.infoq.com/agile

InfoQ 是一个独立的在线社区，它有一个很棒的敏捷板块，上面提供新闻、文章、视频访谈、视频演示和迷你图书，它们全部由敏捷技术领域的专家制作。InfoQ 资源通常有很高的质量，内容独特并且与敏捷项目团队面临的问题相关。

精益文库

www.leanessays.com

玛丽（Mary）和汤姆·波彭迪克（Tom Poppendieck）是软件开发领域中使用精益概念的思想领袖。作为几本精益软件开发图书的作者，波彭迪克一直是 www.leanessays.com 网站的活跃博主，在有趣和翔实的文章中混合了幽默和经验数据，我觉得这有助于指导奋斗中的开发团队。

什么是极限编程

http：//xprogramming.com/what-is-extreme-programming

罗恩·杰弗里斯（Ron Jeffries）、肯特·贝克（Kent Beck）和沃德·坎宁汉（Ward Cunninghan）同为极限编程（XP）开发方法的创始人。在 http：//xprogramming.com 网站，罗恩为支持该网站的 XP 发展提供资源和服务。网站中的"什么是极限编程？"部分总结了 XP 的核心概念。在罗恩的网站中还提供了其他一些文章和极限编程资源。

Platinum Edge

http：//platinumedge.com

自 2001 年以来，我在 Platinum Edge 的团队已经帮助一些公司成功地把他们的项目管理实践提高到一个更高的水平。访问我们的博客，可以获得从活跃的敏捷社区中涌现出来的关于实践、工具和创新解决方案的最新见解。

我们还提供以下服务：

- 为组织转向敏捷项目管理提供开发转型策略以及培训和辅导；
- 为培养敏捷专家提供一般性的和定制化的敏捷培训，包括：
  - Scrum 主管认证课程（CSM）；
  - Scrum 产品负责人认证课程（CSPO）；
  - PMI-ACP 备考课程。

译后记

⋯⋯⋯⋯⋯⋯⋯⋯⋯⋯⋯⋯⋯⋯⋯⋯⋯⋯⋯⋯⋯⋯⋯⋯⋯⋯⋯⋯⋯⋯⋯⋯⋯⋯

21世纪是互联网的时代，也是快速变化的时代。当今的企业与个人都面临着巨大的环境变化所带来的机遇与挑战。对企业来说，如何面对互联网，尤其是移动互联网的普及所带来的客户需求个性化、产品生命周期短期化、市场竞争全球化等诸多挑战。对个人来说，如何在快速变化的环境中学习新的知识与技能，适应时代对人才的需求，谋求更好的职业发展空间。这些都是非常值得深思的问题。

问题的解决还得需要通过项目来实现，但项目所处的环境已今非昔比，项目管理者的思维也需要与时俱进。在如今的时代背景下，无论是敏捷宣言和敏捷12原则的问世，还是项目管理大师科兹纳先生PM2.0观点的提出，从理论到实践，传统的项目管理都在发生巨大的改变。

马克·莱顿先生的这本著作深入浅出地剖析了敏捷项目管理的核心价值以及实践操作的要点。敏捷项目管理源自于软件行业，但它早已不局限于软件行业，已成为当今社会各行各业都需要吸纳借鉴的一种理念和方法。莱顿先生跳出了通常敏捷管理书籍专注于软件项目的局限，结合自身多年帮助企业进行敏捷转型的实践经验，更多地从项目管理本身的视角进行阐述，读起来令人耳目一新。

与作者一样，作为深受PMI标准体系熏陶的项目管理从业者，我在翻译本书的过程中能够强烈地感受到项目管理知识体系（PMBOK）与敏捷之间内在的深刻的联系与外在强烈的对比。若用一个词来形容二者的关系的话，"守正出奇"再恰当不过。PMBOK代表了项目管理的基本功底，是所谓的"正"，五大过程组、十大知识领域，一招一式有规有矩，帮助项目管理从业人员从一片混沌中理清头绪，建立系统完整的项目管理思维，这是做好项目管理的基础。而敏捷则代表了项目管理的发展变化，是所谓的"奇"，以适应变化的思想为驱动，不拘泥于刻板的形式，以客户满意为目标，持续交付可工作的产品成果。"正"是"奇"的基础，"奇"是"正"的发挥，二者不可割裂，相辅相成。所以，对于 PMI 推出的 ACP 敏捷项目管理认证，我的建议是最好在考过 PMP 之后再去获取，而本书对于 ACP 备考，也是一本非常好的参考书籍。

为了将敏捷的思想与方法付诸实践，我们在翻译本书的过程中也小小地实践了一回敏捷中的 Scrum 方法。一方面是出于个人能力与精力有限，需要依靠团队的力量和集体的智慧来完成该翻译项目；另一方面也是希望通过敏捷的实践，让团队成员更好地去体会并思考敏捷，把感悟融入到翻译的过程之中，以实现更高质量的交付。因此，在接到翻译任务之后，我们在清晖项目管理社区翻译志愿者团队中征集了几位有实际敏捷项目工作经验、有翻译实力并持有 PMP 认证的志愿者，共同完成本书的翻译项目。翻译组按 Scrum 的方式来组织，从明确愿景，构建产品路线图，制定发布计划，到制定每次冲刺计划，每天晚上固定的在线 Scrum 例会，再到冲刺评审，冲刺回顾，直到最终的定稿发布。每一个团队成员在每一个环节的把控中，通过身体力行，对敏捷过程都有了更深切的体会。

整个项目团队成员在对本书的翻译倾注了巨大的心力，为此，我要特别感谢我们翻译组的成员：郭雷华老师、钟晓华先生、计浩耘先生、张德有先生、陈英贝女士、姚加贤先生、沈成倬先生、冯霄鹏先生、梁言女士、韩天时先生，感谢他们的用心付出。同时也要特别感谢本次翻译的协调员杨清女士，以及陈雯女士、许静女士、赵伟先生等为本次翻译的译稿所做的审校工作的清晖翻译志愿者们。最后也要感谢清晖之家的全体小伙伴们的大力支持。

最后，若本书译文有任何不足之处，恳请读者朋友们见谅，并希望能获得读者朋友们的及时反馈，以便我们后续的改进。在此，我们感谢每一位读者，谢谢。

傅永康

frank@tsinghui.com

于上海清晖